"十二五"
国家重点图书

太阳能热发电站设计

王志峰 等著

化学工业出版社

·北京·

本书介绍了太阳能热发电站的基本设计方法，主要面向从事太阳能热发电工程的技术人员。太阳能热发电站分为聚光、吸热、储热和动力四大模块，本书着重介绍了前三部分的设计方法和工艺布置中需要注意的重点。对太阳能热发电站中与常规火电厂相同的部分，如汽轮机、辅助锅炉及相关部分本书基本没有叙述。本书对太阳能聚光和吸热部分有较深的理论描述，并结合实际工程给出了算例，对太阳能热发电站的选址也做了较为详细的描述。内容具有较强的理论和实用价值。

本书可供从事太阳能热发电工程的研究人员和技术人员使用，也可供能源相关专业的高校教师和研究生参考。

图书在版编目（CIP）数据

太阳能热发电站设计/王志峰等著. —北京：化学工业出版社，2012.10

"十二五"国家重点图书

ISBN 978-7-122-14714-1

Ⅰ.①太… Ⅱ.①王… Ⅲ.①太阳能热发电-电站-设计 Ⅳ.①TM615

中国版本图书馆 CIP 数据核字（2012）第 142730 号

责任编辑：戴燕红 郑宇印	文字编辑：丁建华
责任校对：陈 静	装帧设计：韩 飞

出版发行：化学工业出版社（北京市东城区青年湖南街 13 号 邮政编码 100011）
印 装：北京虎彩文化传播有限公司
787mm×1092mm 1/16 印张 17½ 字数 425 千字 2014 年 9 月北京第 1 版第 1 次印刷

购书咨询：010-64518888（传真：010-64519686） 售后服务：010-64518899
网 址：http://www.cip.com.cn
凡购买本书，如有缺损质量问题，本社销售中心负责调换。

定 价：78.00 元

自从 1996 年我国开始研究太阳能热发电以来，太阳能热发电技术经历了从低谷到高潮的过程。"十一五"以来，太阳能热发电技术在我国发展很快，出现了一大批实验太阳能集热储热系统、实验电厂，核心部件和材料的制造工艺也有较大的突破，专业的太阳能热发电设备生产商也已出现。第一部太阳能热发电国家标准于 2011 年 9 月颁布。随着"十二五"期间技术的进一步深化和向商业化发展，太阳能热发电站设计参考书成为电站商业化的急需和必备。目前国际上还没有系统描述太阳能热发电站设计方法的书籍。

本书论述的主要对象是聚光型太阳能热发电技术，主要包括塔式和槽式太阳能热发电技术。本书不仅对聚光型太阳能热发电系统的设计进行了描述，还对其关键装备，如定日镜、定日镜场、抛物面槽式聚光器、槽式真空管、全厂 DCS 等的设计方法和运行方式也进行了较详细的阐述，给出了设计的基本依据和需要考虑的重点。

太阳能热发电的设计主要包括资源评价、选址、聚光场光学效率设计、吸热器热控和电气设计、储热容量和充放热设计、换热与蒸发设计、全厂电气、全厂热控仪表、电站建筑和全厂安防设计等内容。本书针对以上内容分章给出了计算和设计方法，并结合作者的实践给出了一些算例，帮助读者理解。

太阳能辐射是太阳能利用的基础。太阳能热发电所用太阳能资源的评价是电站设计和选址的最基本过程，虽然已有很多著作文章叙述过该部分，但作者还是结合自己的研究对该部分进行了阐述，特别强调了它和热发电厂选址的关系。

聚光器、吸热器和储热器是太阳能热发电的三大核心部件，本书对这些部分着墨较多，描述了设备的使用、设备性能评价方法、设备的设计思路和方法等。

在性能评价中，定日镜的光斑误差分析难度较大。本书给出了对不同类型定日镜光斑误差分析的数学方法和试验方法，这些方法基本来源于作者和研究生们的研究成果。

对吸热器热损分析是吸热器设计的核心。分析方法有很多种，本书提出了一种较为简单的计算方法，并给出了相应的算例。

本书最初定位是写一本类似设计手册的工具书，特别参考了中华人民共和国国家标准《小型火力发电厂设计规范》（GB 50049），读者从总体编排中就可看出。但随着写作的进展，发现由于太阳能热发电技术的书籍和参考资料在我国还不多，很多方法也在发展和演化过程中，因此对重要的基本概念和基本方法需讲得透彻一些。这些描述和分析内容的加入会使本书更容易读懂和更有参考价值，但也大大冲淡了"设计手册"的风格。

本书由王志峰完成主要编写，其他作者还有李鑫（5.5）、郭明焕（2.4、4.2.2）、余强（2.6）、宫博（4.7）等。

本书是在作者及同事们和学生们多年来在太阳能热发电研究和工程实践基础上总结而成的。写作原则是和读者分享自己"亲手种植的果实"，尽量少摘录他人工作。从 2010 年初开始写作，本书原计划一年完成，能赶上 2011 年年底"十一五"863 项目验收。但随着研究工作进展，特别是 2011 年 7 月北京延庆大汉塔式太阳能电站产汽，2012 年 8 月发电，电站逐步投入运行，作者对太阳能热发电技术的认识逐步加深。发现要提供给读者尽量有用的内容，没有自己原汁原味的理论及实验是不够的。特别是太阳能热发电技术还处于发展期，很多基本概念和术语在不同国际名家的文章和著作中表达都有不同，例如电站设计中最重要的概念"设计点"。作者对类似的重点内容都进行了深入理论和实验研究，在本书中表达出自己的观点。因此本书历时 5 年才迟迟奉献给读者。今后随着工作的深入，本书还会不断修改，争取能把自己更新的"果实"奉献给读者和行业，例如在储热单元的设计和运行方式等。

本书作者特别感谢十余年来不遗余力支持作者进行太阳能热发电研究和实践的中国科学院徐建中院士和皇明太阳能股份公司董事长黄鸣先生，同时也感谢作者家人的关爱和支持。作者在太阳能热发电的研究实践活动中，得到了国家"863 计划"、"973 计划"（2010CB227100）、"国家自然科学基金"、"北京市政府科技计划"、"中国科学院知识创新工程"、"科技部国际合作计划"以及欧盟"第 6"和"第 7"框架计划的鼎力支持，在此一并深表感谢。

本书试图能吸收国内外太阳能热发电技术的发展经验和精华奉献给读者，但由于作者水平有限，参加太阳能热发电站研发和建设的实践还远远不够，难免有许多不妥之处，恳请读者提出批评、指正。

王志峰

2014 年 3 月

目 录

本书适用于发电工质为水和水蒸气，蒸气压力参数为次中压、中压、次高压，吸热器输出功率对应的额定蒸发量为8～800t/h，凝汽式汽轮机功率为1～100MW的新建或扩建太阳能热发电站的设计。

本书适用的太阳能集热场传热介质可以是水/水蒸气、导热油和熔融盐等。聚光方式可以是槽、塔和菲涅耳式的聚光型太阳能热发电站。

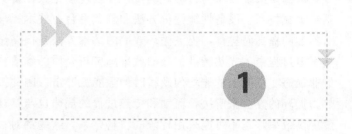

绪　论

进入21世纪以来，能源和环境问题日益突出，化石能源资源的有限性、不可再生及其过度利用对环境的严重影响，导致温室气体过量排放、气候变暖、区域气候和生态严重恶化等，给人类生存的空间带来极大的危害。太阳能热发电的突出优点和发展潜力近年来受到广泛关注，它目前面临的主要挑战是将发电成本降低到可以同化石燃料发电相竞争。预计未来20年，稳定、经济的太阳能热发电技术将日趋成熟，并具有强大的商业竞争力。太阳能热发电具有电能输出稳定和连续、成本低的优点，技术经济优势明显，其发展的战略性十分重要。

太阳能热发电的基本过程涉及聚光、传热和热功转换等方面。热力学、传热学、光学、材料学等多个学科以及这些学科的交叉是太阳能热发电技术的理论基础。只有掌握了这些关键技术，才能使系统效率大幅提高，发电成本进一步降低，进而才有可能推动其大规模商业化发展，实现太阳能的有效利用。

从电站设计和运行目标来看，以下两个问题是太阳能热发电技术研究和工程化中要重点解决的，也是本书的重点内容。

（1）聚光器的光学效率和成本　太阳辐射的高密度聚集是太阳能热发电的基本过程。塔式和槽式系统中聚光器的成本占一次投资的45%～70%，聚光场的年平均效率一般为58%～72%，因此聚光过程的研究对系统效率和成本有着巨大影响。

聚光过程的能量损失主要有余弦损失、反射损失、空气传输损失和由于聚光器误差带来的吸热器截断损失等几个方面。另外，在工作环境条件和寿命的约束下，要保证聚光器的精度，聚光器的成本降低目前受到了很大的限制。综合这两个方面的诸多因素，需要从光学、力学和材料学等方面对光能的收集和高精度聚集进行深入的探索，克服由聚光面形的像差及跟踪误差等对能流传输效率的影响和由于能流矢量时空分布不满足吸热器的要求导致光热转换效率低的问题，需要建立基于能流高效传输的聚光与吸热的一体化设计方法。

（2）光到功的转换效率及器件可靠性　国际上普遍认为，太阳能热发电系统发电效率每提高一个百分点，太阳能热发电的平均发电成本（LEC）将降低8％，相对一次投资降低5％～6％。系统效率对太阳能热发电成本有显著的影响。今后的技术发展应以稳定运行为主线，以提高系统效率为目标，侧重于发展规模化太阳能热发电系统中的重大技术装备技术、系统集成技术、设备性能评价方法和测试平台、技术标准和规范。传统的热功转换效率随工质参数的提高而提高，提高循环效率的基本方法是提高做功工质的温度和压力，但在太阳能热发电过程中，光热转换部分的效率随传热介质的参数提高而降低，且伴随着强烈的时间上的非稳态、空间上的非均匀及瞬时的强能流冲击。因此提高热功转换效率不能完全依照常规热力循环的方法来解决，流动和传热过程的规律也与常规的流动和传热过程有差别，要大幅度提高效率，也不可能采用传统的材料体系，这些都对目前使用的传统技术提出了挑战。对太阳辐射能流高效聚集-吸收、高温传热与蓄热机理及材料设计和太阳能热发电系统可靠性影响机制等方面的研究，是发展大规模高效率太阳能热发电技术的要求。

（3）太阳能热发电与太阳能光伏发电的区别　表1-1对两种太阳能发电方式进行了比较。

表1-1　太阳能热发电与太阳能光伏发电的比较

比较内容	热发电	光　伏
发电机理	太阳光能-热能-电能,有做功过程	材料的光电效应,光能-电能,无做功过程
效率定义	年平均效率	峰值效率
容量	规模大小不限,碟式系统适合分布式发电,塔式、槽式系统适合大规模化	规模大小不限,可分散使用也可规模化
太阳光谱	规模化后可进一步降低	与规模无关,由光伏发电材料成本决定
电力品质	负荷波动小,品质高	无蓄电时波动大,对电网有冲击,品质差
成本		

1.1　太阳能热发电站设计的总体原则

太阳能热发电站设计的总体原则是符合国情、技术先进、经济合理、运行安全可靠；讲求经济效益、社会效益，节约能源，节省工程投资，节约原材料，缩短建设周期；在节约用地、用水，保护环境，执行劳动安全和工业卫生等方面要符合现行的国家标准和规范。

1.1.1　太阳能热发电站的组成

太阳能热发电站由两大单元构成：太阳能集热储热单元和热功转换发电单元。前者主要包括聚光、吸热、储热和换热等；后者包括热机、热控、电气、供水、化水、暖通等部分。

太阳能热发电站容量依据发电机组容量确定，与太阳辐射资源、环境条件、聚光器功率、吸热器功率、吸热塔高度等无关，对于同样容量的电站，可对应不同面积的聚光场（镜场）。

根据太阳法向直射辐射资源、电力负荷的现状和发展、周边热力负荷特性，在经济合理的供热范围内，可建设供热式太阳能热发电站。

在太阳能资源与煤炭或石油资源均丰富的地区，可以因地制宜地建设太阳能与煤或石油天然气互补的混合燃料发电站。

根据企业规划中发展热、电负荷的需要，可建设适当规模的企业自备供热式太阳能热发电站。

1.1.2 发电站机组压力参数的选择

发电站机组压力参数选择宜近期、远期建设统一规划，并宜符合下列规定。

① 发电站单机容量为 1.5MW 及以下的机组，宜选用次中压或中压参数；容量为 3MW 的机组，宜选用中压参数；容量为 6MW 的机组，宜选用中压或次高压参数；容量为 6MW 以上的机组，宜选用次高压参数。

② 凝汽式发电站单机容量为 3MW 的机组，宜选用次中压参数；容量为 6MW 及以上的机组，宜选用中压或次高压参数。

③ 在同一发电站内的太阳能集热器，宜采用同一种规格，输出同一参数热媒；在同一发电站内的发电机组，也宜采用同一种参数。对于槽式和塔式混合集热的电站，可选用串联方式加热热媒。槽式作为前级加热，具有高聚光比的塔式作为后级。

④ 聚光场的设计应考虑到反射器之间的相互遮挡和阴影对聚光效率的影响，同时也要考虑土地利用率、聚光场和储热系统扩展的需要。一般槽式聚光场占地是槽式聚光器采光口总面积的 2.5 倍，塔式聚光场占地是定日镜采光口总面积的 4~6 倍，与定日镜总面积有关。在我国，建设用地的指标较为紧张，目前还没有制度对聚光场的占地性质和计算方式进行规范。建议可参考风电立柱占地（定日镜、碟式）和太阳能光伏电池板垂直投影面积（槽式、菲涅耳式）占地的例子进行计算。太阳能热发电站发电机组和控制车间等占地必须是建设用地。

1.1.3 太阳能吸热器用的传热介质

传热介质可选用水/水蒸气、导热油、熔融盐，储热介质可选用水/水蒸气、导热油、熔融盐、液态金属、混凝土、陶瓷和鹅卵石等。汽轮机工质为水/水蒸气。使用自来水作为工质的电站，必须对水的预处理设备做去氯离子要求，否则会对 RO 制水系统造成永久损害。

1.1.4 发电站规划容量和装设机组的台数

新建的发电站根据负荷增长速度，可按规划容量一次设计一次建成或分期建设。由于投资较大，电站对应的聚光场可一次设计，分期建设。槽式集热场的导热油主回路和 DCS 设计及建设应按照电站最终容量设置，塔式电站吸热塔高度也按照最终容量设计。大型集热场可分成不同集热模块，不同集热模块输出的热流体可汇入储热单元。对于直接产生蒸汽的集热系统，蒸汽汇入电站主蒸汽母管。

凝汽式发电站不宜超过 4 台。对于装机容量为 20MW 以内的塔式电站，聚光场对应的吸热器不应多于一个[1]。对于大容量塔式电站，在聚光场设计时考虑多塔。对于熔融盐为吸热流体的塔式电站，由于传输高温熔融盐工艺难度大，可靠性差，管路成本高，推荐使用单塔系统。

发电站的机炉配置、主要辅机选型、主要生产工艺系统及主厂房布置应比较技术经济分析来确定。在满足发电站安全、经济、可靠的运行条件下，系统和（或）布置可作适当简化。

1.1.5 发电站对环境影响控制

在电站设计中，需注明发电站的聚光器、储热、传热的材料废弃后的处理方案，尤其是对于使用量大的储热介质。

对聚光场施工时破坏的地表，应提供土地恢复方案。

废水、污水、光污染及噪声等各类污染物的防治与排放，应贯彻执行国家环境保护方面的法律、法规和标准的有关规定，并应符合劳动卫生与工业卫生方面标准的有关规定，达到标准后方可排放。

污染物的防治工程设施及劳动卫生、工业卫生设施必须与主体工程同时设计、同时施工、同时投产。

1.1.6 发电站的抗震及抗风设计

集热系统包括聚光器和吸热器。聚光器是一种光学设备，要求精度较高。如果聚光器地基或支撑结构发生变形，则聚光器精度将受到极大影响，对整个电站工作状态都会产生巨大影响，甚至引起聚光场报废。聚光器的抗震设计应按当地 100 年一遇的标准。吸热塔必须执行现行的国家标准《建筑抗震设计规范》（GB 50011）的有关规定，发电站的聚光器设计也应考虑抗震。

发电站的聚光器和吸热塔等的抗风设计，应按照当地 100 年一遇的风力标准。

1.1.7 聚光场设计原则

聚光场面积的确定是电站设计的核心。一般采用设计点概念进行聚光场面积计算。

设计点是太阳能热发电设计中一个很重要的概念，可用设计点方法来确定聚光、吸热、储热、发电等各个环节的参数。设计点的要素有时刻、环境温度、风速等。在时刻选取上，一般可选春分或秋分的正午；环境温度可取年平均气温，风速可取年平均风速。

在机组容量确定时，设计点对应的太阳法向直射辐照度取法有两种。

① 取太阳法向直射辐照度＝$1\,kW/m^2$，此时设计的聚光场面积较小。此时计算所得的聚光场面积在辐照未达到 $1\,kW/m^2$ 时，场的输出将无法直接满足发电和储热系统的需要。

② 用当地的年平均太阳法向直射辐照度，此时设计的聚光场面积较大。聚光场的输出一般可以满足储热和汽轮机的能量需求。但当太阳辐照大于年平均值时，聚光场有一部分要关闭。

为使一次投资较大的聚光器能最大限度地发挥作用，一般按照第一种方法设计聚光场。

太阳能热发电站的年容量因子由设计点和发电站运行模式决定。

储热容量由发电机组容量、发电站年容量因子、发电站运行模式决定。

1.2 概述

1.2.1 太阳能热发电站基本概念

随着常规能源煤、石油和天然气等的日益开采和消耗，人类上千年以来的能量来源即将面临枯竭的境地，再加上对地球环境的严重污染，全世界越来越多的政府都在制定规划，大力开发各种新能源，以保证大规模的能源供应，维持和满足经济快速增长和人类生活的需求。其中，太阳能热发电技术是一种低成本的清洁能源技术。

1.2.1.1 太阳能热发电技术基本概念

太阳能热发电是将太阳能转换为热能，通过热-功转换过程发电的系统。除了和常规火力发电类似的热-功转换系统外，太阳能热发电还有一个光/热转化过程，是光-热-功三者耦合的系统。太阳能热发电站一般由集热系统、储热系统和热-功-电转换系统三部分组成。根据太阳能热发电系统聚光方式的不同，聚焦式太阳能热发电（英文缩写 STE，又称 CSP）[2]通常分为塔式、槽式、碟式、菲涅耳式等，已达到商业化应用水平的主要是聚焦式的塔式、槽式两种方式。STE 具有技术相对成熟、发电成本低及对电网冲击小等优点，被认为是可再生能源发电中最有前途的发电方式之一。同时，STE 热工转换方式部分与常规火力发电机组相同，有成熟的技术可利用，因此特别适合大规模使用。2013 年国际上已投入电网运行 2600MW，在建设中的达到 2000MW。

国际能源署（International Energy Agency，IEA）在 2010 年 5 月发布的《太阳能热发电技术路线图》（Technology Roadmaps Concentrating Solar Power）中提到，在适度的政策支持下，预计到 2050 年，全球太阳能热发电累计装机容量将达到 1089GW，平均容量因子为 50%（4380 小时/年），年发电量 4770TW·h，占全球电力生产的 11.3%（9.6% 来自于纯太阳能），其中中国太阳能热发电电力生产将占全球的 4%，年发电量约 190TW·h。在太阳能资源非常好的地区，太阳能热发电有望成为具有竞争力的大容量电源，到 2020 年承担调峰和中间电力负荷，2025～2030 年以后承担基础负荷电力。

通过地理信息系统（GIS）分析，我国符合太阳能集热发电基本条件 [法向直射辐照量≥5kW·h/(m²·天)，地面坡度≤3%] 的太阳能热发电可装机潜力约 16000GW，与美国相近；其中法向直射辐射≥7kW·h/(m²·天) 的装机潜力约 1400GW。以年可发电量来讲，我国潜在的太阳能热发电年发电潜力为 42000TW·h/年。这意味着，即便在未来，所有的化石能源枯竭之后，中国仍然有着远大于自给自足能力的丰富的太阳能热发电资源。

我国有丰富的太阳能资源，年太阳辐照量大致在 1050～2450kW·h/m² 之间，平均每年太阳照射到我国 960 万平方公里的土地上的能量相当于 17000 亿吨标准煤。我国有条件发展太阳能发电的沙漠和戈壁面积约为 30 万平方公里，占中国沙漠总面积的约 23%，就目前已有的太阳能热发电技术和年转换效率，我国约 7 万平方公里的沙地建立电站每年可以产生满足全国 2004 年全年电能需求的电量。由于我国太阳能资源和沙地资源都非常丰富，尤其在我国的西部地区，STE 技术将对经济开发、环境保护和资源保护起到重要的作用。我国在科技部"八五"、"十五"、"十一五"和"十二五"科技计划的持续支持下，槽式、塔式和碟式太阳能热发电系统已经取得了一批成果。2011 年 7 月北京延庆兆瓦级塔式太阳能电站建成开始产汽[3]，2012 年 8 月开始发电，该电站靠纯太阳能驱动发电，也可以与化石燃料并联发电。

太阳能热发电可采用直接和间接（两回路循环）两种热力循环。前者是直接将接收装置产生的蒸汽（高温气体）驱动汽（燃气）轮机组发电（图 1-1）；后者是通过主系统热循环过程中的热交换加热辅助系统内的工质——水或者低沸点流体产生蒸汽驱动汽轮机组发电（图 1-2）。与常规的火电站相比，两者最直观的区别便是：太阳能热发电中用集热装置和储热代替了传统的锅炉，而其热-功-电转换环节所采用的热力循环模式以及设备和常规电站基本一样。在获得能量的方式上，与常规火电站相比，最大的不同在于其能量来源的不稳性。由于太阳辐射本身具有时段不连续的特点，受天气情况影响比较大。因此，造成热力过程呈非稳态、变化频繁、复杂，使其具有多变量耦合的非线性、时变性和不确定性的特点，导致其运行模式及其控制手段多样和复杂。随着大规模储热技术的发展，为实现规模化稳定运行提供了可能。对塔式电站来说，聚光器和吸热器组成的集热系统在常规电站中是没有的，相比于锅炉来说，它属于一个非常复杂的、多变量、多回路和多运行模式的系统。

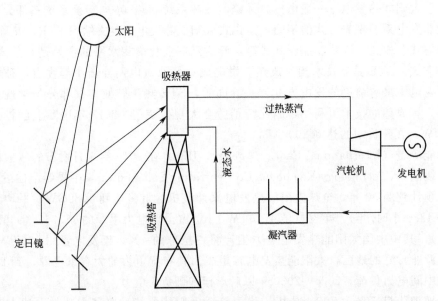

图 1-1　水/蒸汽太阳能塔式热发电系统示意图

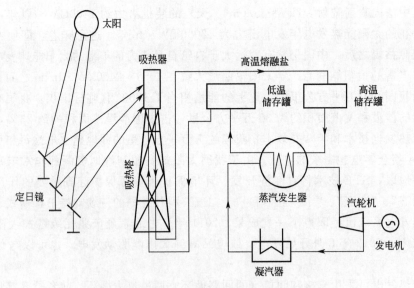

图 1-2　熔融盐太阳能塔式热发电系统示意图

太阳能热发电技术的主要特点之一是集热。聚光比是设计太阳能热发电系统最重要的参数之一。聚光比越大，可能达到的最高温度就越高（图 1-3）。聚光比是聚集到吸热器采光口平面上的平均辐射功率密度与进入聚光场采光口的太阳法向直射辐照度之比。年发电量是决定太阳能热发电站收益的关键因素之一。太阳能热发电站的年发电量是太阳能热发电站的年效率与投射至聚光场采光面积上太阳法向直射辐照量之积。因此，太阳能热发电站的年效率与太阳能热发电站建设地点的太阳法向直射辐照量是另外两个非常关键的要素。太阳能热发电站的年效率（也可以说是系统效率）由集热效率和热机的效率决定。如图 1-3 所示，在某一聚光比，随着集热温度的提高，系统效率曲线会出现一个"马鞍点"，这主要是因为随着集热温度的提高，热机效率提高，但由于吸热器的热损失会增加，集热效率到达某一高点后会下降。因此在太阳能热发电系统中，不能单纯地提高系统的工作温度，而应该综合考虑聚光比和集热温度，采用高焦比聚光及高性能的吸热技术。

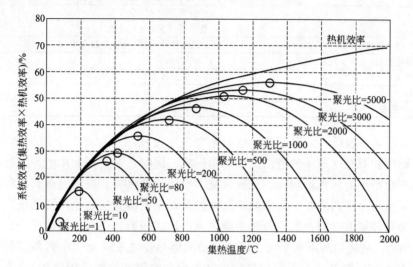

图 1-3　太阳能热发电系统效率与集热温度及聚光比之间的关系（F. Téllez，2008）

根据聚光方式，太阳能热发电技术可分为点聚焦和线聚焦两大系统。点聚焦主要包括太阳能塔式发电和太阳能碟式/斯特林发电；线聚焦系统主要包括太阳能抛物面槽式发电和太阳能线性菲涅耳式发电。在四种太阳能热发电技术形式中，碟式/斯特林发电技术的聚光比最高（1000～3000），塔式次之（300～1000），线聚焦系统的抛物槽式（70～80）和线性菲涅耳式（25～100）相对较低。

1.2.1.2　太阳能热发电技术的特点

太阳能热发电实质是太阳能热利用方式之一，从其发电原理上看，是一种清洁能源的绿色利用方式。太阳能热发电技术的发展对于人类经济社会可持续发展具有重要意义。相比于其它能源利用方式，太阳能热发电有其独特的发展优势。

（1）资源需求：用之不竭　相比于其它可再生能源，太阳能资源取之不尽，用之不竭。中国是一个太阳能资源非常丰富的国家。全国陆地面积接受的太阳能辐射能约为17000亿吨标准煤，其中年日照时数大于2200h，辐射总量高于5000MJ/m² 的太阳能资源丰富或较丰富的地区面积较大，主要包括：内蒙古西部阿拉善盟和鄂尔多斯地区、甘肃西部河西走廊、青海、西藏以及新疆的哈密和吐鲁番地区，约占全国总面积的2/3以上，具有良好的太阳能利用条件。特别是人口密度稀少又具有一定水资源的甘肃河西走廊，青海、西藏等地区，更具有发展大规模的太阳能热发电站的潜力。并且，中国西部的戈壁滩、荒漠地、废弃盐碱地和沙漠面积巨大，例如，内蒙古杭锦旗沿黄河南岸的适合发展太阳热发电面积达1万公顷，地表水资源丰富，可以安装200万千瓦的太阳能热发电站，年发电量可达100亿度电；甘肃敦煌有5000多平方公里的平坦戈壁滩，实施"引哈济党"（大哈尔腾河向党河调水的一项水利工程）调水工程后，可以安装100万千瓦的太阳能热发电站。因此，在资源的可利用量和可开发量方面，太阳能资源要优于风能、生物质能、地热能、水能等可再生能源（表1-2）。而在可开发利用的地域方面，也较地热能、海洋能等能源利用方式广阔。

表 1-2　中国可再生能源资源可开发量[4]

种　类		资源可开发量
太阳能		17000 亿吨标准煤
风能		10 亿千瓦,其中陆地 3 亿千瓦
水能		经济可开发 4.0 亿千瓦
		技术可开发 5.4 亿千瓦
生物质能	生物质发电	3 亿吨秸秆＋3 亿吨林业废弃物
	液体燃料	5000 万吨
	沼气	800 亿立方米
	总计	—
地热能,不包括中低温		600 万千瓦

（2）环境影响：极低　太阳能热发电的整个发电过程不会对外产生污染物和温室气体,较常规化石燃料能源发电是一种清洁能源利用形式。同时,在资源利用的开发过程中,其对生态环境也不会产生破坏和影响,相比较风能、水能、地热能、海洋能等具有环境友好的优势。另外,从全生命周期来看,太阳能热发电的从设备制造到发电生产再到报废,整个过程的能耗水平和对环境的影响与其它可再生能源利用形式相当,而与太阳能光伏发电的电池板生产和报废相比,能耗和污染水平大大降低。太阳能热发电系统全生命周期二氧化碳排放极低。以 2009 年的技术为基准,太阳能热发电站的全生命周期二氧化碳排放约 $17g/(kW \cdot h)$,远远低于燃煤电站 $[776g/(kW \cdot h)]$ 以及天然气联合循环电站 $[396g/(kW \cdot h)]$。因此,太阳能热发电是对环境影响较小的一种可再生能源发电利用形式。

（3）发电出力特性：平滑　由于发电原理不同,太阳能热发电出力特性优于光伏、风电的出力特性。特别是通过蓄热单元的热发电机组,能够显著平滑发电出力,减小小时级出力波动。根据不同蓄热模式,可不同程度提高电站利用小时数和发电量、提高电站调节性能。另外,太阳能热发电通常通过补燃或与常规火电联合运行改善出力特性,使其可以在晚上持续发电,甚至可以稳定出力承担基荷运行。

（4）接入电网特性：灵活　带有蓄热和补燃装置的太阳能热发电站不同于其它如风电、光伏这样的波动电源,蓄热装置可以平滑发电出力,提高电网的灵活性,弥补风电、光伏发电的波动特性,提高电网消纳波动电源的能力。同时,带有蓄热装置的太阳能热发电系统在白天把一部分太阳能转化成热能储存在蓄热系统中,在傍晚之后或者电网需要调峰的时候用于发电以满足电网的要求,同时也可以保证电力输出更加平稳和可靠。而光伏发电是由光能直接转换为电能,其多余的能量只能采用电池储存,技术难度和造价远比太阳能集热发电（仅需蓄热）要大得多。因此,易于对多余的能量进行储存,以实现连续稳定的发电和调峰发电,是太阳能热发电相对于风电、光伏等可再生能源发电方式一个最为重要和明显的优势,有利于稳定电力系统运行,也容易被电网所接受。另外,由于太阳能热发电是通过产生过热水蒸气带动汽轮机发电,与传统火力发电方式相同,不会对电网产生不利的影响,同时还能提供无功功率,是与现有电力系统友好的发电方式。

1.2.1.3　太阳能热发电与太阳能光伏发电比较

（1）能量储存　在能量的存储方面,光热发电优势明显,这是因为热量的存储技术比电能的存储技术成熟且廉价得多。这使得当前光伏电站依然无法满足全天候发电的愿望,而光热发电已经实现这一目标。太阳能热发电技术的显著特点是可采用储热系统,这也是太阳能热发电相对光伏发电的一个重要优势。储热系统（图 1-4）是将太阳辐照强烈时吸热器输出的多余热量储存起来,用于云遮、阴天或用电高峰时期,实现:①发电容量缓冲;②电力输出可控性;③电力输出平稳;④提高年利用率,增加满负荷发电时数;⑤提高太阳能热发电站的有效性,降低发电成本。

研究显示,一座带有储热系统的太阳能热发电站,年利用率可以从无储热的 25% 提高到 65%。因此储热技术是太阳能热发电与其它可再生能源发电竞争的一个关键要素。利用长时间储热系统,太阳能热发电可以在未来满足基础负荷电力市场的需求。目前储热时间最长的电站已达 15h 以上。

除了利用储热技术外,太阳能热发电系统可以与燃煤、燃油、天然气及生物质发电

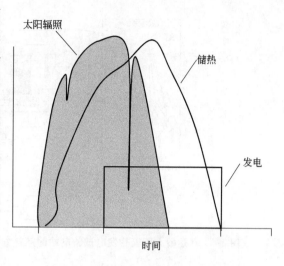

图 1-4　太阳能热发电储热技术示意

等进行联合循环运行(图 1-5),克服太阳能不连续、不稳定的缺点,实现全天候不间断发电,达到最佳的技术经济性。八达岭太阳能热发电试验电站可进行燃气/燃油与太阳能槽式和塔式电站互补运行的实验(图 1-6)[5]。

图 1-5　Kuraymat 槽式/天然气联合循环试验装置(图片:Iberdrola,2011 年)

另外,太阳能热发电还可以与热化学过程联系起来,实现高效率的太阳能热化学发电。太阳能热发电的余热可以用于海水淡化(图 1-7)和供热工程等,进行综合利用。近年来,还有科学家提出太阳能热发电技术用于煤的气化与煤的液化,形成气体或液体燃料,进行远距离的运输。

(2)电网接入　在电网接入方面,光伏发电的不稳定性对电网运行造成了较大的挑战,而光热发电则可以像常规火电一样并入电网而不会对电网产生任何有害影响。这使得光热发电有希望成为基础负荷的绿色电力来源。

(3)电力调度　在电力调度方面,光热发电也可使其像抽水蓄能电站一样充当电网的调度电力来源,在较好的峰谷电价机制下,这将产生更大的经济收益,从另一个方面来讲,也

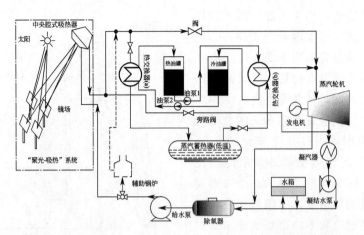

图 1-6　八达岭太阳能热发电试验电站的互补方案（中国科学院电工研究所提供，2012 年）

图 1-7　太阳能热发电与海水淡化联合循环系统（图片：中国科学院电工研究所，2013 年）

将加快电站的成本回收。

（4）从能量转化的过程来看　光伏发电仅需经过光电一次转换即可，而光热发电则需要经过光到热再到电的二次转换。这虽然增加了系统集成的难度，但热量发生作为光热电站运行的一个中间环节，也扩大了光热发电技术的应用领域。比如可以利用其产生的过热蒸汽与传统的燃煤电站、燃气电站或生物质发电厂进行混合发电。另外，其产生的热也可当做副产品用来进行海水淡化、工业用热、空调等领域。

（5）原材料供应　光伏电站的主要组成是光伏电池板，目前应用较多的为晶硅电池、碲化镉薄膜电池，其原材料供应可能会出现供应趋紧并导致市场价格升高的问题，特别是碲化镉的元素组成都为稀有金属材料，更易引发价格波动。而光热电站的原材料构成主要为玻璃、钢铁、混凝土等常见材料，供应量充足，基本不会出现因原材料供应而引发的价格大幅波动。

1.2.2　太阳能热发电主要技术形式

1.2.2.1　太阳能塔式发电

太阳能塔式发电（图 1-8）是通过多台跟踪太阳运动的定日镜将太阳辐射反射至放置

于塔上的吸热器中获得高温传热介质，高温传热流体直接或间接通过热力循环发电的系统。太阳能塔式电站主要包括定日镜、太阳塔、吸热器、储热器和发电机组等。在塔式热发电站工作状态下，定日聚光场内的所有定日镜经过方位角和高度角的双轴跟踪将阳光反射到安装于太阳塔上的吸热器内，加热吸热器内的传热流体。太阳能塔式发电的聚光比在 300～1000 之间，因而容易实现较高的系统运行温度。另外，太阳能塔式发电系统的热传递路程较短、热损耗少，集热效率较高，因而太阳能塔式发电系统的综合光-电转换效率较高。

图 1-8　太阳能塔式发电（西班牙 GemaSolar 电站，2011 年）[6]

根据吸热器内传热介质的不同，电站系统运行方式和性能特点有所不同。目前传热介质主要有水/蒸汽、熔融盐和空气等。在水/蒸汽电站系统中，吸热器产生的高温高压蒸汽可以直接用于推动汽轮机发电，其优点在于吸热介质和做功工质一致，年均效率可以达到 12% 以上。熔融盐电站系统为间接热力循环发电系统，需要采用熔融盐/水蒸气发生器，间接生产高温高压蒸汽，并推动汽轮机发电。相较于水/蒸汽电站系统，熔融盐电站系统由于高温运行时管路压力较低，甚至可以实现超临界、超超临界等高参数运行模式，从而进一步提升塔式热发电系统效率，并可以方便地储能，是一种很有高效规模化前景的技术。空气吸热器电站一般采用布雷顿循环的热发电模式，空气经过吸热器形成 700℃ 以上的高温热空气，进入燃气轮机，推动压缩机做功并实现电力输出，大大减小燃气用量，其运行效率可以达到 30% 以上，并且可以无水运行，是未来塔式热发电站高效率化发展的一个重要研究方向。

1.2.2.2　太阳能抛物面槽式发电

太阳能抛物面槽式发电（图 1-9）是通过跟踪太阳运动的线形抛物面反射镜将太阳辐射聚集到位于抛物面焦线处的吸热管中加热传热流体进行发电的技术。槽式电站的关键设备主要包括聚光器、吸热管和储热器。槽式电站是最早（20 世纪 80 年代）实现商业化运行的热发电技术，最大电站容量达到 80MW，且运行稳定。槽式发电存在抛物面反射镜聚光比不高（70～80），传热流体工作温度不易提高，系统效率受限的问题。

抛物面槽式太阳能集热器由跟踪太阳运动的抛物面槽式聚光器和位于抛物面焦点处的吸热管组成，如图 1-10 所示。抛物面槽式聚光器属于单轴跟踪聚光器，即反射元件绕单一旋

图 1-9　太阳能抛物面槽式发电（美国内华达 1 号电站，2007 年）[6]

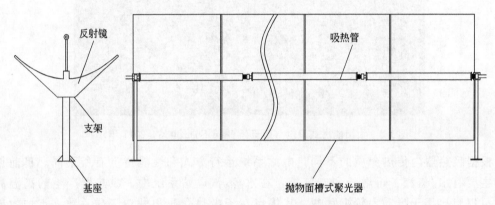

图 1-10　抛物面槽式太阳能集热器结构示意图

转轴做一维旋转运动实现跟踪太阳视运动的聚光器，其槽形反射器的表面是平行于定直线并沿某一抛物线移动的直线形成的轨迹。因此，通过跟踪太阳运动的抛物面槽式聚光器，太阳直射辐射被持续会聚到吸热管表面上形成一条焦线，进而使吸热管内的传热流体被加热，然后直接或通过油水换热系统产生高温高压的蒸汽，可以参加热力循环发电的系统，带动汽轮机运转进而发电，或者为需要热的工业过程提供蒸汽。其中，传热流体为系统中传递热能的流体，通常可选用水/水蒸气、导热油和熔融盐等。

抛物面槽式聚光器是接收并反射太阳光线的关键部件，由基座、支架、反射镜、动力机、传动系统和控制系统组成。一个典型抛物面槽式聚光器是由多个单元沿着轴方向串联，并且采用一套动力、传动和控制系统。通常对于采光面积较小的抛物面槽式聚光器，可以采用液压传动或者机械传动，而对于采光面积较大的抛物面槽式聚光器，只能采用液压传动。

支架通过固定件连接反射镜，起到支撑并且保证槽形反射镜面形稳定的作用，其结构可以分为扭矩管式、扭矩盒式和空间桁架式三种，材料一般为金属材料，通常是钢材或者铝材，加工方式主要为焊接和冲压。

反射镜可以分成单层和复合结构。单层结构为超白玻璃热弯成抛物槽形面，然后镀银制镜。复合结构由背板、黏合材料和反射材料组成。背板的作用是形成抛物槽形面的面形，背板材料可以是钢板、铝板、浮法玻璃和玻璃钢；反射材料可以是超薄玻璃镜、金属薄膜和复合材料薄膜；黏合材料可以是聚乙烯缩丁醛（PVB）、中性有机硅胶等。其中，铝反射镜是铝板经表面抛光和氧化保护处理而制成的具有较高反射比的反射镜面。镀银聚合物反射镜就是在具有高透射比、强耐候性的聚合物薄膜的一面镀银和多层保护膜形成具有较高反射比的反光表面，该反射表面粘贴在曲面基底上形成曲面反射镜。

抛物面槽式太阳能集热器的吸热管是槽式集热器核心部件之一，如图 1-11 所示。一根典型的吸热管长约 4m，内管为金属吸热管，其外径为 70mm，外管为玻璃透光罩管，其外径在 115～125mm 之间。由于金属吸热管与玻璃透光罩管的膨胀系数不同以及运行时受热的强度不同，因此需要采用耐高温的玻璃与金属封接作为过渡件，来保证气密性连接，以及利用金属波纹管作为热应力缓冲段，缓解金属吸热管与玻璃透光罩管之间的纵向热膨胀差。为了保证吸热管真空夹层的真空度，在金属吸热管与玻璃透光罩管之间放置维持真空的吸气剂。此外，当有聚焦的太阳光线照射时，封接处会受到较大的热应力，易使玻璃与金属封接失效，因此采用反光性好的薄壁材料作为遮光罩，这会在遮挡光线的同时又将太阳光线反射到金属吸热管上。

抛物面槽式吸热管的热性能和寿命都取决于真空夹层的真空度，如果真空环境被破坏，不仅其热损失将急剧增大，而且金属吸热管表面的选择性吸收膜由于氧化而性能恶化，造成吸热管的光学效率也严重降低。由于处在高温强光的特殊工作条件下，这些部件的材料和性能只有满足一定的要求才能保证其光热性能和真空寿命。

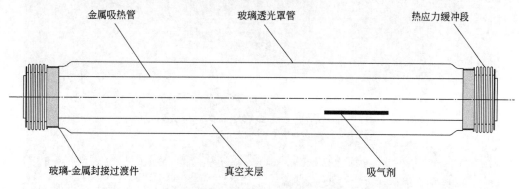

图 1-11　抛物面槽式太阳能集热器的吸热管结构示意图

（1）玻璃透光罩管　白昼交替和暂时云遮等会使封接处产生交变应力，要求较高的硬度和热稳定性，以及耐腐蚀。目前应用较多的是硼硅玻璃，如 Pyrex 玻璃，其膨胀系数为 3.3×10^{-6}/K，硬度高，光学性能好，耐酸碱腐蚀，但缺点是没有与之匹配的金属进行封接，还由于其软化温度约为 820℃，封接操作温度很高。

（2）金属吸热管　受到聚光作用后的温度将远高于 400℃，因此要求耐高温和耐腐蚀。为了减少轴向膨胀对集热器支架的影响，其膨胀系数越低越好。由于受热和重力的影响，会发生向下的挠度变形，其外壁要与玻璃管内壁有足够的距离。目前一般采用耐高温的 316L 不锈钢，外径 70mm，壁厚 3～5.5mm，标准长度为 4060mm，平均粗糙度小于 0.5μm。

（3）玻璃-金属封接过渡件　采用一种封接合金以解决金属内管与玻璃外管膨胀系数不一致，因此其膨胀系数与玻璃的膨胀系数应尽可能接近，以满足匹配封接，易于与波纹管进行焊接。

（4）热应力缓冲段　对金属吸热管与玻璃透光罩管进行膨胀补偿，因此需要有较好的柔韧性、拉伸疲劳强度和寿命，耐高温和酸碱腐蚀，长度尽可能短以增加吸热管的有效聚光长度。

（5）吸气剂　吸收真空夹层内的封离后剩余气体和在高温工作状态下部件的释放气体，以保证良好真空状态。吸气剂主要是依靠与气体发生物理吸附和化学吸收达到将残余气体吸收的目的。

（6）选择性吸收膜层　依据工作的机理，分为光干涉膜、本征吸收膜、金属陶瓷膜和多层渐变膜。一般要求它在温度400℃时，吸收比不低于95％，发射率小于14％。目前应用最广泛的选择性吸收膜是复合材料吸收膜，包括多层渐变金属陶瓷膜和双层吸收膜：多层渐变金属陶瓷膜是以金属为衬底，吸收层由金属和介质的渐变膜组成；双层吸收膜是在高反射金属衬底上生成两层吸收层和一至两层介质减反射层，在不损失吸收比的情况下获得较低的发射率。

2010年在北京延庆八达岭太阳能热发电实验基地，一个抛物面槽式太阳能集热器被建设完成，如图1-12所示。布置方式均为水平南北轴，跟踪方向自东向西，长度分别为96m，其支架采用力矩管结构，选用自行研制的三明治夹层玻璃反射镜。表1-3所列为其技术参数。

图1-12　北京延庆抛物面槽式太阳能集热器（中国科学院电工研究所提供，2010年）

该集热器为扭矩管式，支撑臂采用矩形钢管焊接而成，槽形反射镜由玻璃热弯成的抛物槽形面与超薄玻璃镜夹胶粘接而成，见图1-13。槽式太阳能集热器包括24根真空吸热管，金属吸热管采用316L不锈钢制成，而且外壁表面镀有耐高温的金属陶瓷选择性吸收涂层。热应力缓冲段采用不锈钢波纹管，其缓解的位移量按照温度为450℃金属吸热管与0℃玻璃透光罩管在长度4m时所产生的膨胀差计算得到。吸热管内的传热流体采用导热油，根据不同季节的最低环境空气温度选择其类型：冬季导热油为日本综研化学株式会社生产的NEOSK-OIL 1400，其主要成分为二苯基甲苯；其它季节采用陶氏化学生产的Dowtherm A，其主要成分为联苯和联苯醚。

表 1-3 抛物面槽式太阳能集热器参数（中国科学院电工研究所提供，2010 年）

项　目	参　数	项　目	参　数
总面积/m²	574	玻璃透光罩管壁厚/mm	3
采光面积/m²	550	单根吸热管长度/mm	4060
采光口宽度/m	5.76	吸热管总长度/mm	97440
焦距/mm	1.71	集热器总长度/mm	101400
反射镜玻璃厚度/mm	4	跟踪精度/(°)	±0.1
玻璃镜夹胶厚度/mm	1.1	最高运行温度/℃	400
金属吸热管外径/mm	70	最大运行压力/MPa	1.6
玻璃透光罩管外径/mm	120		

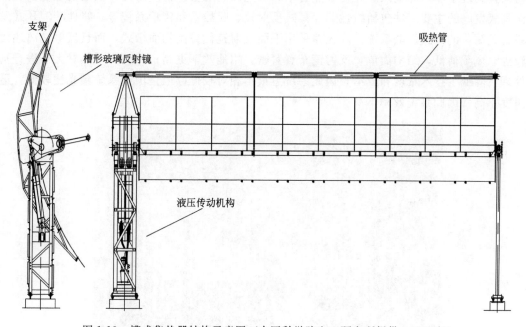

图 1-13　槽式集热器结构示意图（中国科学院电工研究所提供，2010 年）

1.2.2.3　太阳能碟式-斯特林发电

太阳能碟式-斯特林发电（图 1-14）是利用抛物面碟式聚光器将太阳能聚集到焦点处的

图 1-14　太阳能碟式-斯特林发电（美国 SES 电站，2010 年）[6]

发电机上，通过斯特林循环发电的系统。太阳能碟式-斯特林发电系统的关键部件包括抛物面碟式聚光器、斯特林机和传动系统。碟式-斯特林发电与塔式太阳能热发电同属于使用点聚焦的聚光集热方式，聚光比为 1000～3000，运行温度可达 1000℃，峰值太阳能转化为电能的净效率可以达到 30%。碟式发电系统功率较小，一般为 5～50kW，因此既可以作为分布式发电系统在边远地区单独使用，也可以建成 MW 级的电站并网发电。

1.2.2.4　太阳能线性菲涅耳式发电

太阳能线性菲涅耳式发电（图 1-15）是通过跟踪太阳运动的菲涅耳式反射镜，将太阳辐射聚集到位于菲涅耳镜焦点处的吸热管中，产生高温工质进行热力循环发电的系统。线性菲涅耳式发电的主要部件包括线性菲涅耳式反射镜、吸热管和传动系统等。线性菲涅耳式发电系统是简化的槽式发电系统，聚光器采用平面反射镜代替抛物面槽式，而且反射镜离地面比较近、风载荷低，结构简单，反射镜布置紧密，用地效率更高；此外，吸热管无需进行真空处理，降低了技术难度和成本，因此系统总成本相对较低。但是由于系统聚光比较低，运行温度不高，因此系统效率不高。

图 1-15　太阳能线性菲涅耳式发电（皇明太阳能股份有限公司，2010 年）[6]

表 1-4 对几种太阳能热发电方式进行比较。

表 1-4　三种聚焦式太阳能热发电系统性能比较

性能参数	槽式	塔式	碟式
装机容量	50～600MW	10～600MW	5～25kW
吸热器工作温度/℃	400	565～1200	750
最高效率/%	20	23	29.40
年均效率/%	11～16	7～20	12～25
商业化经验	有	有	无
存储热能条件	可	可	电池蓄能
与化石燃料混合热源的动力	可	可	可
布雷顿-朗肯联合循环的潜力	无	可以	无
未来平均发电成本(LEC)/[美分/(kW·h)]	12～15	11～15	60

1. 2. 3　基本术语

本节对太阳能热发电常用的基本概念做了描述。这将非常有助于设计者清晰概念。

首先是"设计点"，这个概念是太阳能热发电站设计中一个非常重要而又不好理解的概念。在常规火力发电系统和光伏系统中没有设计点的概念。

设计点：太阳能热发电系统中，用于确定太阳能集热和发电系统参数的某年、某日、某时刻以及对应的气象条件和太阳法向直射辐照度等。

设计点是一个时刻以及对应的太阳辐照度和环境空气温度，用它可定量地分清聚光场面积，汽轮发电机功率，储热器容量等几个重要因素之间的关系。一般设计点不用当地气象条件的峰值和极端太阳角度来规定。一般也不考虑风速。对于一个带有储热系统的大型电站，设计点一般会考虑集热场的输出功率等于汽轮发电机满负荷运行的热功率。举例如下。

a. 某太阳能热发电站的设计点

时刻：春分日、正午。

太阳辐照及环境条件：太阳法向直射辐照度＝春分日当地多年平均太阳法向直射辐照度，环境温度＝当地三十年平均环境温度。

b. 某太阳能热发电站的设计点

时刻：春分、正午。

太阳辐照及环境条件：太阳辐照度＝$1000W/m^2$，环境温度＝当地三十年平均春分日环境温度。

上面 a 和 b 的差别如下：

① 当太阳辐照度高于设计点设定的辐照度时，a 方案集热场输出的热量可以去储热器。即此时如果集热场的输出热量有部分去储热器，不影响汽轮机的满负荷运行。对于 b 方案，太阳辐照度已经设定为地球表面可以达到的最高值，不存在这种情况。

② 当太阳辐照度低于设计点设定的辐照度时，汽轮机无法满负荷运行。方案 b 的设计使得集热场的输出永远无法直接使汽轮机满负荷运行，只能靠储热系统的运行来使汽轮机满负荷工作。

从以上看，方案 a 应该比 b 更为优化。但在方案 b 中，集热场输出的能量不会"过余"，而方案 a 有此可能，对于太阳辐照在季节分布非常不均衡的地区，年平均太阳辐照度低，而瞬时太阳辐照度高，在某些气象条件下会造成集热场的输出大于汽轮机和储热器的需求，此时聚光场有部分需要关闭，造成投资浪费，例如我国的海南省地区。而对于我国西北部干旱和半干旱地区，每天的日平均太阳法向直射辐照度较为均匀，基本方案 a 是合适的。而在海南地区方案 b 较为合适。

1. 2. 3. 1　光学术语

（1）聚光器采光面积　聚光器截获太阳辐射的最大投影面积。这部分面积实际是一台聚光器中所有反射镜面积之和。

这与轮廓面积不同。轮廓采光面积包括了反射玻璃之间的间隙。轮廓采光面积一般大于采光面积。

（2）聚光场采光面积　聚光场中所有聚光器采光面积的总和。

图 1-16（其中单片定日镜边长为 c）和图 1-17 分别显示了定日镜和槽式聚光器的几何尺寸。

图 1-16 定日镜几何尺寸

在定日镜中，聚光器采光面积＝$64×c^2$，聚光器轮廓采光面积＝$a×b$。

图 1-17 所示的槽式聚光器由 7 个 12m 长的单元组成，单元长度为 c，总长度为 a，聚光器采光面积＝$7×b×c$，聚光器轮廓采光面积＝$a×b$。

（3）聚光器性能要求　聚光器在接收和反射太阳能的过程中，存在着镜面反射率损失，包括镜面损失、余弦损失、阴影和阻挡损失、大气衰减损失和溢出损失等。为此，在聚光场的布置中，要考虑到这些损失产生的原因，通过聚光器的合理摆放，对这些损失进行减免，从而在吸热器处收集到较多的太阳辐射能。

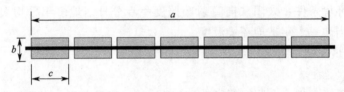

图 1-17 槽式聚光器几何尺寸

① 镜面损失　由于聚光效率的需要，聚光器反射面的镜面反射率通常都比较高，在 0.93～0.94 左右。但由于定日镜是暴露在大气条件下工作，灰尘、湿度等环境因素都会使镜面反射率降低。

图 1-18 所示为北京延庆大汉太阳能电站的一面定日镜的实测结果。可以看到灰尘的影响使得镜面反射比从 2011 年 8 月 23 日的 94.6％下降到 2011 年 10 月 10 日的 45.5％。在

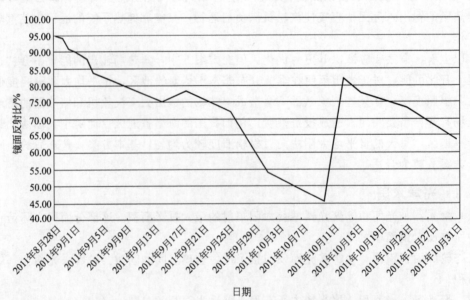

图 1-18 灰尘对定日镜反射比的影响（中国科学院电工研究所提供，2012 年）

2011 年 10 月 13 日，由于下雨，镜面反射比又回升到 82.1%。

② 余弦损失　为将太阳光反射到固定目标上，定日镜表面不能总与入射光线保持垂直，可能会成一定的角度。余弦损失就是由于这种倾斜所导致的定日镜表面面积相对于太阳光可见面积的减少而产生的。余弦效率大小与定日镜表面法线方向和太阳入射光线之间夹角的余弦成正比。定日镜在场中布置时，要尽可能布置在余弦效率较高的区域。

平面某一面积上接收的太阳辐照度与其接收的最大太阳辐照度之比，等于入射光束与接收面法线方向夹角的余弦值，见图 1-19。

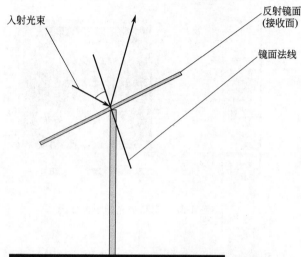

图 1-19　定日镜的余弦损失

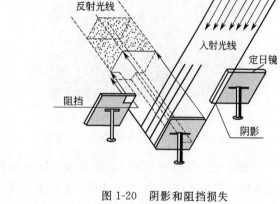

图 1-20　阴影和阻挡损失

③ 阴影和阻挡损失　如图 1-20 所示，阴影损失发生在当定日镜的反射面处于相邻一个或多个定日镜的阴影下，由于前排镜子的遮挡，后排定日镜会有不能接收到太阳辐射能的情况。这种情况当太阳高度较低的冬季尤为严重。接收塔或其它物体的遮挡也可能对定日聚光场造成一定的阴影损失。图 1-21 所示为前排定日镜对后排定日镜反射光的阻挡影响，图 1-22 所示为吸热塔阴影对聚光场的影响。当定日镜虽未处于阴影区下，但因相邻定日镜背面的

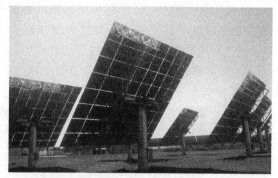

图 1-21　前排定日镜对后排定日镜反射光的阻挡影响
（中国科学院电工研究所提供，2013 年）

遮挡，其反射的太阳辐射能不能被吸热器接收所造成的损失称为阻挡损失。图 1-21 中定日镜的上部亮带即是后排定日镜反射光被前排定日镜遮挡的情况。前排定日镜遮挡了后排定日镜与吸热器之间的光路。

阴影和阻挡损失的大小与太阳能接收时间和定日镜自身所处位置有关，主要是通过相邻定日镜沿太阳入射光线方向或沿塔上吸热器反射光线方向在所计算定日镜上的投影来进行计算。通常要考虑与之相邻的多个定日镜对所计算定日镜造成的阴影和阻挡。而对部分定日镜来说，可能会有阴影和阻挡损失发生重叠的情况，在计算过程中需加以考虑。

如果设计完全不挡光的定日聚光场，定日镜的间距将拉大，场中定日镜到塔的平均距离将加大，定日镜的光学效率将减低，整个聚光场全年的效率反而降低，因此不挡光设计并不是优化的设计。

考虑到阴影和阻挡损失产生的原因，定日镜之间不能排列得过于紧密，为此，可以通过限定相邻定日镜之间的间距大小来适当减小相互之间的遮挡。

图 1-22　吸热塔阴影对聚光场的影响
（中国科学院电工研究所提供，2013 年）

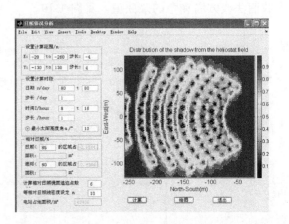

图 1-23　定日聚光场阴影分析

为了土地的综合利用，在定日镜下还可进行植物种植，此时还需要分析定日镜对地表接受太阳辐照的影响。图 1-23 所示为对北京八达岭大汉塔式太阳能电站 3 月 21 日 8：00～16：00 期间定日聚光场中土地表面平均遮阳率。图中外缘阴影部分是未遮阳。

④ 大气衰减损失　在光线从定日镜反射至吸热器的过程中，太阳辐射能因在大气传播过程中的衰减所导致的能量损失称为衰减损失。衰减的程度通常与太阳的位置（随时间变化）、当地海拔高度以及大气条件（如灰尘、湿气、二氧化碳的含量等）所导致的因素及距离有关，定日镜距吸热器越远，衰减损失越大。因此，定日聚光场应布置在一定范围之内，不能距离吸热器太远。图 1-24 显示了北京延庆大汉塔式太阳能电站在空气中气溶胶浓度较

图 1-24　大气衰减损失（中国科学院电工研究所提供，2011 年）

大时光线损失（大气衰减损失）情况，可清晰地看到光线散射带来的光柱。

⑤ 溢出损失　自定日镜反射的太阳辐射能因没有到达吸热器表面，而溢出至外界大气中所导致的能量损失称为溢出损失。

定日镜在吸热器开口平面上所形成的光斑大小主要与定日镜的面型误差、跟踪控制误差、太阳散射角有关。此外，定日镜在吸热器开口平面上所形成的光斑大小也与定日镜和吸热器之间的相对位置有关，同时也会随太阳位置的变化而变化。以上因素均影响定日镜的聚光效果，很可能导致定日镜的反射光线在吸热器开口平面上形成比较大的光斑，以至于溢出吸热器开口至外界大气中。如图 1-25 及图 1-26 所示。因此，定日聚光场的布置范围应考虑到定日镜聚光性能、吸热器开口尺寸大小等因素，确保在地面上布置的定日镜能够最大限度地将反射光线会聚在吸热器开口以内。

图 1-25　溢出损失
（中国科学院电工研究所提供，2013 年）

图 1-26　塔式定日聚光场的溢出损失[6]

表 1-5 所列为各项损失的计算。

表 1-5　各项损失的计算

因　　子	计　　算	因　　子	计　　算
太阳法向直射辐照度/(W/m^2)	I	大气衰减损失(η_{att})	$I\eta_{cos}\eta_{ref}\eta_{S\&B}\eta_{att}$
余弦损失(η_{cos})	$I\eta_{cos}$	溢出损失(η_{int})	$I\eta_{cos}\eta_{ref}\eta_{S\&B}\eta_{att}\eta_{int}$
阴影和阻挡损失$(\eta_{ref},\eta_{S\&B})$	$I\eta_{cos}\eta_{ref}\eta_{S\&B}$	聚光场采光面积(A)	$IA\eta_{cos}\eta_{ref}\eta_{S\&B}\eta_{att}\eta_{int}$

在吸热器上最终所获得的太阳辐射能应为整个定日聚光场中所有定日镜投射到吸热器上能量的总和：

$$E=\sum IA\eta_{cos}\eta_{ref}\eta_{S\&B}\eta_{att}\eta_{int} \qquad (1\text{-}1)$$

定日聚光场的光学效率为：

$$\eta_{field} = \eta_{cos}\,\eta_{ref}\,\eta_{S\&B}\,\eta_{att}\,\eta_{int} \qquad\qquad (1\text{-}2)$$

几种定日聚光场年均光学性能的计算软件特点对比见表1-6。

表1-6　几种定日聚光场年均光学性能计算软件特点对比

模　型	RCELL	WINDELSOL	ASPOC
布置方式	径向交错/南北交错 径向一致/南北一致	径向交错	径向交错
性能计算	全年计算时间点：200个 最低太阳高度角：0°	全年计算时间点：29个 最低太阳高度角：15°	对5天的能量数据采用4阶多项式拟合 对每天9h的能量数值进行4阶多项式拟合
单元的定义及数量	南北方形11×11或21×21个单元 单元的维数与塔高有关 对每单元的中心进行性能计算 单元的数量没有限定	12×12规则间距单元 每单元径向大小与塔高有关 对每单元进行性能计算	8×10规则间距单元 对每单元中心的定日镜进行能量计算
年能量	休斯敦大学能流模型 截断因子与时间无关 阴影和阻挡损失采用年平均值（与塔高无关）	改进休斯敦能流模型 采用年均截断因子 计算年均阴影和阻挡损失（与塔高无关）	高斯能流分布模型 采用小时截断因子 计算与塔高有关的每小时阴影损失和阻挡损失
密度	各单元采用不同径向和周向间距 优化过程中各单元周向间距相同，并经最小单位能量成本优化后确定 径向间距依据地形和挡光设计定	需要由外界提供间距参数	径向间距与周向间距取决于三个独立变量
备注	在相邻48个定日镜之间进行阴影和阻挡的计算	考虑12个相邻定日镜之间的阴影和阻挡	以50m为半径，考虑相邻定日镜之间的阴影和阻挡

（4）聚光器面型误差　聚光器实际反射面与理论表面反射面不一致引起的误差。包括位置误差和斜率误差，其中光线入射点位置与期望位置不相符为位置误差，位置误差主要是由安装是引起的，主要是支撑结构的定位误差。图1-27（a）显示了一个由于反射面支撑结构安装不当引起高度角误差所带来的入射太阳直射辐射位置的误差。

入射点表面的斜率与理论值不一致为斜率误差，斜率误差即反射面法线的误差，它与镜

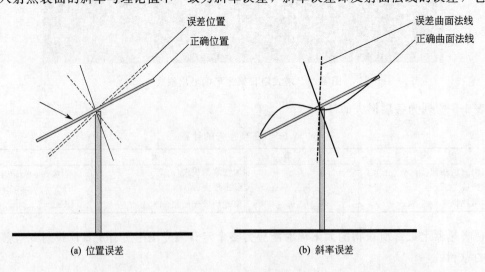

图1-27　聚光器面型误差

面制作工艺、现场组装、温度、重力变形、风力等误差因素都有关系，见图 1-27(b)。

（5）聚光场效率　单位时间经聚光场反射或透射进入吸热器采光口的太阳辐射能（kW·h）与入射至聚光场采光面积上总法向直射太阳辐射能（kW·h）之比。从方程式(1-1)和式(1-2)可知，由于太阳位置的变化，对于槽式聚光器和定日镜，聚光场效率随太阳角度是变化的。碟式聚光器的效率是不随太阳角度变化的。

（6）聚光场年效率　一年中，经聚光场反射或透射进入吸热器采光口的太阳辐射能（kW·h）与入射至聚光场采光面积上总法向直射太阳辐射能（kW·h）之比。

1.2.3.2　热学术语

（1）抛物槽式表面　平行于定直线并沿某一抛物线移动的直线形成的轨迹，见图 1-28。

（2）吸热器效率　单位时间内，吸热器内传热介质获得的总能量与进入吸热器采光口上总能量之比。

（3）吸热器峰值辐射通量密度　吸热器吸热表面接收到的最大辐射能流密度，单位为 W/m^2。

这个值在设计吸热器时相当重要，它决定了吸热体的材料（许用能流密度）、吸热体内的传热结构、吸热体的机械结构。

图 1-29 和图 1-30 显示了太阳能聚光器在距离焦点不同处的通量密度分布。从图中可见，在距离焦点 20cm 处，峰值辐射通量密度为 $80kW/m^2$。在焦点处，峰值辐射通量密度为 $350kW/m^2$。

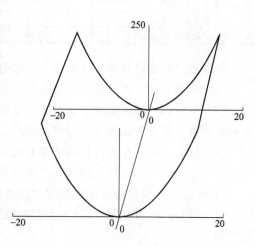

图 1-28　抛物槽式表面

吸热器采光口如果设置在距离焦点 20cm 处，则吸热器峰值辐射通量密度＝$80kW/m^2$；采光口如设置在焦点处，则吸热器峰值辐射通量密度为 $350kW/m^2$。吸热器采光口的位置与吸热体之间的关系也是根据图 1-29、图 1-30 所示的方法确定的。

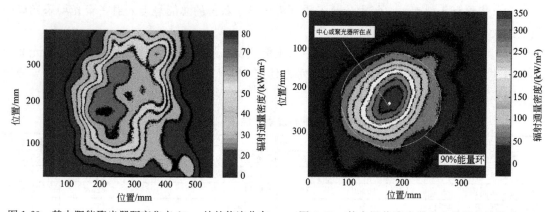

图 1-29　某太阳能聚光器距离焦点 20cm 处的能流分布　　图 1-30　某太阳能聚光器焦点处的能流分布

（4）吸热器额定热功率　吸热器在设计点时的输出热功率，单位为 W。额定值是指在设计点的对应值。

该值是用于计算系统热力平衡的最重要参数之一。吸热器、储热器、换热器、汽轮机等均需要根据该数据选型。系统的储热运行模式也与该值有关。

表 1-7 所列为西班牙塔式太阳能热发电站 PS10 的数据。聚光场额定光学效率与聚光场年均光学效率是有差别的。如果按照额定输出来设计储热与按照年均输出来设计储热将得到不同的容量和运行模式，一般均是依据吸热器的额定热功率来计算。

除聚光器和吸热器本身的性能和热工参数外，影响该值的主要外部因素有：位置、辐照度、环境温度和风速。

表 1-7　PS10 电站的额定热功率与年平均效率等的关系

项　　目	数　据	项　　目	数　据
聚光场额定光学效率	77%	聚光场年均阴影及挡光效率	>95.5%
聚光场年均光学效率	64.0%	聚光场额定输出的太阳辐射功率	55.0MW
聚光场年均余弦效率	>81%	聚光场年均输出的太阳辐射功率	45.7MW

（5）吸热器净热功率　吸热器单位时间内传递给工作流体的能量，单位为 W。

（6）储热容量　表征存储能量多少的参数，单位为 J。

（7）发射比　相同温度下辐射体的辐射出射度与全辐射体（黑体）的辐射出射度之比。发射率可用于单一波长或一定的波长范围。

（8）反射　辐射在无波长或频率变化的条件下被入射表面折回入射介质的过程。

（9）反射比　面元反射的与入射的辐射通量之比。

（10）吸收　辐射能由于与物质的相互作用，转换为其它能量形式的过程。

（11）吸收比　面元吸收的与入射的辐射通量之比。吸收比可用于单一波长或一定的波长范围。

1.2.3.3　系统术语

（1）设计点功率　系统在设计点输出的额定电功率。

（2）集热场效率　传热工质从集热场中获得的能量与入射在集热场采光口面积上的太阳法向直射辐射能量之比。

这个值是能量比，而不是功率比。集热场包括聚光场和吸热器。

（3）集热场年效率　一年中传热工质从集热场中获得的总能量与入射在聚光场采光口面积上的太阳法向直射总辐照量之比。

（4）太阳能热发电站年效率　一年中太阳能热发电站的发电量与投射至聚光场采光面积上太阳法向直射辐照量之比。表 1-8 所列为延庆 1MW 大汉塔式电站的几个效率值与美国 10MW Solar Two 塔式电站的比较。

表 1-8　太阳能热发电系统年均性能对比

项　　目	大汉塔式电站	Solar Two	项　　目	大汉塔式电站	Solar Two
电厂规模/MW	1	10	聚光场年平均效率/%	68.7	50.3
定日镜面积/m²	100	40/95	吸热器效率/%	85	76
聚光场总采光面积/m²	10000	81400	汽轮机效率/%	22.3	32.6
蓄热量（满负荷发电时间）/h	1	3	厂用电率/%	12	17
汽轮机运行温度/℃	400	565	系统年均发电效率/%	8.35	7.9
汽轮机运行压力/MPa	2.8	10			

Solar Two 效率变低的原因是定日聚光场面积变大后定日镜处于距离吸热塔较远的区

域，甚至光学效率很低的塔南部，因此定日聚光场效率低。另外由于大型定日聚光场如果设计不好吸热器溢出损失大，造成集热场的效率变低。这是设计大型塔式电站需要特别注意的。处于调试中的塔式电站是 Ivanpah 塔式电站（图 1-31），总容量 392MW，由三个吸热塔组成，每个吸热塔对应的功率在 1000MW 以上。

图 1-31 调试中的 Ivanpah 塔式电站（2013 年 9 月）

（5）储能利用因子 储能系统中可用热能占总储热容量的百分比。

（6）太阳倍数 对于特定的设计点，吸热器输出热功率与透平机组额定热功率之比，反映了集热系统容量与发电系统容量之间的差别。该参数在设计点的值可以用于设计汽轮机和储热器的额定容量。

太阳能资源和气象参数

2.1　太阳能资源的性质

太阳能资源总储量是指太阳以电磁能的形式到达地球的、可供人类直接或间接利用的辐射能。而太阳能总储量是指太阳以电磁能的形式到达地球的所有辐射能，不管其能否供人类利用。

太阳能资源技术可开发量是指在现有技术条件下可能开发和已经开发的太阳能资源总量，不考虑经济和其它条件。

太阳能资源经济可开发量是指在太阳能资源技术可开发量中，已经开发以及在目前和可预见时期内的当地经济条件下可能开发的部分，其开发成本应可与其它能源相竞争。

2.1.1　太阳能资源利用的优点

太阳能资源是指能够直接或间接（通过光热、光电、光化学等方式的转换）被人类所利用的太阳能。

（1）普遍　阳光普照大地，处处都有太阳能，可以就地利用，不需运输，这对解决偏僻边远地区以及交通不便的乡村、海岛的能源供应具有很大的优越性。

（2）无害　利用太阳能作能源，没有废渣、废料、废水、废气排出，没有噪声，不产生对人体有害的物质，因而不会污染环境，没有公害。

（3）长久　只要存在太阳，就有太阳辐射能，因此，利用太阳能作为能源可以说是取之不尽、用之不竭的。

（4）巨大　太阳能是太阳内部连续不断的核聚变反应过程产生的能量，太阳每秒钟照射到地球上的能量相当于 500 万吨标准煤，一年就有 130 万亿吨标准煤的热量，大约为全世界目前一年耗能的一万多倍。

2.1.2　太阳能资源利用的缺点

（1）能量密度低　即能力密度低。晴朗白昼的正午，在垂直于太阳光方向的地面，接受的太阳能密度平均只有 $1kW/m^2$ 左右。作为一种能源，这样的能量密度是很低的。因此在高温利用时，往往需要一套面积相当大的太阳能收集设备，这就使得设备占地面积大、用料多、结构复杂、成本高，影响了推广使用。

（2）不稳定性　到达某一地面的太阳直接辐射能，由于受气候、季节等因素的影响，是极不稳定的，这就给大规模的利用增加了不少困难。

（3）不连续性　到达地面的太阳直接辐射能随昼夜的交替而变化。这就使大多数太阳能设备在夜间无法工作。为克服夜间没有太阳直接辐射、散射辐射也很微弱所造成的困难，就需要研究和配备储能设备，以便在晴天时把太阳能收集并存起来，供夜晚或阴雨天使用。

2.2　太阳常数及辐射光谱

2.2.1　太阳辐照的表达

（1）太阳辐照度（irradiance）　是表示太阳辐射强弱的物理量，即在单位时间内垂直投射到单位面积上的太阳辐射能量（W/m^2）。这是太阳能光伏和热利用中最常用的量，单位为 W/m^2。

（2）太阳辐射强度（radiant intensity）　在给定方向上的立体角元内，离开点辐射源（或辐射源面元）的辐射功率除以该立体角元，单位为 W/sr（sr 为球面度）。

（3）太阳辐射亮度（radiance）　表面一点处的面元在给定方向上的辐射强度，除以该面元在垂直于给定方向的平面上的正投影面积，单位为 $W/(sr \cdot m^2)$。

（4）光谱辐照度（spectral irradiance）　在无穷小波长范围内的辐照度除以该波长范围，单位为 W/m^3。

（5）太阳曝辐量（radiant exposure）　一段时间（如一天或一个月）辐照度的总量或称累计值，单位为 MJ/m^2，$1MJ = 10^3 kW \cdot s = 0.28 kW \cdot h$。

（6）总辐射（global radiation）　水平表面在 2π 立体角内所接收到向下的直接太阳辐射和散射太阳辐射之和。

（7）太阳高度角（solar altitude）　日面中心的高度角，即从观测点地平线沿太阳所在地平经圈量至日面中心的角距离。

（8）真太阳时（true solar time）　根据太阳在天空的实际位置来计算的时间。注：又称"视时"，太阳通过当地子午线的时刻称为该地真太阳时的正午（时角为零度）。太阳两次通过当地子午线所间隔的时间称为一个真太阳日。真太阳日不是等长的。

（9）平均太阳日（mean solar day）　由于真太阳时各日长短不一，为实用起见，采用全年真太阳日总和的平均值，称为"平均太阳日"。

（10）平均太阳时（mean solar time）　平均太阳日平均为 24 小时，称为"平均太阳时"。

2.2.2　太阳辐射光谱

太阳是太阳系的中心天体，可视其为表面温度 5777K 的全辐射体，它是地球上光和热的源泉。它以辐射的方式不断地把巨大的能量传送到地球。太阳辐射分解为单色成分后，按波长或频率顺序作出的分布，波长由短至长的顺序依次为：宇宙射线、γ 射线、X 射线、紫外辐射、可见辐射、红外辐射和射电辐射等。能源科学常用太阳辐射的波长范围大约在 $0.15 \sim 4\mu m$ 之间。在这段波长范围内，又可分为三个主要区域，即波长较短的紫外光区、波长较长的红外光区和介于二者之间的可见光区。其中，波长小于 $0.4\mu m$ 为紫外区，波长大于 $0.76\mu m$ 为红外区，波长位于 $0.4 \sim 0.76\mu m$ 为可见区。在达到地面的太阳光辐射中，

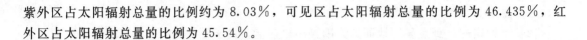

紫外区占太阳辐射总量的比例约为 8.03%，可见区占太阳辐射总量的比例为 46.435%，红外区占太阳辐射总量的比例为 45.54%。

2.3　大气层对太阳辐射的影响

由于大气层的存在，最终到达地球表面的太阳辐射能要受多种因素的影响，一般来说，太阳高度角、大气质量数、大气透明度、地理纬度、日照时数及海拔高度是影响的主要因素。

（1）太阳高度角　由于大气厚度具有光谱选择性的原因，太阳高度角不同时太阳总辐射中各个波段内的能量的占比也不同。当太阳高度角为 90° 时，在太阳光谱中红外线占 50%，可见光占 46%，紫外线占 4%；当太阳高度为 30° 时，红外线占 53%，可见光占 44%，紫外线占 3%；当太阳高度为 5° 时，红外线占 72%，可见光占 28%，紫外线近于 0。

（2）大气质量数　地球大气层平均厚度为 100km，太阳辐射在穿过大气层的过程中被反射、散射和吸收，光谱强度分布及相应的总辐照强度均发生变化，变化的大小取决于辐射所经过大气的物质量。太阳光线通过大气路程与太阳在天顶时太阳光线通过大气路程之比称为大气质量数（AM）。AM0 表示到达地球大气表面但尚未进入大气层的太阳辐射，即代表太阳辐射所经过的大气质量为 0；通常把太阳处于天顶即垂直照射赤道海平面上（春/秋分）时，光线所穿过的大气的路程，称为 1 个大气质量。太阳在其它位置时，大气质量都大于 1。例如在早晨 8～9 点钟时，大约有 2～3 个大气质量。大气质量数越多，说明太阳光线经过大气的路程就越长，受到的衰减就越多，到达地面的能量也就越少。

进一步假设地球为完美的球体，根据大气层平均厚度为 100km，地球平均半径为 6400km，可计算得出在纬度约为 48° 的地点，其太阳辐射光谱应为 AM 1.5；而极点（α＝90° 时）的太阳辐射光谱则为 AM 11.4。太阳辐射所经过大气的距离随纬度增高而变长，受大气影响也越大，因此一般来说，纬度越高的地点辐照度越低。

（3）大气透明度　大气透明度是表征大气对于太阳光线透过程度的一个参数。在晴朗无云的天气，大气透明度高，到达地面的太阳辐射能就多些。在天空中云层很厚或风沙灰尘很多时，大气透明度很低，到达地面的太阳辐射能就较少。目前，我国将大气透明度分为 1～6 个等级，1 级表示当地的大气透明度最大即太阳辐照度最大，2～6 级依次递减。

（4）地理纬度　在大气透明度相同时，大气层的路程由低纬度到高纬度逐渐增大，太阳辐射能量由低纬度向高纬度也随着逐渐减弱。

（5）日照时数　日照时数是表征太阳能资源的最常用物理量之一，目前的业务气象台站均进行日照时数的观测。它是太阳光在一地实际照射的时数（地面观测地点受到太阳直接辐射辐照度等于和大于 120W/m² 的累计时间）。单位为小时，准确到 0.1h。日照时数越长，地面所获得的太阳总辐射量就越多。

（6）海拔高度　一般地说，海拔越高，大气透明度也越高，从而太阳直接辐射量也就越高。

此外，日地距离、地形、地势等对太阳辐射也有一定的影响。例如地球在近日点要比远日点的平均气温高 40℃。又如在同一纬度上，盆地要比平川气温高，阳坡要比阴坡热。

总之，影响地面太阳辐射的因素很多，但是某一具体地区的太阳辐射量的大小，则是由上述这些因素的综合所决定的。

中国地势西高东低，呈三级阶梯状分布。

中国地形上最高一级的阶梯：青藏高原。青藏高原平均海拔在 4000m 以上，面积达 230

万平方公里，是世界上最大的高原。它雄踞西南，在高原上横卧着一系列雪峰连绵的巨大山脉，自北而南有昆仑山脉、阿尔金山脉、祁连山脉、唐古拉山脉、喀喇昆仑山脉、冈底斯山脉和喜马拉雅山脉。这里也基本是我国太阳能最丰富的地区。

第二级阶梯：越过青藏高原北缘的昆仑山-祁连山和东缘的岷山-邛崃山-横断山一线，地势就迅速下降到海拔 $1000 \sim 2000 \mathrm{m}$ 左右，局部地区可在 $500 \mathrm{m}$ 以下，这便是第二级阶梯。它的东缘大致以大兴安岭至太行山，经巫山向南至武陵山、雪峰山一线为界。这里分布着一系列海拔在 $1500 \mathrm{m}$ 以上的高山、高原和盆地，自北而南有阿尔泰山脉、天山山脉、秦岭山脉；内蒙古高原、黄土高原、云贵高原；准噶尔盆地、塔里木盆地、柴达木盆地和四川盆地等。除云贵高原和四川盆地外，这里也基本是我国太阳能次丰富地区。

第三级阶梯：翻过大兴安岭至雪峰山一线，向东直到海岸，这里是一片海拔 $500 \mathrm{m}$ 以下的丘陵和平原，它们可作为第三级阶梯。在这一阶梯里，自北而南分布有东北平原、华北平原和长江中下游平原；长江以南还有一片广阔的低山丘陵，一般统称为东南丘陵。前者海拔都在 $200 \mathrm{m}$ 以下，后者海拔大多在 $200 \sim 500 \mathrm{m}$ 之间，只有少数山岭可以达到或超过千米。这里也基本是我国太阳能第三类地区。

2.4　太阳位置计算方法

在太阳能热利用中，通常将太阳辐射视为温度为 $6000 \mathrm{K}$，波长为 $0.3 \sim 3 \mu \mathrm{m}$ 的黑体辐射。到达地面的太阳辐射主要受天文和地理因素的影响，如经纬度、海拔、太阳赤纬角、太阳时角、大气空气质量和天气情况等。太阳辐射可分为直射辐射和散射辐射，太阳能聚光主要利用直射辐射部分，即利用来自太阳的未在大气中发生射散的辐射部分。太阳直射辐射由法向直射辐照度 DNI（Direct Normal Irradiance，$\mathrm{W/m^2}$）来表征，通过能自动跟踪对准太阳的直射辐射表测得。为了提高太阳辐射的利用效率，太阳能聚光器多采用单轴或双轴旋转的方式跟踪太阳，这类聚光器称为跟踪型聚光器。

2.4.1　太阳角度

（1）赤纬角 δ　即地心与太阳中心的连线与地球赤道平面的夹角。它是一个以一年为周期变化的量，每天的值都在变化。变化范围为 $\pm 23°27'$，如图 2-1 及图 2-2 所示。

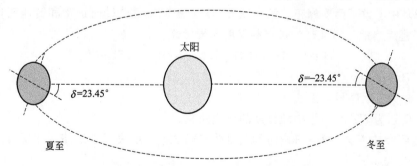

图 2-1　太阳一年运行周期内赤纬角变化

每天的赤纬角可由下列公式近似计算：

$$\delta = 23.45° \sin\left(360° \times \frac{284+n}{365}\right) \tag{2-1}$$

式中，n 是日期序号，指一年中的第 n 天，$n=1$ 表示 1 月 1 日。

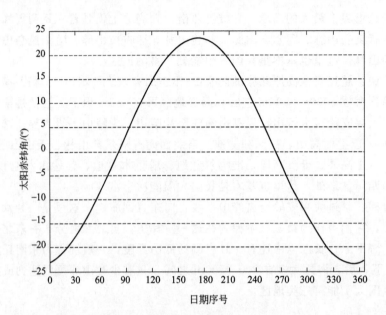

图 2-2 一年内太阳赤纬角的变化

日期序号 n 可根据表 2-1 方便算得。

表 2-1 日期与日期序号的对应关系

月	1	2	3	4	5	6	7	8	9	10	11	12
n(某月第 i 日)	i	$i+31$	$i+59$	$i+90$	$i+120$	$i+151$	$i+181$	$i+212$	$i+243$	$i+273$	$i+304$	$i+334$

（2）太阳时 基于太阳在天空中的视运动的计时时间。太阳时（AST）的午时（12 时）是太阳正好通过当地子午线的时刻，此时太阳处在一天中的最高点。太阳时与日常使用的当地标准时间（LST）之间的转换关系为：

$$AST = LST + ET - 4(SL - LL) \tag{2-2}$$

式中，LST 为当地标准时，单位是分钟；ET 为修正值，单位是分钟；SL 为标准时计量点所在处的经度；LL 为当地经度，东经取正，西经取负。

式(2-2)中考虑了两项修正，第一项 ET 是对地球绕日公转时进动和转速变化所做的修正，第二项是对当地与标准时计量点的经度差异做修正。

$$ET = 9.87\sin(2B) - 7.53\cos(B) - 1.5\sin(B)$$

其中 $B = 360°(n-81)/364$

式中，n 为日期序号，见表 2-1。

图 2-3 所示为 ET 在一年中随日期的变化曲线。

（3）日照时长 H_{dl} 每日日出时间与日落时间之差。取决于当地纬度和每日的太阳赤纬角，其计算公式如下

$$H_{dl} = 2\cos^{-1}(-\tan\phi\tan\delta)/15 \tag{2-3}$$

式中，ϕ 为当地纬度。

（4）太阳时角 ω 由地球自转引起的太阳相对于当地子午线的角度偏移。太阳时午时 $\omega = 0°$，上午取负值，下午取正值。太阳时角的变化速率为每小时 15°。ω 由下式计算：

$$\omega = 0.25°(AST - 720) \tag{2-4}$$

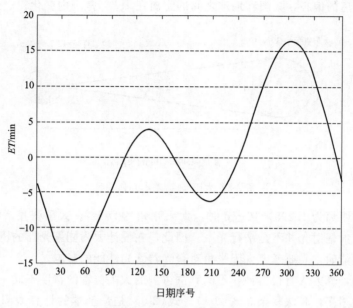

图 2-3　*ET* 在一年中的变化

（5）太阳常数 G_{sc}　　在地球大气层外、平均日地距离处，垂直于辐射传播方向上单位面积内的太阳辐照度，取值为 $1353\text{W}/\text{m}^2$。随着日地距离的略微变化，大气层外在日地连线的法向平面上太阳辐照度 G_{on} 也在变化，测得 G_{on} 在 $\pm 3\%$ 范围内变化。一年内第 n 天的 G_{on} 可由下式确定：

$$G_{on}=G_{sc}\left(1+0.033\cos\frac{360°n}{365}\right) \tag{2-5}$$

（6）太阳天顶角 θ_z　　从地面处某点向太阳中心作一条射线，该射线与水平地面法线之间的夹角。θ_z 可由下式计算：

$$\cos\theta_z=\cos\delta\cos\phi\cos\omega+\sin\delta\sin\phi \tag{2-6}$$

（7）太阳高度角 α_s　　地面处某点到太阳中心的射线与其在水平地面上投影线之间的夹角，是天顶角的余角，即

$$\alpha_s=90°-\theta_z \tag{2-7}$$

（8）太阳方位角 γ_s　　地面处某点到太阳中心的射线在水平地面上的投影线与正南方向的夹角，其基本计算公式如下：

$$\gamma_s=\arccos\left(\frac{\sin\delta\cos\phi-\cos\delta\cos\omega\sin\phi}{\cos\alpha_s}\right)-180° \tag{2-8}$$

$$\gamma_s=-\gamma_s,若\ \sin\omega>0 \tag{2-9}$$

为了直观，图 2-4 显示上述太阳天顶角、高度角及方位角的几何关系。

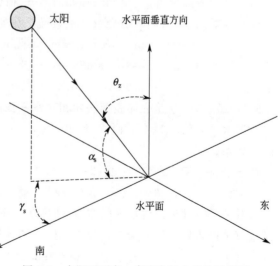

图 2-4　太阳天顶角、高度角及方位角示意图

（9）太阳张角　　太阳轮廓相对地面上某一点的张角，也称为太阳辐射散角。如图 2-5 所

示，由于地球轨道的偏心，太阳和地球之间的距离在1.7%范围内变化。

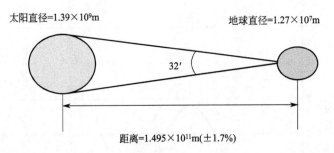

图 2-5   太阳-地球基本几何关系

当日地平均距离为 1.495×10^{11} m 时，太阳张角约为 $32'$。太阳张角表明入射到地面某点的太阳法向直射辐射光并不是平行光束。因此，在设计太阳能聚光器的镜面面形以及分析聚光器的聚光性能时，需要考虑太阳张角对聚光器聚光性能的影响。

太阳位置的计算方法有很多种，不同算法得到的太阳位置的精度不同。精度高的太阳位置算法考虑的因素多，算法复杂。式（2-1）～式（2-9）是最基本的计算太阳位置的方法，并未考虑到影响太阳位置计算的诸多实际因素，比如，行星对地球的摄动、赤道平均极绕黄极进动的岁差、赤道真极绕着平均极周期运动的章动、大气折射等。由 Meeus 提出的在天文学上采用的太阳位置公式，其精度可高达 $0.0003°$，但需要大量的计算。一些对太阳位置精度要求不高的太阳能利用装置通常采用计算速度快而精度在 $0.008° \sim 0.01°$ 之间的太阳位置公式。在北京延庆，1MW 太阳能塔式热发电站（大汉电站）的定日镜跟踪控制程序中，采用了由 Roberto Grena 提出的兼顾计算精度与耗时的太阳位置算法，由该算法获得的太阳位置精度在 $0.0027°$ 之内，计算获得当前时刻太阳的高度角与方位角。算法的输入参数主要包括当地经度、纬度、大气压强、环境空气温度、日期及当地时间。

2.4.2   跟踪面角度的计算

（1）受光表面倾角 β 受光表面相对水平面的夹角，$0 \leqslant \beta \leqslant 180°$，$\beta > 90°$ 表示表面向下。

（2）入射角 θ 太阳入射光束与某表面法线的夹角，计算公式如下：

$$\cos\theta = \sin\delta\sin\phi\cos\beta - \sin\delta\cos\phi\sin\beta\cos\gamma + \cos\delta\cos\phi\cos\beta\cos\omega +$$
$$\cos\delta\sin\phi\sin\beta\cos\gamma\cos\omega + \cos\delta\sin\beta\sin\gamma\sin\omega$$
$$= \cos\theta_z\cos\beta + \sin\theta_z\sin\beta\cos(\gamma_s - \gamma) \tag{2-10}$$

式（2-10）中，γ 是受光表面法向相对水平面的方位角，南偏西为正方向。

对于水平表面，$\beta = 0°$，由式（2-10）知，$\theta = \theta_z$，即天顶角就是入射太阳光束相对水平表面的入射角。

对于竖直平面，$\beta = 90°$，式（2-10）变为

$$\cos\theta = -\sin\delta\cos\phi\cos\gamma + \cos\delta\sin\phi\cos\gamma\cos\omega + \cos\delta\sin\gamma\sin\omega \tag{2-11}$$

如果一个平面可以绕水平的东-西轴旋转，不过一天中只在正午时刻调节倾角，使得太阳光垂直平面入射，则一天中太阳光入射角的计算公式如下：

$$\cos\theta = \sin^2\delta + \cos^2\delta\cos\omega \tag{2-12a}$$

相应的每天固定的平面倾角是

$$\beta = |\phi - \delta| \tag{2-12b}$$

平面法向的方位角为0°或180°，取决于当地的纬度和太阳赤纬角，即

$$\begin{cases} \gamma = 0°, & 若 \phi - \delta \geqslant 0 \\ \gamma = 180°, & 若 \phi - \delta < 0 \end{cases} \tag{2-12c}$$

对于一个可以绕东-西水平轴连续旋转的平面，时刻旋转至太阳光入射角最小，这样的入射角的表示式为：

$$\cos\theta = \sqrt{1 - \sin^2\theta_z \sin^2\gamma_s} = \sqrt{1 - \cos^2\delta \sin^2\omega} \tag{2-13a}$$

相应的平面倾角表达式为

$$\tan\beta = \tan\theta_z \,|\cos\gamma_s| \tag{2-13b}$$

平面法向的方位角为0°或180°，即

$$\begin{cases} \gamma = 0°, & 若 |\gamma_s| \leqslant 90° \\ \gamma = 180°, & 若 |\gamma_s| > 90° \end{cases} \tag{2-13c}$$

对于一个可以绕水平的南-北轴连续旋转的平面，要求时刻旋转至太阳光入射角最小，这样的入射角的表示式为：

$$\cos\theta = \sqrt{\cos^2\theta_z + \cos^2\delta \sin^2\omega} \tag{2-14a}$$

相应的平面倾角的表达式为

$$\tan\beta = \tan\theta_z \,|\cos(\gamma - \gamma_s)| \tag{2-14b}$$

平面法向的方位角取-90°还是90°，取决于太阳方位角的符号，即

$$\begin{cases} \gamma = 90°, & 若 \gamma_s \geqslant 0° \\ \gamma = -90°, & 若 \gamma_s < 0° \end{cases} \tag{2-14c}$$

对于一个绕平行于地轴的南-北轴连续旋转的平面，要求时刻旋转至太阳光入射角最小，这样的入射角的表示式为：

$$\cos\theta = \cos\delta \tag{2-15a}$$

连续变动的平面倾角为

$$\tan\beta = \frac{\tan\phi}{\cos\gamma} \tag{2-15b}$$

相应的平面法向的方位角为

$$\gamma = \tan^{-1}\frac{\sin\theta_z \sin\gamma_s}{\cos\theta' \sin\phi} + 180°C_1 C_2 \tag{2-15c}$$

其中

$$\cos\theta' = \cos\theta_z \cos\phi + \sin\theta_z \sin\phi \tag{2-15d}$$

$$C_1 = \begin{cases} 0, & 若\left(\tan^{-1}\dfrac{\sin\theta_z \sin\gamma_s}{\cos\theta' \sin\phi}\right) + \gamma_s = 0° \\ 1, & 其它 \end{cases} \tag{2-15e}$$

$$C_2 = \begin{cases} 1, & 若 \gamma_s \geqslant 0° \\ -1, & 若 \gamma_s < 0° \end{cases} \tag{2-15f}$$

对于能连续双轴跟踪的平面，总能使太阳光垂直平面入射，因而有

$$\begin{cases} \theta = 0^\circ \\ \beta = \theta_z \\ \gamma = \gamma_s \end{cases}$$

2.5 我国几个典型地区的太阳能资源分布

为使得读者便于理解，现将北京、拉萨、格尔木、敦煌、吐鲁番、贵州、海南岛和哈尔滨等地的太阳能资源情况介绍如下。

2.5.1 北京地区太阳能资源

北京以天安门地理坐标为准，是东经 115°23′17″，北纬 39°54′27″。天安门广场的海拔是 44.4m。北京中轴线的磁偏角是西偏 6°17″。北京市南起北纬 39°28′，北到北纬 41°05′，西起东经 115°25′，东至东经 117°30′，南北横跨纬度 1°37′，东西经度相间 2°05′。由于北京市地处中纬地带，使得北京地区气候具有明显的暖温带、半湿润大陆性季风气候，这对北京市其它的自然要素有深刻的影响。

2.5.1.1 北京地区太阳高度和日出、日落时间

北京位于北纬 40°附近，致使一年当中太阳高度变化 46°52′。正午太阳高度从冬至（12月 22 日）的 26°34′到夏至（6 月 21 日）的 73°26′；日照时数从 9h20min 到 15h1min。太阳辐射在一年当中差异较大，这是北京冷暖交替、四季划分的基础。

日出、日落时间决定于太阳在天空中的位置。冬至日出最晚，日落最早；夏至相反，日出最早，日落最晚；春秋介于两者之间。

2.5.1.2 北京地区太阳辐射量

北京地区各月太阳辐射量见表 2-2，从 1 月起，月总辐射开始增加，3～5 月增加最快，5、6 月为全年的最高值，6 月以后开始下降，由于 7 月是雨季，因此月总辐射量下降较快，9～11 月次之，12 月为全年最低值。

表 2-2　北京地区各月太阳辐射量　　　单位：MJ/m²

站名	1月	2月	3月	4月	5月	6月	7月
气象台	284.7	339.1	510.8	573.6	695.0	674.1	582.0
古北口	297.3	351.7	519.2	565.2	678.3	665.7	582.0
延庆	301.4	360.1	523.4	561.0	686.6	665.7	577.8
昌平	284.7	334.9	502.4	552.7	665.7	653.1	548.5
房山	276.3	330.8	489.9	548.5	665.7	644.8	548.5
朝阳	272.1	322.4	489.9	535.9	657.3	644.8	535.9
霞云岭	234.5	284.7	410.3	481.5	678.3	565.2	477.3
站名	8月	9月	10月	11月	12月	全年	
气象台	540.1	494.0	397.7	276.3	238.6	5522.4	
古北口	552.7	489.9	401.9	284.7	259.6	5706.6	
延庆	535.9	489.9	401.9	284.7	259.6	5706.6	
昌平	519.2	481.5	393.6	268.0	251.2	5472.1	
房山	519.2	477.3	381.0	263.8	238.6	5409.3	
朝阳	506.6	477.3	376.8	259.6	230.3	5350.7	
霞云岭	448.0	401.9	318.2	230.3	205.2	4701.8	

北京地区全年总辐射量为 4702～5707MJ/m²。有两个高值区，一个在延庆盆地，另一个在东北部的汤河口至古北口一带，全年总辐射量均高达 5707MJ/m²；一个低值区位于房山区霞云岭附近，年总辐射量为 4702MJ/m²。一年之中，太阳总辐射量的变化呈单峰型。1～5 月随太阳高度角渐增和白昼延长，月总辐射量逐渐增加，5 月为全年最大月值；从 6 月到 12 月则随太阳高度角的减小和昼长缩短而逐月递减，12 月为全年最低值。在四季太阳辐射量中，夏季（6～8 月）最大，冬季（12～2 月）最小，春季（3～5 月）略小于夏季，秋季介于冬夏之间。

2.5.1.3　北京地区日照时数

北京年平均日照时数在 2000～2800h 之间，大部分地区在 2600h 左右，见表 2-3。年日照分布与太阳辐射的分布相一致，最大值在延庆县和古北口，为 2800h 以上，最小值分布在霞云岭，日照为 2063h。

全年日照时数以春季最多，月日照时数在 230～290h；夏季正当雨季，日照时数减少，月日照时数在 230h 左右；秋季月日照时数为 190～245h；冬季是一年当中日照时数最少季节，月日照时数 190～200h，见表 2-4。

表 2-3　北京地区年日照时数　　　　　　　　单位：h

地点	时数	地点	时数	地点	时数	地点	时数
海淀	2620	门头沟	2621.4	房山	2606	马道梁	2690.7
朝阳	2554.8	斋堂	2594.1	霞云岭	2063.2	汤河口	2812.4
石景山	2473.3	三台	2733.6	延庆	2813.2	古北口	2822.9
通县	2722.7	大兴	2769.3	佛爷顶	2491.3	怀柔	2731.5
昌平	2641.4	顺义	2792.3	平谷	2711.3	密云	2788

2.5.1.4　北京地区日照百分率

日照百分率指同一地区同一时间内实际日照时数与天文日照时数之比，百分率愈大，说明晴朗天气愈多。北京地区日照比较充足，一般月份的日照百分率在 60% 以上，只有 7、8 月在 50%～60% 之间。古北口、汤河口一带及延庆盆地的日照百分率为全市最大值，西部地区最小。四季中以冬季最大，夏季最小，春、秋季居中。北京地区日照时数和日照百分率见表 2-4。

表 2-4　北京地区日照时数和日照百分率

项目	1 月	2 月	3 月	4 月	5 月	6 月	7 月
日照时数/h	204	198	237	251	290	276	230
日照百分率/%	68	66	64	63	65	62	51

项目	8 月	9 月	10 月	11 月	12 月	全年
日照时数/h	230	245	229	193	192	278
日照百分率/%	55	56	67	65	66	63

北京一天内垂直面上太阳直接辐射的利用时数以春秋季最多，每日平均近 6h；夏季次之，7、8 两月因雨季平均每天只能利用 2～3h。一天内水平面上太阳总辐射的利用时数以春

季最多，夏季次之，冬季最少。

任何时段中连续日照时数愈长，太阳能接收器所获得的有效太阳能量就愈多。如果日照经常间断，这部分日照期间的太阳能就是无效的能量。如在日照连续 6h 的条件下，各种太阳接收器都能有效地进行工作。北京全年连续 6h 的日照时数达 2287h，其中春季为 661h，平均每天为 7.2h，其它各季都低于 550h，平均小于 6h。若从冬季连续日照时数和实际日照时数比值关系看，北京春季和冬季被太阳能接收器有效利用的日照时数是十分多的，若仍以日照连续 6h 为标准，则这些季节中太阳能接收器能够有效利用的日照时数约占同期实际日照时数 85％以上，而夏季只有 70％。

2.5.1.5　延庆的日平均太阳法向直射辐照度实测值

图 2-6 所示为延庆 2009 年一年中 347 天的实测数据。通过统计全年日平均的直接辐射为 324W/m²。

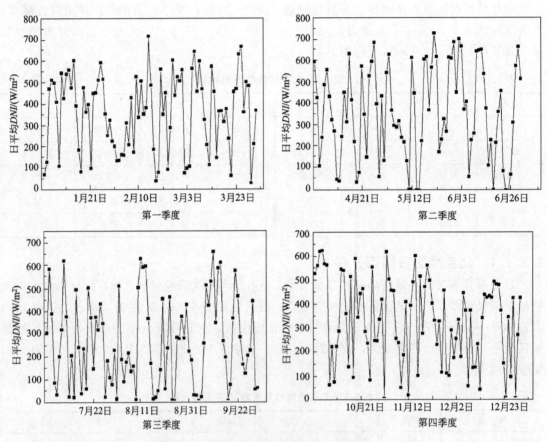

图 2-6　2009 年延庆四个季度的日平均 DNI

图 2-7 中可以看出延庆 2009 年日平均 DNI 大于 600W/m² 有 28 天，占全年的 8.1％；在 500～600W/m² 有 49 天，占全年的 14.1％；全年日平均大于 300W/m² 的天有 55％。

图 2-8 和表 2-5 是延庆春夏秋冬比较好的代表天气，图 2-8 所示为北京延庆春夏秋冬中代表日的日平均太阳法向直射辐照度，从中整理可得到表 2-5。从图 2-8 中也可以很方便地看到日出日落时间。当 DNI 大于 300W/m² 时太阳资源对于热发电是有意义的，因此表 2-5 中特别整理出了"有效日平均 DNI"、"有效日照时间"和日照时间。

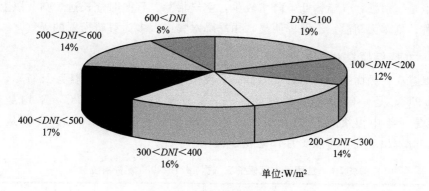

图 2-7 全年日平均 DNI

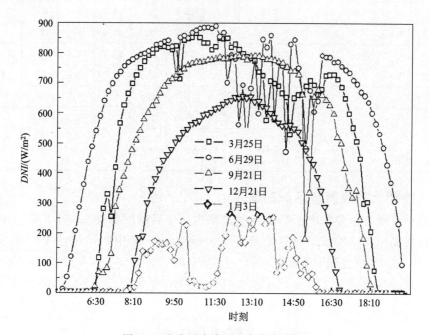

图 2-8 北京延庆春夏秋冬代表天气

表 2-5 四季典型的日平均法向直射辐照度及日照时间

时　间	日平均 DNI	有效日平均 DNI $(>300W/m^2)/(W/m^2)$	有效日照时间 $(>300W/m^2)/h$	日照时间 /h
春(3月25日)	651	713	11	12
夏(6月29日)	656	710	13	14
秋(9月21日)	571	662	8.5	12
冬(12月21日)	47	547	7	8

从表 2-5 可见，日照时间在各个季节相差比较大，夏季从 5:00 太阳就升起，19:30 才落山，冬季要到几乎 8:00 才升起，但 16:30 左右就落山了。

2.5.2 拉萨地区太阳能资源

西藏自治区首府拉萨市地处西藏中部稍偏东南，位于雅鲁藏布江支流拉萨河中游河谷平原，高原温带半干旱季风气候，东经 91°07′，北纬 29°39′，海拔 3658m。这里属高原干旱气

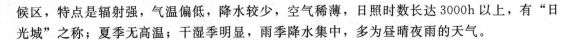

候区，特点是辐射强，气温偏低，降水较少，空气稀薄，日照时数长达3000h以上，有"日光城"之称；夏季无高温；干湿季明显，雨季降水集中，多为昼晴夜雨的天气。

2.5.2.1　拉萨气候条件[7]

拉萨海拔高，因而空气稀薄，气温低，日夜温差大。6月平均气温为15.7℃，平均最高气温为22.9℃，是一年中温度最高的月份，1月平均气温为−2℃，平均最低气温为−9.7℃，是一年中温度最低的月份；多年极端最高温度为29.6℃，极端最低气温为−16.5℃，分别出现在6月和1月，见表2-6。

表2-6　拉萨基本气候情况（据1971～2000年资料统计）

月份 项目	1	2	3	4	5	6	7	8	9	10	11	12
平均温度/℃	−1.6	1.5	5.2	8.4	12	15.9	16	14.7	13	8.7	2.9	−1.2
平均最高温度/℃	7.2	9.2	12.7	15.9	19.9	23.2	22.5	21.4	20	17.0	12.0	8.1
极端最高温度/℃	18	20.6	25.0	25.0	29.4	29.9	28.8	27.2	24.9	23.0	21.6	17.8
平均最低温度/℃	−9.1	−5.9	−2.1	1.5	5.6	9.8	10.4	9.7	7.8	2.0	−4.2	−8.2
极端最低温度/℃	−16	−14.5	−10.2	−6.0	−2.4	2.0	4.5	3.3	0.3	−6.3	−10.3	−15.5
平均降水量/mm	0.8	1.2	2.9	6.1	27.7	71.2	116	120.6	68.3	8.8	1.3	1.0
降水天数/d	0.7	1.0	1.6	4.3	9.9	14.3	19.1	20.0	15.4	4.5	0.7	0.6
平均风速/(m/s)	1.9	2.4	2.4	2.4	2.2	2.0	1.7	1.6	1.6	1.5	1.5	1.6

2.5.2.2　拉萨太阳辐射及日照时数

拉萨处于青藏高原温带半干旱季风气候区内，年日照时数达3000h，冬春干燥，多大风，年无霜期仅100～120天。年降水量有200～510mm，集中在6～9月份，多夜雨。相对而言，3～10月份气候温暖而湿润。1961～1970年的年平均日照时数为3005.7h，日照百分率为68%，年平均晴天为108.5天，阴天为98.8天，年太阳总辐射为6680～8400MJ/m²，见表2-7。

表2-7　拉萨各月平均太阳总辐射

月份	累年各月平均太阳总辐射/(MJ/m²)	月份	累年各月平均太阳总辐射/(MJ/m²)
1月	485.27	7月	756.51
2月	517.40	8月	707.50
3月	605.50	9月	624.97
4月	715.78	10月	604.39
5月	828.90	11月	503.20
6月	798.79	12月	465.69

2.5.3　格尔木地区太阳能资源

格尔木地处青藏高原腹地，位于海西蒙古族藏族自治州境南部，辖区由柴达木盆地中南部和唐古拉山地区两块互不相连的区域组成，位于35°10′～37°45′N，90°45′～95°46′E，总面积约8.1×10⁴km²。市区位于柴达木盆地中南部格尔木河冲积平原上，平均海拔高度为2780m。格尔木属高原大陆性气候，夏季炎热，冬季寒冷，春季气温回升缓慢，秋季降温快，昼夜温差大，区域内光照充足，太阳辐射强，降水稀少，蒸发量大，气候极度干燥，它既是气候变化敏感区，又是生态环境脆弱带。

格尔木地区太阳能辐射量年际变化较稳定，年均日照百分率为 70.2%。从月际变化可知，太阳能辐射量主要集中 4～8 月，占到总辐射量的 54% 以上。太阳辐射强度大，光照时间长，属于太阳能资源丰富区。

2.5.3.1　格尔木气候条件[8]

格尔木地势海拔高、阴雨天气少、日照时间长、辐射强度高、大气透明度好，平均每天日照时间接近 8.5h，年均日照时数为 3096.3h，年太阳总辐射量为 6604.48～7181.1MJ/m²，太阳能资源丰富，格尔木气象站主要气象要素统计见表 2-8。

表 2-8　格尔木气象站主要气象要素统计

序号	项　目	数值	备注
1	多年平均气温/℃	5.3	
2	多年极端最高气温/℃	35.5	
3	多年极端最低气温/℃	-33.6	
4	最大冻土深度/cm	105	1997 年 11 月出现
5	多年最大积雪深度/cm	6	1992 年 12 月出现
6	年平均气压/kPa	72.47	
7	空气平均相对湿度/%	32	
8	年蒸发量/mm	2504.1	
9	多年冰雹日数/天	0.5	
10	沙尘暴年平均日数/天	13.2	
11	多年平均风速/最大风速/[(m/s)/(m/s)]	2.8/22	
12	地区含氧量/%	74	相对于海平面

2.5.3.2　格尔木太阳辐射量

根据格尔木气象站提供的 1971～2007 年太阳辐射实测资料反映，36 年间格尔木地区太阳辐射分布年际变化基本稳定，其数值区间稳定在 6604.48～7181.1MJ/m² 之间。最大值与最小值的差值只有 538.4MJ/m²，年平均太阳辐射量为 6908.17MJ/m²，1997～2007 年 10 年间的平均太阳辐射量为 6852.64MJ/m²。30 年间的年最大值出现在 1985 年，达 7181.12MJ/m²，最小值出现在 1998 年，为 6604.48MJ/m²。7 月是全年月总辐射量最多的月份，为 803.64MJ/m²，是 12 月、1 月的 2 倍多。月总辐射量主要集中在 4～8 月，占年总辐射量的 54% 以上。相对于全国来说，格尔木的太阳能辐射量属于丰富区。

2.5.3.3　格尔木日照时数

1971～2007 年格尔木日照时数最大值出现在 1985 年，为 3323h，最小值出现在 2007 年，为 2918h。全年日照时数基本稳定在 2900～3320h 之间，尤其 1999 年后太阳辐射量仍然保持基本平稳的趋势，但日照时数有明显下降。格尔木 5 月为全年月日照时数最长的月份，为 296h。与太阳总辐射量的变化规律基本一致。从全国太阳能资源分布情况来看，格尔木地区属于日照时数较长的地区。

2.5.4 敦煌地区太阳能资源

敦煌市位于甘肃省河西走廊最西端，介于 $92°13' \sim 95°30'E$，$39°40' \sim 41°35'N$ 之间，全市面积为 $31200km^2$，境内海拔高度介于 $800 \sim 1800m$ 之间，市区海拔高度为 $1138m$。境内地势南北高，中间低，为自西南向东北倾斜的盆地平原地势，与瓜州县合称"安敦盆地"。敦煌市地处内陆，四周受沙漠戈壁包围，属典型大陆性气候；太阳辐射强，光照充足；热量较丰富，无霜期短；降水少，变率大；蒸发强烈，灾害频繁[9]。

2.5.4.1 敦煌气候条件

敦煌气候明显的特点是气候干燥，降雨量少，蒸发量大，昼夜温差大，日照时间长。这里四季分明，春季温暖多风，夏季酷暑炎热，秋季凉爽，冬季寒冷。年平均气温为 $9.4℃$，月平均最高气温为 $24.9℃$（7月），月平均最低气温为 $-9.3℃$（1月），极端最高气温为 $43.6℃$，最低气温为 $-28.5℃$，年平均无霜期 142 天，属典型的暖温带干旱性气候（温带大陆性气候中的一个小类型）。敦煌深处内陆，受高山阻隔，远离潮湿的海洋气流，属极干旱大陆性气候，全年干燥少雨，具有三个特点：一是日照充分；二是干燥少雨，敦煌上空经常维持着一支偏北下沉气流，属干旱少雨地带，年平均降水量为 $39.9mm$，夏季降雨占 63.9%，冬季只有 7.5%，年蒸发量却达 $2400mm$；三是四季分明，且冬长于夏，昼夜温差大。气温年较差达 $34℃$，敦煌常年多为东风和西北风，近地面平均风速为 $3m/s$，干热风和黑沙暴为主要的自然灾害。

敦煌地处甘肃、青海及新疆三省（区）交汇处，南有祁连山，北有马鬃山，东、西两面为戈壁沙漠，其中绿洲面积为 $1400km^2$，仅占总面积的 4.5%。全市总耕地面积为 $1.7747 \times 10^4 hm^2$，占绿洲总面积的 12.68%。区内年平均气温为 $9.5℃$，全年 $10℃$ 以上有效积温为 $3605.9℃$。全年日照时数为 $3246.7h$，其季节分布见表 2-9。

表 2-9 敦煌各季气候要素

指标 \ 月份	1月	4月	7月	10月
日照百分率/%	77	71	70	82
日照时数/h	232.1	282.4	318.9	280.8
地面平均温度/℃	-9.9	16.0	31.5	10.4
平均降水量/mm	0.5	2.4	15.2	0.8
相对湿度/%	46	31	43	45
平均风速/(m/s)	2.2	3.3	2.9	2.3

2.5.4.2 敦煌太阳辐射量

敦煌太阳辐射强、光照资源好，据气象部门多年观测，敦煌市全年日照时数达 $3246.7h$，日照百分率为 75%，年总辐射量为 $6882.27MJ/m^2$，日平均辐射量为 $18.86MJ/m^2$，是国内太阳能资源丰富的地区之一。

2.5.5 吐鲁番地区太阳能资源

吐鲁番市位于新疆维吾尔自治区东部，地处天山中东部主峰博格达山南麓，吐鲁番盆地中心。东西宽 $90km$，南北长 $262km$，地势南北高，中间低。地理坐标为东经 $88°29'28''$ ~ $89°54'33''$，北纬 $42°15'10'' \sim 43°35'$。海拔 $-154 \sim 4000m$，土地总面积为 $13589km^2$。东临哈密，西、南与巴音郭楞蒙古自治州的和静、和硕、尉犁、若羌县毗连，北隔天山与乌鲁木齐市及昌吉回族自治州的奇台、吉木萨尔、木垒县相接。吐鲁番地区行政公署设在吐鲁番市，距新疆维吾尔自治区首府乌鲁木齐市183km，辖吐鲁番市、鄯善县、托克逊县。该地区日照充足，热量丰富，无霜期长，气温日较差大，降雨稀少，蒸发强烈，属典型的大陆性暖温带荒漠气候[10]。

2.5.5.1　吐鲁番气候条件

吐鲁番盆地属于典型的大陆性暖温带干旱荒漠气候，因地处盆地之中，四周高山环抱，增热迅速、散热慢，形成了日照长、气温高、昼夜温差大、降水少、风力强五大特点，日照充足，热量丰富但又极端干燥，气候干旱炎热，因此这里古有"火洲"之称。由于盆地气压低，吸引气流流入，降雨稀少且大风频繁，这里也是全国有名的"风库"，全年8级以上大风日数在100天以上，有时甚至超过12级。

全年平均气温为13.5℃，高于35℃的炎热日在100天以上；高于40℃的酷热天气平均为28天。6~8月平均最高温都在38℃以上，中午沙面温度最高达82.3℃。夏季平均气温在30℃左右，夏季极端高气温为49.6℃，地表温度多在70℃以上。冬季极端最低气温为－28.7℃；日温差和年温差均大，全年10℃以上有效积温5300℃以上，无霜期长达224天。由于气候炎热干燥，这里干旱少雨，年平均降水量仅有16.7mm，而蒸发量则高达3000mm以上，见表2-10。

表2-10　吐鲁番地区气候条件

指标	吐鲁番	鄯善	托克逊	全区平均
年平均气温/℃	14.5	11.8	14.2	13.5
年降水量/mm	15.5	26.9	7.7	16.7
年日照时数/h	2938.0	3102.9	2978.1	3006.3
年平均风速/(m/s)	1.2	1.4	2.9	2.0
年平均空气相对湿度/%	41	43	41	42

2.5.5.2　吐鲁番太阳辐射量

光热资源丰富，年日照时数达3000h以上，比我国东部同纬度地区多1000h左右，年平均总辐射量为5938MJ/m²，仅次于青藏高原。

2.5.6　贵州地区太阳能资源

贵州地处我国西南的云贵高原东麓、副热带东亚大陆的季风区内，属亚热带湿润季风气候区，长江和珠江上游的分水岭地带，是一个典型的喀斯特地貌的山地省。喀斯特出露面积占全省总面积的61.9%，加上部分掩盖的则达73%。山地丘陵面积占全省总面积的92.5%，山间平地只占7.5%。全省平均坡度达17.8°，是全国唯一没有平原支撑的省份。境内山高坡陡，地形破碎，土层浅薄，抗侵蚀能力弱[11]。

2.5.6.1　贵州气候条件

贵州地处低纬高原山区，南邻广西丘陵，与海洋距离不远，有充足水汽来源；北为四川盆地和秦岭、大巴山，阻挡着北方冷空气入侵；境内西高东低，山峦重叠，丘陵起伏，影响着热、水、光资源的再分配；贵州处于东亚季风区域，受西风带环流系统和副热带环流系统的影响，又是南北气流交汇比较频繁、剧烈的地区。在这种特定的地理位置和自然环境下的太阳辐射和大气环流的作用，形成了贵州独特的气候特征：气候温和湿润，立体气候明显；四季分明，无霜期较长；夏无酷暑，冬无严寒；热量较丰，两寒明显；雨量充沛，常有旱涝；总辐射弱，多散射光；阴雨少照，风速较小；灾害种类多，发生频繁。

贵州大部分地区的年平均温度为 14～18℃，大于 10℃积温为 3500～5500℃，无霜期为 260～330 天，冬季各月平均温度为 4～9℃，极端最低温度为 -5～-7℃，夏季各月平均温度为 20～25℃，极端最高温度为 32～36℃；年降雨量为 1100～1300mm，比华北平原多将近一倍。贵州夏半年温度较高，降水集中，光照充足，热、水、光同期。

2.5.6.2　贵州太阳辐射量

贵州因受静止锋的影响，阴雨天气多，云量多，云层厚，到达地面的太阳总辐射弱，大部分地区年总辐射在 3349～4186MJ/m² 之间，为国内太阳总辐射最少的地区之一。贵州的散射辐射在总辐射中所占的比例特别大，遵义、贵阳均在 60% 以上，晴天较多的威宁也在 50% 以上。特别是冬季散射辐射所占的比例在 67% 以上，个别年份几乎全部由散射辐射组成。

2.5.7　海南岛地区太阳能资源

海南岛位于我国南海北部，20°N 以南，仅隔 20～30km 的琼州海峡与大陆隔海相望。地处热带的海南不仅受到大陆的很大影响，而且受到海洋的巨大调节，海气热量和水分交换及其季节性变化直接影响到海南的气温和降水。

海南岛属热带季风海洋性气候，长夏无冬，光温充足，雨量充沛，东湿西干，南热北冷，光合潜力高。全年暖热，雨量充沛，干湿季节明显，常风较大，热带风暴和台风频繁，气候资源多样。基本特征为：四季不分明，夏无酷热，冬无严寒，气温年较差小，年平均气温高；干季、雨季明显，冬春干旱，夏秋多雨，多热带气旋；光、热、水资源丰富，风、旱、寒等气候灾害频繁[12,13]。

2.5.7.1　海南岛太阳辐射及日照时数

海南岛年太阳总辐射量为 4500～5800MJ/m²，辐射日总量变化不大。海南岛位于北回归线以南，各地太阳可照时间长。年日照时数为 1750～2650h，光照率为 50%～60%。日照时数按地区分，西部沿海最多达 2650h，中部山区因云雾较多最少为 1750h；各地日照时数在季节分布上以夏季（6～8 月）最多，春季（3 月）次之，秋季（9～11 月）再次，冬季最少。

2.5.7.2　海南岛热量特征

海南岛各地年平均温度在 22.8～25.0℃，中部山区较低，西南部较高。全年没有冬季，1～2 月为最冷月，平均温度 16～24℃，平均极端低温大部分在 5℃以上。夏季从 3 月中旬～11 月上旬，7～8 月为平均温度最高月份，为 25～29℃。全省各气象站点 1971～2005 年热量特征见表 2-11。

表 2-11　海南省各气象站的气温和降水特征

地区	气温/℃			年均降水量/mm
	年平均	最高	最低	
海口	24.1	27.9	21.5	1372
东方	25.0	28.6	22.0	798
临高	23.7	28.2	20.7	1202
澄迈	23.9	29.0	20.5	1488
儋州	23.5	28.7	20.3	1539

续表

地区	气温/℃			年均降水量/mm
	年平均	最高	最低	
昌江	24.6	30.0	21.0	1392
白沙	23.0	28.8	19.4	1626
琼中	22.8	28.7	19.1	2050
定安	24.1	28.7	21.1	1480
屯昌	23.7	28.6	20.6	1753
琼海	24.3	28.5	21.4	1735
万宁	24.7	28.3	22.1	1802
陵水	25.0	29.0	22.1	1434
五指山	22.8	28.4	19.2	1493

2.5.7.3　海南岛降水条件

降水方面，大部分地区降雨充沛，全岛年平均降雨量在 1500mm 以上。由于受季风和地形的影响，降水时空差别甚大。年降水量分布呈环状分布，东部多于西部，东湿西干明显，多雨中心在中部偏东的山区，年降雨量约 2000~2400mm，西部少雨区年降雨量约 800~1200mm。海南岛全年湿度大，年平均水汽压约 23hPa（琼中）~26hPa（三亚）。中部和东部沿海为湿润区，西南部沿海为半干燥区，其它地区为半湿润区。海南岛属季风气候区，盛行风随季节变更。冬半年，常风以东北风和东风为主，平均风速为 2~3m/s。夏半年，海南岛转吹东南风和西南风，且夏秋台风较多，水分和热量都比冬半年偏北风充足，对海南岛降雨量提供了丰富的水汽资源。各气象站 1971~2005 年的降水情况统计结果见表 2-11。

2.5.7.4　台风与雷暴

海南岛是多热带风暴、台风地区。影响海南岛的热带风暴、台风多发生于太平洋西部（北纬 5°~20°）的海面上。热带风暴、台风次数多，每年一般为 8~9 次，最多可达 11 次。季节长，5~11 月为热带风暴、台风季节，其中 8~10 月为最盛期。75% 左右在文昌至琼海至万宁一带沿海地区登陆，西部沿海地区没有登陆记录。风害以东北部沿岸较重。台风雨在年雨量中起着决定性的作用，全岛大部分地区台风雨占年雨量的 31%~36%，西、南部占44%~45%。海南岛是全国雷暴活动最多的地区，南部沿海雷日数为 60~85 天，其余地区普遍在 100 天以上。雷暴常在午后发生，较有规律。雷期为每年 3~10 月。

2.5.8　哈尔滨地区太阳能资源

哈尔滨位于 45°45′N，126°46′E，地处中国东北的北部，黑龙江省的南部。东南临张广才岭支脉丘陵，北部为小兴安岭山区，中部有松花江通过，海拔高度为 143m。总面积为56579km²（市区面积为 7086km²），辖 8 区和 10 县（市）。与全国其它省会城市相比，所处纬度最高，冬季气温最低。哈尔滨市整个冬季均在极地大陆气团控制之下，夏季则主要受副热带海洋气团影响，春、秋二季为冬、夏季风交替季节。按我国的气候带划分，哈尔滨市属于中温带大陆性季风气候。受地理环境、海陆气团和季风的交替影响，全市各季节气候差异显著[14]。

2.5.8.1　哈尔滨气候基本特征

哈尔滨市气候的特点有四个。一是冬季严寒干燥，降水量少：哈尔滨冬季（11 月~翌年 3 月）长达 5 个月之久，气候严寒、干燥。平均气温低于 10℃ 的日期开始于 10 月 3 日，终于 4 月 30 日，历时 210 天。最冷的 1 月份平均气温为 −20.3℃，极端最低气温为 −38.1℃，全季降水很少，5 个月仅有 32.5mm，为全年总降水量的 6.2%。二是夏季温热湿润，降水集中：夏季（6～8 月）哈尔滨在副热带海洋气团影响下，雨日多，降水集中。时值高温季节，表现有明显的雨热同季特征。哈尔滨整个夏季平均降水量为 335.7mm，占全年总降水量的 64.2%，以阵性降水为多，雨日多达 11.1 天。三是春季气温多变，干燥多大风：春季（4～5 月）北方冷空气势力减弱，南方暖空气势力增强，哈尔滨气温迅速升高。这一期间由于气旋活动频繁，常导致气温变化无常，一次升温或降温的幅度较大，有时可达 20℃ 左右。四是秋季降温迅速，初霜较早：由于秋季降温急剧，可导致霜冻出现，平均初霜日为 9 月 21 日，见表 2-12。

表 2-12　哈尔滨 1959～2006 年各月指标数据统计

指标	1 月	2 月	3 月	4 月	5 月	6 月	7 月	8 月	9 月	10 月	11 月	12 月
平均温度/℃	−19.1	−15.1	−4.1	6.6	14.6	20.1	22.6	20.9	14.3	5.4	−5.7	−15.3
最低日温/℃	−23.9	−20.0	−9.8	0.4	8.0	14.5	18.3	16.4	9.0	0.5	−10.1	−19.8
最高日温/℃	−12.6	−7.5	2.1	13.3	21.2	26.1	27.9	26.4	20.8	12.0	−0.0	−9.5
平均相对湿度/%	74	70	58	51	51	66	77	78	71	65	67	73
平均降水总量/mm	4.0	4.7	11.1	21.2	36.7	83.4	155.0	112.5	61.5	25.6	9.4	5.9
平均风速/(m/s)	3.4	3.5	4.3	5.2	4.9	3.9	3.5	3.2	3.6	4.1	4.3	4.7

2.5.8.2　哈尔滨太阳辐射量

哈尔滨的地理位置介于北回归线与北极圈之间，一年中太阳高度角的变化以及与之相关的各季节太阳辐射量的变化都较大。哈尔滨冬至日 7 时 37 分日出，16 时 20 分日落，昼长只有 8h43min，正午太阳高度角为 20°15′。夏至日 4 时 19 分日出，19 时 53 分日落，昼长达 15h34min，正午太阳高度角为 67°45′。冬、夏两季昼长时间相差悬殊，冬至日正午太阳高度不及夏至日的 1/3。

据哈尔滨日射观测站 1961～1986 年资料：哈尔滨平均年太阳辐射总量为 4634MJ/m²，最大为 5009MJ/m²（1976 年），最小为 4173MJ/m²（1978 年）。哈尔滨辐射月总量的最大值出现在 6 月，高达 703MJ/m²，最小值出现在 12 月，为 105MJ/m²，年内变幅为 598MJ/m²。总辐射的逐日变化在 2～3 月间明显增大，增大幅度达 1549MJ/m²。在 7～9 月间明显降低，月下降幅度为 109～113MJ/m²。

哈尔滨太阳辐射总量中直接辐射和散射辐射两个分量随季节明显变化。由于年内各个月份大气环流及下垫面性质不同，不同月份内两个分量的组成亦有明显差异，这主要取决于各月的云量和大气透明度的区别。

2.5.8.3　哈尔滨日照时数

哈尔滨年平均日照时数为 2641h，夏季多，冬季少，春、秋介于二者之间，但年内变化幅度小于可照时数的变幅。冬季由于气温低、湿度小、天空云量少，此时日照百分率（实照时数与可照时数之百分比）很大，2 月份高达 67%。虽然白昼时间较短，但 11 月～翌年 3 月的总日照时数仍可占全年的 34% 左右。夏季由于多阴雨日，日照百分率反而减少，7 月只有 53%，该月的实际日照时数比 5、6 月均低。

哈尔滨历年的年日照时数最大值为 2878h（1978 年），最小值为 2315h（1968 年）。月日照时数最大值为 327h（1975 年 8 月），最小值为 87h（1985 年 1 月）。月日照时数最大值一般都不在夏至日所在的 6 月，这主要与 6 月份夏季风开始到来，天空云量增加，日照百分率减小有关，说明夏半年月日照的长短受云量影响明显。

2.6 太阳辐照度预测方法

2.6.1 太阳法向直射辐照度的估计方法

由于光学原理要求，聚光型太阳能热发电电站的选址需要考虑太阳法向直射辐照度（DNI）资源。我国的气象台站没有这方面的测试数据。但从我国的气象台站可拿到 1994～2003 年间的水平面总辐照数据和日照时数，可从这两个值来估算 DNI。从水平面总辐射和日照时数来估计 DNI 的方法描述如下。

当来自地球大气层之外的天文辐射经过地球时，由于受到地球大气的散射、吸收以及反射等影响，最终达到地球表面的数值将会发生很大的改变，而且由于计算区域地理位置所处的大气环境不同，到达地表面的太阳辐射更具有严重的地域特性，其值远远小于对应的天文辐射。很多学者通过建立数学模型以及经验关系式来对当地的太阳辐射资源进行预测。事实证明，许多气象参数如大气浑浊度、相对湿度、晴空指数，云的多少以及日照持续时间等均对当地的太阳辐照资源产生影响，最主要的影响因子便是日照时间的长短。

利用中国 8 个典型气候区域典型城市 1994～2003 年期间的气象数据（包括太阳辐射数据、日照持续时间等）建立了月平均的晴空指数与日照百分率的数学关系表达式来对太阳总辐射进行预测，结果证明模型具有较好的预测精度。为了进一步验证模型的准确性，所建模型和其它数学模型的预测结果分别在百分比误差（MPE）、平均偏差（MBE）以及均方根误差（RMSE）等方面分别进行了对比。结果证明，通过该地区气象数据样本建立的预测模型比已经发布的能够应用于全球的预测模型更具有可靠性。

许多学者利用线形回归方法提出不少关于水平面太阳总辐射以及日照百分率之间的数学关系式来对太阳辐射资源进行预测，其中具有代表性的便是 Ångström-Prescott 模型。这里利用中国不同气候区域 8 个典型城市的气象数据建立了适用于我国太阳辐射资源预测的全站点单月预测的数学关系式来对我国的太阳辐射资源进行预测。

Ångström-Prescott 模型数学表达式见方程式(2-16)[5]：

$$\frac{\overline{H}}{\overline{H_0}} = a + b\,\frac{\overline{S}}{\overline{S_0}} \tag{2-16}$$

式中，$\overline{H}$ 为水平面的日总辐射月平均值，$MJ \cdot m^{-2} \cdot d^{-1}$；$\overline{H_0}$ 为计算区域的日总天文辐射的月平均值，$MJ \cdot m^{-2} \cdot d^{-1}$；$\overline{S}$ 为日照时长的月平均值；$\overline{S_0}$ 为日照时长的月平均值的最大值；a，b 为系数。

水平位置的天文辐射计算公式如下：

$$H_0 = \frac{24*3600}{\pi} I_0 f \left(\cos\lambda \cos\delta \sin\omega_s + \frac{\pi}{180}\omega_s \sin\lambda \sin\delta \right) \tag{2-17}$$

式中，$I_0 = 1367W/m^2$（太阳常数）；λ 为当地的地理纬度；δ 为赤纬角。

其中

$$f = 1 + 0.033\cos\left(360\,\frac{n}{365}\right) \tag{2-18}$$

式中，n 是日期顺序（例如 1 月 1 日的日期顺序为 1）。

赤纬角的计算公式如下：

$$\delta = 23.45\sin\left(360\,\frac{248+n}{365}\right) \tag{2-19}$$

ω_s 是太阳日落时角，计算公式如下：

$$\omega_s = \cos^{-1}(-\tan\lambda\tan\delta) \tag{2-20}$$

最大的日照时长计算公式如下：

$$S_0 = \frac{2}{15}\omega_s \tag{2-21}$$

方程中，$\overline{H_0}$，$\overline{S_0}$ 的数值能够分别由方程式(2-17) 和方程式(2-21) 通过计算得到。系数 a 和 b 能够从 $\dfrac{\overline{H}}{H_0}$ 和 $\dfrac{\overline{S}}{S_0}$ 样本中通过线形回归得到。其中 $\overline{H}$ 和 $\overline{S}$ 的数值通过所选 8 个典型城市 1994～2003 年的气象数据库得到。

系数 a 和 b 的计算公式如下：

$$b = \frac{n\sum\limits_{i=1}^{n}\dfrac{\overline{H}}{H_0}\dfrac{\overline{S}}{S_0} - \left(\sum\limits_{i=1}^{n}\dfrac{\overline{H}}{H_0}\right)\left(\sum\limits_{i=1}^{n}\dfrac{\overline{S}}{S_0}\right)}{n\sum\limits_{i=1}^{n}\left(\dfrac{\overline{S}}{S_0}\right)^2 - \left(\sum\limits_{i=1}^{n}\dfrac{\overline{S}}{S_0}\right)^2} \tag{2-22}$$

$$a = \frac{1}{n}\sum_{i=1}^{n}\frac{\overline{H}}{H_0} - \frac{b}{n}\sum_{i=1}^{n}\frac{\overline{S}}{S_0} \tag{2-23}$$

式中，n 为测点的个数。

所选站点 1994～2003 年的太阳总辐射以及日照数据是由中国气象局（CMA）提供的典型气候城市的，在本书中将选取这些城市气象数据作为主要的数据分析来源，各站点位置见表 2-13。

表 2-13　代表性城市位置

序　号	站　点	纬度(N)	经度(E)	海拔/m
1	哈尔滨	45°45′	126°46′	142.3
2	兰州	36°03′	103°53′	1517.2
3	北京	39°48′	116°28′	31.3
4	武汉	30°37′	114°08′	23.1
5	昆明	25°01′	102°41′	1892.4
6	广州	23°10′	113°20′	41
7	乌鲁木齐	43°47′	87°39′	935
8	拉萨	29°40′	91°08′	3648.9

为了计算预测模型的偏离程度，在本书中主要采用的对比参数如下：

均方根误差（RMSE）

$$RMSE = \sqrt{\sum_{i=1}^{N}(H_{estimated} - H_{measured})^2/N} \tag{2-24}$$

平均绝对误差（MABE）

$$MABE = \sum_{i=1}^{N}\left|\frac{H_{estimated} - H_{measured}}{H_{measured}}\right|\Big/N \tag{2-25}$$

平均偏差（MBE）

$$MBE = \left[\sum_{i=1}^{N} (H_{\text{estimated}} - H_{\text{measured}}) \right] / N \qquad (2\text{-}26)$$

式中，$H_{\text{estimated}}$ 为太阳总辐射的预测值；H_{measured} 为太阳总辐射的测量值。

根据式（2-22）和式（2-23），得到的回归系数 a 和 b 的单月结果如表 2-14 所示。表 2-14 中用来对太阳总辐射的预测模型均通过方程式（2-24）～方程式（2-26）计算预测结果和实际结果的均方根误差（RMSE）、平均绝对误差（MABE）以及平均偏差（MBE）来进行对比。其中，RMSE 主要反映数据的离散程度；MABE 主要反映相对误差的平均状态；MBE 主要体现预测结果的偏离状态，其值可能是正值也可能是负值，正值代表预测结果高于实际结果，负值代表预测结果低于实际测量值。从上述误差的分析可知，对比结果的 RMSE 越小其精度越高。

表 2-14　月平均太阳总辐射资源的预测结果误差对比

月份 ＼ 模型	模型表达式	RMSE	MABE	MBE
1 月	$\overline{H}/\overline{H}_0 = 0.157 + 0.680\overline{S}/\overline{S}_0$	6.18 E−02	1.12 E−01	-3.50 E−03
2 月	$\overline{H}/\overline{H}_0 = 0.120 + 0.721\overline{S}/\overline{S}_0$	5.43 E−02	9.10 E−02	-3.30 E−03
3 月	$\overline{H}/\overline{H}_0 = 0.116 + 0.709S/\overline{S}_0$	4.80 E−02	8.35 E−02	-1.55E−09
4 月	$\overline{H}/\overline{H}_0 = 0.111 + 0.678\ \overline{S}/\overline{S}_0$	4.33 E−02	7.75 E−02	-1.30 E−03
5 月	$\overline{H}/\overline{H}_0 = 0.132 + 0.624\ \overline{S}/\overline{S}_0$	4.70 E−02	8.16 E−02	-5.50 E−03
6 月	$\overline{H}/\overline{H}_0 = 0.127 + 0.621\ \overline{S}/\overline{S}_0$	4.83 E−02	8.90 E−02	-3.82 E−02
7 月	$\overline{H}/\overline{H}_0 = 0.193 + 0.478\ \overline{S}/\overline{S}_0$	5.45 E−02	9.35 E−02	-1.40 E−03
8 月	$\overline{H}/\overline{H}_0 = 0.192 + 0.487\ \overline{S}/\overline{S}_0$	5.36 E−02	9.38 E−02	-4.20 E−03
9 月	$\overline{H}/\overline{H}_0 = 0.165 + 0.559\ \overline{S}/\overline{S}_0$	5.11 E−02	8.30 E−02	-3.80 E−03
10 月	$\overline{H}/\overline{H}_0 = 0.102 + 0.685\ \overline{S}/\overline{S}_0$	4.52 E−02	7.66 E−02	-1.80 E−03
11 月	$\overline{H}/\overline{H}_0 = 0.078 + 0.754\ \overline{S}/\overline{S}_0$	5.33 E−02	8.77 E−02	-1.50 E−03
12 月	$\overline{H}/\overline{H}_0 = 0.160 + 0.656\ \overline{S}/\overline{S}_0$	7.22 E−02	1.23 E−01	-9.01E−05
平均值	$\overline{H}/\overline{H}_0 = 0.139 + 0.637\ \overline{S}/\overline{S}_0$	5.27 E−02	9.10 E−02	-5.40 E−03

从表 2-14 可以得出，全站点单月预测模型各月的平均均方根误差为 5.27%。在晴天气候条件下，大气透射系数可通过回归系数 a 和 b 之和体现出来，本书所发展的预测模型回归系数之和随月份变化如图 2-9 所示。

从图 2-9 可知，对于我国，平均来说两者之和随着一年新的开始其值逐渐降低，七月份的时候其值达到最低点，随后才逐渐上升。这意味着春、冬天的时候天空大气的透射率是最高的，而夏季大气透射率是最小的。此种原因是由下列因素引起的：在中国的大部分区域，二、三季度是主要的降雨季节，气候比较湿润，而春、冬季节气候比较干燥，不容易引起降雨。湿润的天气在多种气候条件下很容易引起多云的天气，导致太阳辐射资源被大量云层反射、吸收和散射，因此造成大气的透射率比较低，这是造成在 6 月份大气透射率最低的原因。反之，春冬季节气候干燥，而且经常受到冷空气的影响，天空中云层比较少，因此大气的透射率比较高。除此之外，从图 2-9 可知，回归系数 a 和 b 平均值之和平均为 0.7754，此数值和文献中适用于我国大部分中温带雨林气候（冬天往往比较干燥）发表的数值 0.80 相当接近，在某种程度上也对模型的预测精度进行了验证。

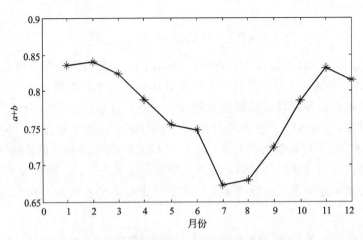

图 2-9　系数 a 和 b 之和随月份的变化趋势

　　利用中国 8 个典型气候区域所代表的城市 1994~2003 年气候数据，通过线性回归得到了 Ångström-Prescott 模型的关系表达式，可建立全站点的单月预测模型。该模型具有较好的预测精度，在没有辐射测定值的情况下，可使用该模型对当地的太阳辐射资源进行预测。

2.6.2　气候条件变迁对太阳直射辐照度的影响

　　我国李晓文等[15]在《中国近 30 年太阳辐射状况研究》一文中利用我国 55 个日射站 1961~1990 年近 30 年的地面总辐射、直接辐射和散射辐射变化研究，认为我国大部分地区近年来（对 20 世纪 90 年代而言）太阳辐射和直接辐射呈减少趋势。同时结合同一时期我国 60 个站点每日北京时间 14 时的能见度观测资料分析，并由此发现我国大部分地区的能见度呈下降趋势，认为大气浑浊度和大气悬浮粒子浓度的增加是引起我国某些地区直接辐射量下降的可能原因。大气悬浮颗粒等气溶胶粒子对太阳辐射的影响是一个复杂的问题，胡丽琴等[16]曾研究云层和气溶胶对大气吸收太阳辐射的影响，同时有科学家指出，云吸收的太阳辐射比现在的理论预测多得多，纽约州立大学石溪分校的 Robert D. Cess 等人用卫星在 5 个不同地点测量太阳辐射，得出结论认为全球平均云吸收 25W/ m^2 左右，比理论模式预测的 0~10W/m^2 多得多。总体来说，现今关于云和气溶胶对太阳辐射影响的研究还不全面。

　　在辐射观测方面，刘广仁等[17]利用北京 325m 气象塔进行太阳辐射梯度测量，初步实验观测结果表明，在污染情况下地面与 320m 高度之间的辐射衰减明显，在极晴好天气下太阳直接辐射在中午时段相差仅 10W/m^2 左右，而在近地面污染严重的条件下，其相对差值最大可达 140 W/m^2 左右，说明近地面污染严重条件下，太阳直接辐射损耗较大。在晴好天气下，总紫外辐射高空与地面相对差值很小；在大气能见度差时，总紫外辐射值减少，但高空与地面的差值相对加大。

2.7　中国太阳法向直射辐射资源分布

　　目前，研究太阳法向直射辐射的方法主要有地面台站观测、卫星遥感和数值模拟研究。地面台站观测具有时间连续的优点，但台站空间分布离散，一般采用地理空间插值的方法弥补，带有较大的插值误差，尤其是站点稀疏地区。H. BROESAMLE 等利用气象卫星云图来计算太阳直接辐射资源，并对北非地区的太阳法向直射辐射资源进行了评估。左大康等最早对我国地区太阳能总辐射的空间分布特征进行研究并绘制了我国各月总辐射与年总辐射分布图。在卫星遥感辐射方面，傅炳珊等利用我国东南沿海地区探空站的资料，建立晴空状况下卫星测值与大气中各高度太阳直接辐射和散射辐射的统计模式。卫星遥感资料空间分布连续，但时间分布是间断的；另外，数据质量易受天气条件影响，当前技术对地面太阳辐射状况的反演还存在一定困难。近年来，随着国内学者王炳忠于1983 年首次提出我国太阳能区划指标后，诸多研究者基于气象站观测资料对部分省市太阳能资源的时空分布及区划做了许多工作。对太阳辐射的研究共同得出一个结论，即中国部分地区的太阳辐射和直接辐射呈减少趋势，其可能的主要原因是大气中悬浮粒子浓度的增加。最近有研究表明，20 世纪 60～80 年代，我国直接辐射资源总体呈减少趋势，但是自 90 年代起下降趋势停止，甚至略有增加。

2.7.1　我国的年平均日太阳法向直射辐照量分布

我国太阳能资源较为丰富，经计算粗略估计全国 30 年来的平均年水平面总辐射量为 $5648 MJ/m^2$，总面积的 2/3 以上年太阳总辐射量超过 $5000 MJ/m^2$，具有利用太阳能的良好条件。我国辐射年总量分布的总体特征呈现西高东低形势。

西部地区太阳辐射年总量又呈南高北低的纬向分布，其中西藏南部（除山南地区）、柴达木盆地太阳辐射较高，而新疆塔里木、吐鲁番盆地太阳辐射相对较低，存在两个低值区分别为天山附近地区、西藏山南地区。

东部地区以华北辐射年总量最大，东南、东北地区太阳辐射较低；其中北纬 20°～40°地区，太阳辐射随纬度增加反而降低。影响我国东部地区太阳辐射分布的主要因子是大气环流造成的云量分布，该地区受海洋潮湿气流影响，中低云量较多，削弱到达地面的太阳辐射，尤其是降水量充沛的东南部地区，甚至出现多个低值小中心（这估计与当地复杂地形也有关系，东南地区属于多山-丘陵地形，容易产生地形降水）；东北地区，辐射年总量则呈现明显的纬向分布特征，太阳高度对该地区的太阳辐射分布起主导作用，该地区纬度较高，太阳高度角低，辐射经过大气层的光学路径较长，削弱较多，辐射年总量相对较低。

青藏高原南部（除山南地区）是一个较大范围的太阳辐射年总量高值中心，这是因为该地区海拔高度高，大气光学路径短，太阳辐射在大气层中的损失少，到达地面的太阳短波辐射较强；青藏高原北部的柴达木盆地、阿尔金山、昆仑山地区亦存在一个相对高值区；在全国范围内太阳辐射年总量存在两个较深的低值中心：青藏高原东麓背风坡——四川盆地地区及西藏山南地区。其中，四川盆地的低值中心主要受云量影响，这里是青藏高原南北两股绕流的交汇处，天气系统活动较多，云雨较多，极大地削弱了到达地面的总辐射；而山南地区处于喜马拉雅山脉南麓，海拔高度变化大，并有潮湿的印度季风分支经过，气团遇山爬绕，形成强烈降水，该地区是世界大陆雨极，云雨天气带来的大量中低云削弱了太阳辐射到达地面的总量，因而出现低值。

中国国家气象局所属业务观测系统中辐射观测共 98 个站，其中能观测直接辐射的一级站 17 个。我国气象辐射观测站在 1993 年前分甲、乙两类辐射观测站，甲类站观测要素包括总辐射、散射辐射和直接辐射，而乙类站观测要素仅有总辐射，期间观测站点经过多次调整。1993年起观测站由原来的甲、乙两类观测站调整为一、二、三级观测站。一级站观测要素包括总辐射、净辐射、散射辐射、直接辐射和反射辐射;二级站观测要素包括总辐射、净辐射;三级站观测要素包括总辐射。

1993年前全国所有辐射观测台站所使用的辐射观测仪器为热电型(康铜、锰钢焊接)、感应面(普通黑漆)辐射仪,相对误差10%;1993年及以后全国所有辐射观测台站均使用我国研制的热电型(绕线型康铜镀铜)、感应面(专用光学黑漆)全自动遥测辐射仪,相对误差0.5%。

除太阳辐照外,我国常规气象资料分为两部分,一部分为地面观测资料,包括有风速、风向、气压、温度、露点温度以及日照时数,涵盖我国主要的气象站(未包括港澳台气象站数据),涉及气象站点740个,空间密度较辐射站点密集。另一部分为探空资料,观测要素主要有风速、风向、气压、高度、温度及露点温度。

我国对 DNI 实际观测数据远不能满足对太阳能资源时空分布的需求。所以在本书的计算中,采用美国可再生能源实验室(NREL)根据天气日辐射模型(Climatological Solar Radiation Model)提供的 $40km \times 40km$ 空间分辨率的中国年平均日 DNI 数据。该数据主要是根据1985年1月1日~1991年12月31日期间遥感资料计算推演得到的。该模型已考虑云层、水蒸气和微量气体、大气中的气溶胶含量等因素来分析计算。大气传输至地面的 DNI 计算模型:

$$DNI = E_0 (\tau_R \tau_{Ozon} \tau_{Gas} \tau_{wv} \tau_{Ae}) \tau_{Cl} \tag{2-27}$$

式中,E_0 为太阳常数;τ_R 为瑞利散射透过率;τ_{Ozon} 为臭氧吸收透过率;τ_{Gas} 为混合气体吸收透过率;τ_{wv} 为水汽吸收透过率;τ_{Ae} 为气溶胶吸收或散射透过率;τ_{Cl} 为云层吸收或散射透过率。

根据 NREL 数据可得到中国年平均日 DNI 分布,该数据还未经过地面测量校准。

我国地面上日 DNI 为 $2kW \cdot h/m^2$ 及 $4.4kW \cdot h/m^2$ 的出现频率最多。最大值出现在西藏自治区,为 $9.365kW \cdot h/m^2$,最小值出现在四川盆地,为 $0.785kW \cdot h/m^2$,中国年平均日 DNI 为 $4.033kW \cdot h/m^2$。

2.7.2 太阳直射辐射时空分布影响因素

太阳直接辐射随海拔高度降低而减小。原因是太阳辐射从大气顶进入大气层,越往低层水汽、气溶胶、混合气体的含量越大,对太阳光的衰减也越大,而且越往低层衰减越快。在对流层的中上部(对流层顶高度为 $7 \sim 17km$)及以上,大气对太阳直接辐射的衰减很小。

不同地区和不同时间,大气中的水汽、气溶胶的分布和成分、浓度都不同,对太阳辐射的吸收和散射也不同。

2.7.3 我国太阳能资源的基本特征

我国太阳能资源的特征主要由地理纬度、地形和大气环流条件所决定,一般是太阳高度角愈大(纬度愈低)、太阳辐射经过大气的路程愈短(海拔愈高)、被大气削弱的就愈少,到达地面的太阳辐射就愈多。

(1)纬度和季节影响特点 纬度对总辐射分布的影响主要反映在我国东部地区(105°E以东),其主要表现是年总辐照量等值线走向的纬向趋势。这是总辐射分布的总背景,体现了天文因子（天文辐射）对总辐射形成的主导作用。随着季节的改变，纬度影响程度可因天文因素和大气环流因素作用对比发生改变而有所变化。

一般具有随纬度增加年总辐照量有变差的趋势。在西部地区，总辐射分布的纬向特点可因地形条件的重大影响而被掩盖，这在新疆北部有所体现。

（2）地形影响特点　地形对总辐射分布的影响主要通过海拔高度差异表现出来。青藏高原平均海拔在 4000m 以上，其对太阳总辐射分布影响最突出。由太阳总辐射分布图看，青藏高原地区为明显的高值中心，这主要是海拔高度高所造成的大气对太阳辐射的吸收、散射过程减弱的结果。天山、祁连山等高大山系的辐射状况应与高原相似，在青藏高原东部边缘，由于海拔高度的急剧变化，出现总辐射等值线密集现象。

图 2-10 所示为太阳总辐射随海拔高度的分布。由图 2-10 可以看出，随海拔高度而变化的太阳辐射分布，二者近于线性关系。青藏高原纬度较低，太阳高度角较大，海拔最高，太阳辐射到达地面前通过大气层的光程较短；高原上大气的密度较小（空气稀薄），大气中的水汽、固体杂质含量较少，云量少，大气透明度好。上述原因使得太阳辐射的折射、散射和吸收作用大大减弱，从而使太阳辐射增强；夏季时也比其它地区晴天多，日照时间长。所以，青藏高原是我国太阳年总辐射最高的地区，也是我国夏季太阳辐射强烈的地区。但是由于青藏高原海拔高，高原上空气稀薄，大气层中云量少，大气逆辐射少，大气的保温作用却很差，不能很好地保存地面辐射的热量，加以高原上风速较大，更不利于热量的积累和保持，所以即使是夏季，青藏高原大部分地区的平均气温也很低，是我国夏季平均气温最低的地区。

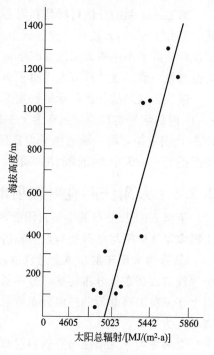

图 2-10　太阳总辐射随海拔高度的分布

四川盆地封闭的地形条件形成了总辐射的低中心。青藏高原和四川盆地在反映地形对辐射分布影响方面是比较典型的。至于其它地区地形影响，由于山体高度较低或山体水平伸延尺度相对较小等缘故表现较不明显。

（3）大气环流影响特点　大气环流对总辐射分布的影响主要通过云状况演变反映出来，实际总辐射分布是纬度、地形和大气环流条件综合影响的结果。前两者的影响相对比较固定，唯有大气环流条件影响的变异性最大。长江中下游及其以南地区的副热带高压以及华北雨带对夏季总辐射反映最明显。雨季对青藏高原总辐射的影响也很突出。

大气环流条件对各地总辐射年变化的影响也较大，它主要造成某些地区总辐射最大值、最小值出现月份的位移。

2.7.4　我国太阳能资源区划

为了便于我国太阳能资源的开发与利用，我国太阳能资源分三级区划。第一级区划的分区指标是水平面上的总辐射年总量［kW·h/(m²·a)］。根据一级区划指标我国太阳能资源分布区划见表2-15，有四类。

表 2-15　太阳能资源按照年总辐照量分类

分　类	分类序号	指标/[kW·h/(m²·a)]	分　类	分类序号	指标/[kW·h/(m²·a)]
资源丰富带	I	≥1740	资源较贫带	III	1160～1400
资源较丰富带	II	1400～1740	资源贫乏带	IV	<1160

第二级区划的分区指标是利用各月日照时数大于6h的天数作为指标的。一年中各月日照时数大于6h的天数最大值与最小值的比值，可看作当地太阳能资源全年变幅大小的一种度量，比值越小说明太阳能资源全年变化越稳定，就越有利于太阳能资源的利用。此外，最大值与最小值出现的季节也说明了当地太阳能资源分布的一种特征。

第三级区划的分区指标是利用太阳能日变化的特征值作为指标的。规定以当地真太阳时9～10时的年平均日照时数作为上午日照情况的代表，同样以11～13时代表中午，以14～15时代表下午，哪一段的年平均日照时数长，则表示该段有利于太阳能利用。第三级区划指标说明了一天中太阳能利用的最佳或不利时段。

2.7.5　太阳法向直射辐射的测量

依据NREL公布的中国太阳能辐射数据资源一级GIS分析可获得40km×40km分辨率我国多年气候平均太阳法向直射辐射分布。

① 我国太阳辐射总体上呈现以内蒙古中西部-宁夏-甘肃西北部-四川西部-云南西北部为分界线的西高东低分布特征，分界线以西大部分地区年太阳直射辐射总量在1400kW·h/m²以上，呈现南高北低的纬向分布特征；以东地区年太阳直射辐射总量小于1400kW·h/m²，以华北为最大。

全国平均年太阳法向直射辐射总量为1472kW·h/m²，极高值区位于西藏西南部地区，极低值区位于西藏山南地区、四川盆地、重庆-贵州-湖南一带。

② 通过对各省（市、区）太阳辐射资源地理统计，获得各省（市、区）气候平均情况下年太阳直射辐射总量值，西藏、青海、新疆、甘肃、宁夏、内蒙古是我国太阳辐射资源最丰富的省（区），华北各省（市、区）及云南是辐射资源中等省（市、区），重庆、贵州、湖南是辐射资源最低的省（市）。

③ 晴天时，水平面总辐照度小于DNI；阴天时水平面总辐照度大于DNI。因此在阴天较少的我国西北地区DNI值要高于水平面总辐照度。

目前常用的太阳气象站有美国爱普乐、荷兰Kipp&Zonen和德国RSP-3G辐照表，这些表均可测量太阳法向直接辐射、总辐射、散射辐射、直射辐射等，见图2-11、图2-12及表2-16。采集数据频率可调，一般常年观测时调制10分钟/次。

表 2-16　Kipp&Zonen 系统中辐照表 CMP21 参数指标

项　目	指　标	项　目	指　标
光谱范围	285～2800nm	对温度的敏感性（-20～+50℃）	±1%
敏感度	7～14μV/(W·m²)	适用温度范围	-40～+80℃
响应时间	5s	最大太阳辐照度	4000W/m²
方向性误差（80°,1000 W/m²）	<10W/m²	视场	180°

图 2-11　在野外台站的 Kipp&Zonen 辐照表

图 2-12　RSP-3G 辐照表

　　一个基准辐照站的主要配置见表 2-17。图 2-13 显示了 10min 平均的 DNI，测量地点为延庆，测量时间为 2011 年 11 月 29 日 10：00 到 2012 年 1 月 5 日 9：30。从该图可见，在 12 月份期间，延庆晴天较多。

表 2-17　一个太阳辐照测试站的主要配置

名　称	数　量	名　称	数　量
数据采集仪	1	强制通风罩	1
带电池的底座	1	大气长波辐射仪	1
直接辐射计,ISO 一级标准	1	反射辐射表	1
太阳位置跟踪器	1	安装反射辐射表托盘	1
机箱加热片	1	地面长波辐射仪	1
总辐射仪,ISO 二级标准	1	安装地面长波辐射仪托盘	1
散射辐射表,ISO 二级标准	1	通信单元	1

　　图 2-14 和图 2-15 所示为 DNI 与水平面总辐照度和水平面散射辐照度之间的关系。从图 2-14 可见，在晴天时，水平面总辐照度小于 DNI，水平面散射辐照度很小。但在阴天

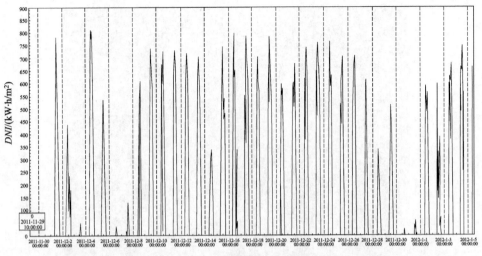

图 2-13　延庆 DNI 实测值（统计周期 10min）

时，图 2-15 中水平面总辐照度大于 DNI，水平面散射辐照度与水平面总辐照度相当。

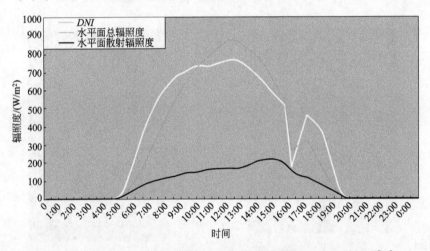

图 2-14　晴天时水平面总辐照度、水平面散射辐照度与 DNI 的关系[15]

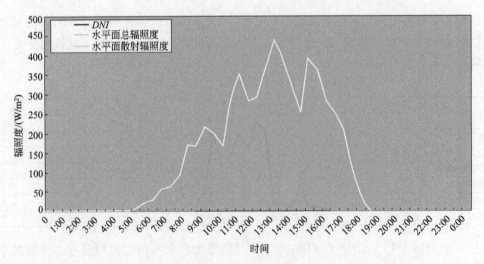

图 2-15　阴天时水平面总辐照度、水平面散射辐照度与 DNI 的关系[15]

2.8 站区各种特殊气候条件

在选址时除了 DNI 要确定外，下面几个参数也应提供给设计单位和设备供货商，以便设备设计和选型时参考。

2.8.1 环境温度

（1）多年平均气温 包括日平均温度，每年最高温度出现的月份及平均温度范围，最低温度出现的月份。

（2）极端最高气温 该地区有气象记录以来的最高温度。有气象记录以来的月平均值记入表 2-18 和表 2-19。

表 2-18 各月平均气象要素统计

项 目 ＼ 月份	1	2	3	4	5	6	7	8	9	10	11	12	全年
平均气温/℃													
平均相对湿度/%													
平均降水量/mm													
平均蒸发量/mm													
平均风速/(m/s)													
平均日照时数/h													

表 2-19 气象站累年极值气象要素统计

项 目	数值/℃	发生日期	项 目	数值/m	发生日期
极端最高气温			最大冻土深度		
极端最低气温			最大积雪深度		

（3）极端最低气温 极端最低温度出现的年、月、日。

（4）各月典型日温度变化图 这项数据是为了了解日照和温度之间的关系，这对计算集热器的热损有重要的意义。

2.8.2 风速

虽然现有的陆地风能资源评价总量上有差异，但所得出的我国风能资源的分布大体是一致的，即资源丰富地带及其分布特点都基本相同。在总量上形成较大差异的主要原因是：这些研究所采取的评价方法、数据来源、高度层等不一样，第二次和第三次全国风能资源普查都是依据气象站在离地面 10m 高度处的观测资料统计分析得到的，而数值模拟的结果考虑的都是 50m 的高度；如果简单地按照陆地风切变指数从 10m 高度估算，测量离地面 50m 和 70m 高度处陆地风力。

风力较大的地区主要分布在东南沿海及附近岛屿、内蒙古、新疆和甘肃河西走廊以及华北和青藏高原的部分地区。另外，华中地区也有个别风力较大。

我国风力受地域和季节的影响明显：北部地区风力较南部地区强；冬春两季受西伯利亚

高气压的影响，风力较夏秋两季强。

（1）各月风向变化 给出各月的风向玫瑰图，有助于进行聚光器受力设计，填写表2-20。

表 2-20 风向频率   单位：%

风向\时间	N	NNE	NE	ENE	E	ESE	SE	SSE	S	SSW	SW	WSW	W	WNW	NW	NNW	C
全年																	
夏季																	
冬季																	

根据表 2-20 即可绘制风玫瑰图。

（2）附近气象站历年最大风速、风向资料 10m 高 50 年的中的最大风速，平均风速，全年主导风向。

2.8.3 降水参数

（1）年平均降水量 每年从天空中降落到地面上的液态或固态（经融化后）水，每平方米的降水平均高度。该数据可从当地气象站获得。

单位时间内的降水量称降水强度，简称雨强。单位时间常取 10min、1h 或 1 天。

（2）年平均蒸发量 在一年内，水分经蒸发而散布到空气中的量。通常用蒸发掉的水层厚度（mm）表示年平均蒸发量。

2.8.4 灾害性天气现象及其参数

（1）冰雹 年平均降雹日数，冰雹直径常见、最大直径，最大年降雹日数。

（2）沙尘暴 沙尘暴年平均发生次数，以天为单位，可以在计算太阳被遮蔽以及聚光器设计时做参考。另外，还应给出沙尘暴的移动速度。

（3）扬沙 每年各个季节的平均每月扬沙天数、最小扬沙月、无扬沙月。这些数据给镜面清洗做参考。

（4）降雨 某地多年降雨量总和除以年数得到的均值或某地多个观测点测得的年降雨量均值为年平均降雨量。年平均降雨量是一地气候的重要衡量指标之一。

（5）降雪 某地多年降雪量总和除以年数得到的均值或某地多个观测点测得的年降雪量均值为年平均降雪量。年平均降雪量是一地气候的重要衡量指标之一。

（6）雷暴 雷暴对聚光器防雷设计作为参考。多年观测所得的年雷暴日数的平均值称为年雷暴日数，一天之内只要听到一次雷声就记一个雷暴日。

（7）阴天 最长连续阴雨天数以及发生的日期。这对储热系统的设计非常有参考价值。湖南长沙在 2012 年 1～2 月的共 1440h 里，日照时间只有 38.6h。遭遇了 60 年以来最严重连续阴雨天气，阴雨时间超过 50 天。这种地点显然不适合建立太阳能热发电站。

（8）冰冻 潮湿的土壤在温度为 0℃时呈冻结状态，这在气象学上称为冻土。最大冻土深度是指历年冻土深度最大值。给地基及热力管路设计提供参考。北京城区最大冻土深度约为 85cm，延庆超过 100cm；兰州约 103cm；哈尔滨约 200cm。另外一个概念是标准冻土深度：指历年冻土深度平均值。

（9）积雪　在平坦开阔的地面上雪层的垂直深度为积雪深度。最大积雪深度指某一地区历年来积雪的最大深度，为聚光器的载荷设计提供参考。如果聚光器设置了避雪控制，定日镜和槽式聚光器设计时不需要考虑该值带来的载荷。图 2-16 和图 2-17 显示了聚光器在 2012年 11 月 5 日大雪后的情况。

图 2-16　暴雪后的定日镜表面（北京延庆）　　图 2-17　暴雪后的槽式聚光器和太阳炉（北京延庆）

2.8.5　设计风速和环境温度

风和环境空气温度是影响太阳能热发电有效发电时数和发电效率以及设备运行可靠性的重要指标。目前太阳能热发电的聚光器设计工作风速一般取 14m/s（六级风）。在我国戈壁沙漠地区建立电站的工作环境空气温度在 $-30\sim40℃$。

由于我国西部地区风速较大，因此确定聚光器最大工作风速是影响一次投资和系统运行时间的重要因素。最大工作风速增大，聚光器成本提高，但系统运行时段延长，电站发电量增多。此时应该根据当地的风速情况计算电力价格。

图 2-18 纵坐标所示为可利用太阳能时段的分数（称为采集率），这个分数乘以年太阳能总辐照量即等于考虑了风速后的实际可利用太阳资源。例如，设某地年总太阳法向直射辐照量＝$2100kW \cdot h/m^2$。

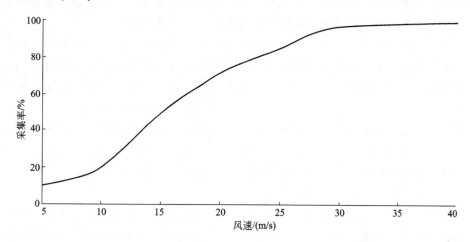

图 2-18　聚光器最大工作风速与太阳能采集率的关系

① 聚光器最大工作风速选为 5m/s 时，从曲线可见，该分数＝10％。

该电站可利用的年总太阳法向直射辐照量＝2100kW・h/m²×10％＝210kW・h/m²。

② 聚光器最大工作风速选为 15m/s 时，从曲线可见，该分数＝50％。

该电站可利用的年总太阳法向直射辐照量＝2100kW・h/m²×50％＝1050kW・h/m²。

③ 聚光器最大工作风速选为 22m/s 时，从曲线可见，该分数＝75％。

该电站可利用的年总太阳法向直射辐照量＝2100kW・h/m²×75％＝1575kW・h/m²。

2.9 测量仪器

2.9.1 太阳总辐射表

（1）表的结构和组成　太阳总辐射表为测量太阳总辐射的仪器，由太阳辐照感应器、密封透光玻璃罩（石英玻璃罩）、水平仪和电子机械等附件组成。见图 2-19。

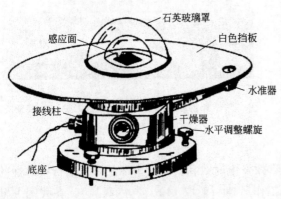

图 2-19　太阳总辐射表的组成

感应器由感应面与热电堆组成，涂黑感应面通常为圆形，也有方形。热电堆由康铜、康铜镀铜构成。黑白型感应面则由黑白相间的金属片构成，利用黑白片的吸收率的不同，测定其下端热电堆温差电势，然后转换成辐照度。仪器的灵敏度为 $7 \sim 14 \mu \mathrm{V} \cdot \mathrm{m}^2 / \mathrm{W}$。响应时间≤60s（99％响应）。年稳定性优于 5％。余弦响应指标，太阳高度角为 10°、30°时，余弦响应误差分别≤10％、≤5％。全黑型的玻璃罩为半球形双层石英玻璃构成。它既能防风，又能透过波长 $0.29 \sim 3.05 \mu \mathrm{m}$ 范围的短波辐射，其透过率为常数且接近 0.9。双层罩的作用是为了防止外层罩的红外辐射影响，减少测量误差。

附件：包括机体、干燥器、白色挡板、底座、水准器和接线柱等。此外还有保护玻璃罩的金属盖（又称保护罩）。干燥器内装干燥剂（硅胶）与玻璃罩相通，保持罩内空气干燥。白色挡板挡住太阳辐射对机体下部的加热，又防止仪器水平面以下的辐射对感应面的影响。底座上设有安装仪器用的固定螺孔及使感应面水平的 3 个调节螺旋。

（2）表的安装与维护　太阳总辐射表应牢固安装在专用的台柱上。台柱是用一根金属管或木柱，上部固定一块比总辐射表底座稍大的金属板或木板构成。台柱离地面约 1.50m 以上，以避免地面辐射的影响。台柱下部埋入地中要很牢固，长时间内不会出现下陷或变形现象，即使台柱受到严重冲击振动（如大风等），也不改变仪器的水平状态。

安装时，先把总辐射表的白色挡板卸下，再将总辐射表安装在台柱上，使仪器接线柱方向朝北。用 3 个螺钉（最好用不生锈的材料）将仪器固定在台柱上，若台架为金属板则事先打好 3 个孔，用螺栓固定仪器。然后利用仪器上所附的水准器，调整底座上 3 个螺旋，使总辐射表的感应面处于水平状态，最后将白色挡板装上。

仪器安装后，用导线将接线柱、记录仪表连接（接线时，要注意正负极），接线柱一般有 3 根引出线，其中 1 根连接机体，用于连接电缆的屏蔽层，起到防干扰和防感应雷击的作用。

（3）使用   总辐射的观测，应在日出前把金属盖打开，辐射表就开始感应，记录仪自动显示总辐射的瞬时值和累计总量。日落后停止观测，并加盖。若夜间无降水或无其它可能损坏仪器的现象发生，总辐射表也可不加盖。实际上一般的表上也不加盖。

开启与盖上金属盖应特别小心，由于石英玻璃罩贵重且易碎，启盖时动作要轻，不要碰玻璃罩。冬季玻璃罩及其周围如附有水滴或其它凝结物，应擦干后再盖上，以防结冻。金属盖一旦冻住，很难取下时，可用吹风机使冻结物融化或采用其它方法将盖取下，但都要仔细，以免损坏玻璃罩。

每天上、下午至少各一次对总辐射表进行如下检查和维护。

① 仪器是否水平，感应面与玻璃罩是否完好等。

② 仪器是否清洁。玻璃罩如有尘土、霜、雾、雪和雨滴时，应用镜头刷或麂皮及时清除干净，注意不要划伤或磨损玻璃。

③ 玻璃罩不能进水，罩内也不应有水汽凝结物。检查干燥器内硅胶是否变潮（由蓝色变成红色或白色），受潮要及时更换。受潮的硅胶，可在烘箱内烤干变回蓝色后再使用。

④ 总辐射表防水性能较好，一般短时间或降水较小时可以不加盖。但降大雨（雪、冰雹等）或较长时间的雨雪，为保护仪器，观测人员应根据具体情况及时加盖，雨停后即把盖打开。

如遇强雷暴等恶劣天气时，也要加盖并加强巡视，发现问题及时处理。由于在室外使用，总辐射表必须具有计量部门给出的检定证书方可使用，通常检定周期2年。

2.9.2 太阳法向直射辐射表

（1）表的结构和组成   由太阳位置跟踪器、太阳辐射感应元件、太阳辐射准直光筒及瞄准器、接线插座和进光保护罩等部件组成。

感应元件由感应面和热电堆组成。当感应面接收太阳辐射时，热电堆产生温差电动势，其大小与接收的辐射量成正比。

性能指标：

响应时间（95％响应）<20s。

灵敏度允许范围：$7\sim14\mu V\cdot m^2/W$。

零点偏移（对环境温度5K/h变化的响应）：±4W/m²。

年稳定性：±1.0%。

温度响应（在50K间隔内）：±2%。

非线性：±0.5%。

倾斜响应：±0.5%。

使用环境条件：

温度：$-40\sim+50℃$。

相对湿度：0～100%。

（2）表的安装与维护   准直光筒是一个金属圆筒，由内筒和外筒组成。筒内有经过煮黑的环形光栏，密闭筒口能透过$0.3\sim3.0\mu m$波长的太阳直接辐射；外筒前端有一小孔，后端有一光靶，两者连线与光筒轴线相平

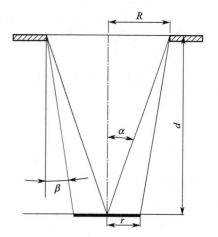

图2-20 太阳法向直射辐射表
进光筒 α、β 角的几何尺寸

行。准直光筒的孔径由半开敞角 α 和斜角 β 来定义,见图 2-20。一般工作级太阳法向直射辐射表的 $\alpha = 2.5°$,$\beta = 1°$。

2.9.3　大气透过率测量仪

辐射在大气中的能量衰减通常用大气透过率来表示。大气透过率是一个多因子函数,它与探测路径长度、视角、辐射波长、气压、气温和大气成分等有关。大气透过率衰减是由大气分子和悬浮在大气中的气溶胶颗粒的吸收和散射造成的。大气的吸收衰减主要是由于大气中 H_2O、CO_2 和 O_3 的强烈辐射吸收造成。大气的散射衰减主要是由于大气分子和大气中悬浮的气溶胶粒子如雾和雨滴对光波的散射造成的,在可见光波段 $(0.38 \sim 0.77 \mu m)$ 是一个大气窗口,大气吸收在该窗口很少,辐射在该波段的衰减主要是由于大气分子和气溶胶粒子散射造成。

(1) 表的结构和组成　光发射接收一体机、电器箱和软件。测量各种环境下光透过率、不同气候条件下的公路能见度数值、隧道烟雾浓度检测指标。

(2) 表的安装与维护　仪器比较简单,放置在需要测量的地点即可。考虑到测试环节可能比较恶劣,有些仪器自带内存,有些仪器还自带数据处理功能,可以显示不同时刻的测量值,也可显示一段时间内的平均值。

数据显示:太阳光透过率 (%)、烟雾浓度值 (L/m)、能见度值 (m)。

测试误差:$\pm 2\%$,光透过率。

环境温度:$-50 \sim 65°C$,环境湿度 $0 \sim 100\%(RH)$,整机质量约 10kg。

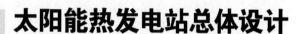

3

太阳能热发电站总体设计

3.1 电站设计点

3.1.1 设计点的意义

设计点是太阳能热发电站设计的首要参数，可根据其确定聚光场面积、吸热器功率、储热容量、发电机组额定容量、电站年发电量和各个设备的效率等关键参数。设计点的概念已经在本书 1.2.3 节中给予了详细描述。

3.1.2 利用设计点的计算实例

设计点与电站所处位置的经纬度、年平均环境空气温度、当地年平均风速、太阳法向直射辐照度年平均值等自然条件相关参数有关。在太阳能热发电站设计中，通常取某典型年的春分日、秋分日或夏至日等典型日的太阳时正午作为设计点的时刻标志。我国延庆太阳能热发站的发电功率为 1.5MW，即指该电站在设计点时的发电功率为 1.5MW。

设计点时系统各单元的能量平衡见表 3-1。

表 3-1　设计点时的能量平衡

序号	项　目	投入功率/kW	损失/kW	剩余/kW
1	设计点投入聚光场的太阳总辐照度	10000		
2	聚光过程：遮挡及阴影，余弦，镜面反射率，大气传输损失，吸热器截断效率	10000	3500	6500
3	吸热过程：反射，对流，辐射，导热	6500	1300	5200
4	储热过程：散热损失、充放热损失			（未使用）
5	传输过程	5200	90	5110

续表

序号	项　目	投入功率/kW	损失/kW		剩余/kW
6	汽轮机做功： 蒸汽热力循环损失、散热	5110	4045		1065
7	自耗能损失：辅助系统的消耗和损失 （额定运行条件）	1065	汽轮机 20	155	910
			聚光场及通信 20		
			DCS　5		
			冷却塔泵 60		
			其它（高压给水泵，工业水泵，给水前置泵）50		
8	电站净输出				910

3.2　塔式电站定日聚光场效率分析

在设计点对应的条件下，对系统各个部分的能量加以平衡计算。下面以延庆1MW电站的计算方法（表3-1）来做一说明。从表3-1中可见，定日聚光场损失是损失项中第二大的。定日聚光场损失中的主要损失是余弦和截断损失。余弦损失可通过太阳位置和聚光场的关系求出。目前塔式电站聚光场效率计算的软件主要有 WINDELSOL、HFLD 和 FIAT LUX 三个。

中国科学院长春光机所和中国科学院电工所联合研制的太阳能塔式电站聚光场布置和优化设计软件 HFLD 可实现对定日聚光场的布置和优化设计。软件技术主要包括：提供设置追迹点数来控制计算精度和计算时间的关系，可对已有的聚光场布置进行分析；对吸热器类型的选择，可对腔体式和圆柱式等各种吸热器类型进行分析；可在两种评价函数条件下对聚光场进行优化，实现了占用土地和聚光场效率的优化匹配；增加了对聚光场阴影的分析功能，可分析聚光场遮阳的变化规律，从而可以推断聚光场布置对地表植被生长的影响。

为方便读者理解，以下给出利用 HELD 软件对中国科学院电工研究所八达岭太阳能热发电实验电站定日聚光场的典型日的效率分析的结果。

3.2.1　定日聚光场瞬态光学效率

计算时段为春分日 7:00～17:00 点的遮挡、阴影和余弦，结果如图 3-1 所示。从图 3-1（a）可见该定日聚光场早晚时光学效率较低，约为 60%；在中午左右光学效率较高，设计点处的光学效率可达 80%。从图 3-1（b）可见该定日聚光场阴影和遮挡效率较高，约为90%～99%；在设计点处的光学效率可达 80%。

3.2.2　吸热器采光口处聚光功率

采用 HFLD 软件对八达岭定日聚光场布置下春分日定日聚光场的聚光功率进行了计算，计算结果如图 3-2 所示。如图 3-2 所示，在早晚的时候吸热器开口处的聚光功率较低，在中午左右聚光功率较高。在设计点 $DNI = 798W/m^2$ 的情况下，吸热器开口处的热功率可达 7.5MW。

3.2.3 吸热器采光口处光斑尺寸

采用 HFLD 软件对八达岭定日聚光场布置下春分日不同时刻吸热器开口平面上的光斑在 8:00~16:00 期间每小时变化的情况如图 3-3 所示。从图 3-3 可见，10:00~14:00 期间定日聚光场截断效率高，聚光场投射的辐射全部落在吸热器腔体。而在较早或较晚时，由于定日聚光外形尺寸以及余弦的原因，聚光场截断效率较低，有部分光线溢出吸热器开口。从图 3-3 还可见，光斑形状相对中午 12:00 是对称的，例如 8:00 与 16:00 对称，9:00 与 15:00 对称，这充分说明截断效率主要是由余弦效应引起的。

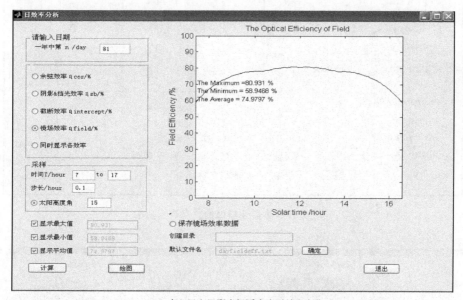

(a) 春分日定日聚光场瞬态光学效率变化

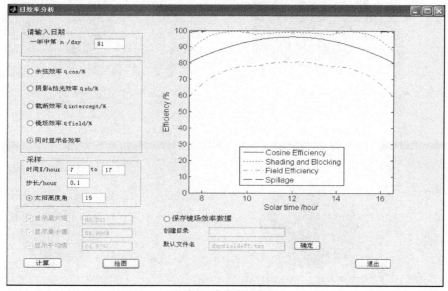

(b) 春分日各聚光环节效率

图 3-1　八达岭塔式电站定日聚光场光学瞬态效率分析[18,19]

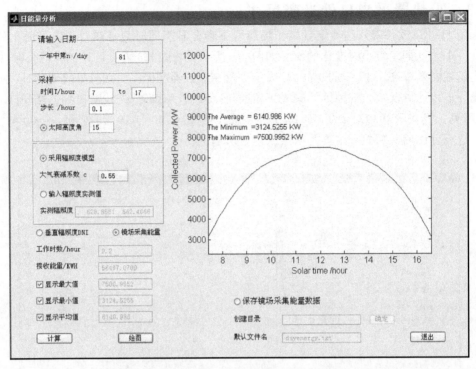

图 3-2　春分日吸热器开口处的瞬态聚光功率[13,14]

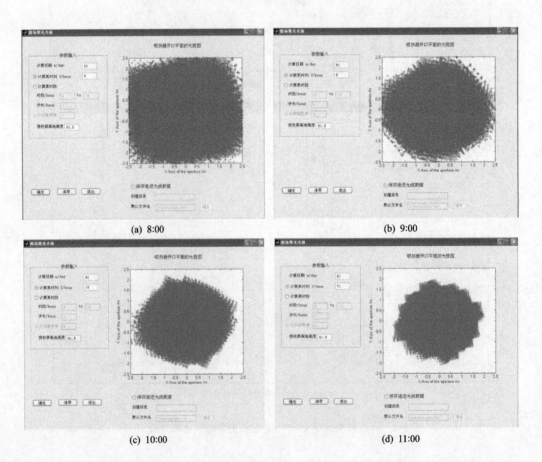

(a) 8:00　　　　　　　　　　　　　　　　(b) 9:00

(c) 10:00　　　　　　　　　　　　　　　(d) 11:00

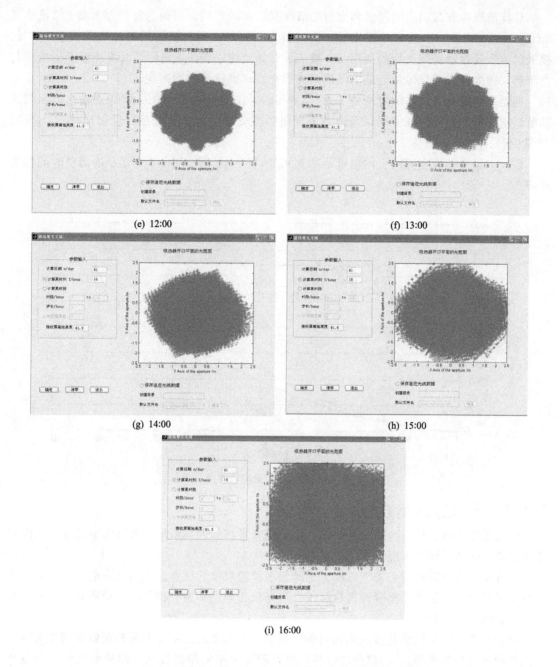

(e) 12:00

(f) 13:00

(g) 14:00

(h) 15:00

(i) 16:00

图 3-3 春分日吸热器开口平面处的光斑变化情况[18]

3.2.4 镜面反射率的取值

镜面反射率的值直接影响到能量的计算。一般在设计点的取值均为镜子处于清洁状态时的值，一般为 $92\%\sim94\%$[20]。

但是对于沙尘较大地区的电站，计算全年能量时，还必须考虑到镜面沾灰的作用。一般来讲，在灰尘较大的季节，定日镜反射率每天下降 0.8 个百分点[20]。槽式反射面由于面朝天工作，反射率会下降更快一些。如果每月清洗镜面两次，年平均反射率取为 83% 左右会比较合适。

计算清洗次数与损失的能量和支付的清洗费之间的比例。目前的每平方米镜子清洗费是2元。对于1万平方米的定日聚光场，清洗费为2万元。反射镜的反射比每天损失0.8%。损失的电费超过清洗聚光场的费用时，就应该开始清洗。图3-4显示了以清洗镜子的费用与由于遮灰损失带来的发电量衰减的经济损失的交点来确定清洗的时间。

假设太阳能热发电站的电价是1元/(kW·h)，图3-4中显示约为27天。这个值显然是随着清洗成本和每天遮灰情况以及电站上网电价变化的。镜子清洗后，反射比从72.4%回升到94%。

假设太阳能热发电站的上网电价是0.8元/(kW·h)时，图3-4中显示的清洗时间约为30天。

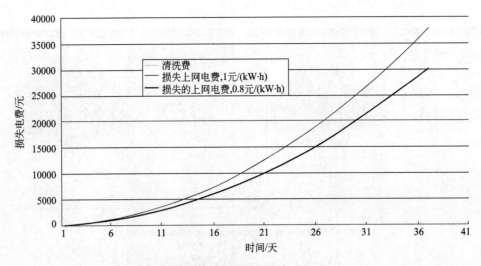

图3-4　确定反射镜清洗时间

3.2.5　大气透过率分析

大气透过率与当地扬沙的程度有关。由于槽式集热器的焦距短，无需考虑透过率。但对于大型塔式电站，该因素应该予以考虑。

光波在大气中传播时，大气气体分子及气溶胶的吸收和散射会引起光束能量衰减，空气折射率不均匀会引起光波振幅和相位起伏。当光波功率足够大、持续时间极短时，非线形效应也会影响光束的特性。

吸收和散射的总效果使传输光辐射强度衰减。入射光的一部分能量被吸收而转变为其它形式的能量（如热能等），一部分能量被散射而偏离原来的传播方向（即辐射能量空间重新分配）。

设强度为 I 的单色光辐射，通过厚度为 dl 的大气薄层。不考虑非线形效应，光强衰减量 dI 正比于 I 及 dl

$$\frac{dI}{I} = \frac{I'-I}{I} = -\beta dl \tag{3-1}$$

积分后得大气透过率

$$T = \frac{I}{I_0} = \exp\left(-\int_0^L \beta dl\right) \tag{3-2}$$

$$T = \exp(-\beta L) \tag{3-3}$$

式中，β 为大气消光系数，1/km；L 为光线的传输距离，km。

此为描述大气衰减的朗伯定律，表明光强随传输距离的增加呈指数规律衰减。

因为消光系数 β 描述了吸收和散射两种独立物理过程对传播光辐射强度的影响，所以 β 可表示为

$$\beta = k_m + \sigma_m + k_a + \sigma_a \tag{3-4}$$

式中，k_m 和 σ_m 分别为分子吸收和分子散射系数；k_a 和 σ_a 分别大气气溶胶的吸收和散射系数。

对大气衰减的研究可归结为对上述四个基本衰减参数的研究。在应用中，β 常用单位为（1/km）或（dB/km）。二者之间的换算关系为

$$\beta(dB/km) = 4.343 \times \beta(1/km) \tag{3-5}$$

（1）分子吸收　大气分子在光波电场的作用下产生极化，并以入射光的频率作受迫振动。所以为了克服大气分子内部阻力要消耗能量，表现为大气分子的吸收。

分子的吸收特性强烈地依赖于光波的频率。分子的固有吸收频率由分子内部的运动形态决定，极性分子的内部运动一般由分子内电子运动、组成分子的原子振动以及分子绕其质量中心的转动组成。相应的共振吸收频率分别与光波的紫外和可见、近红外和中红外以及远红外区相对应。

大气中 N_2、O_2 分子虽然含量最多（约 90%），但它们在可见光和红外区几乎不表现吸收，对远红外和微波段才呈现出很大的吸收。因此，在可见光和近红外区，一般不考虑其吸收作用。

大气中除包含上述分子外，还包含有 He、Ar、Xe、O_3、Ne 等，这些分子在可见光和近红外区有可观的吸收谱线，但因它们在大气中的含量甚微，一般也不考虑其吸收作用。只是在高空处，其余衰减因素都已很弱，才考虑它们的吸收作用。在塔式电站中不考虑分子吸收的影响。

在光线吸收中，还有 H_2O 和 CO_2 分子的作用。特别是 H_2O 分子在近红外区有宽广的振动-转动及纯振动结构，因此是可见光和近红外区最重要的吸收分子，是晴天大气光学衰减的主要因素，H_2O 分子一些主要吸收谱线的中心波长如下：$0.72\mu m$、$0.82\mu m$、$0.93\mu m$、$0.94\mu m$、$1.13\mu m$、$1.38\mu m$、$1.46\mu m$、$1.87\mu m$、$2.66\mu m$、$3.15\mu m$、$6.26\mu m$、$11.7\mu m$、$12.6\mu m$、$13.5\mu m$、$14.3\mu m$。

对于某些特定的波长，大气呈现出极为强烈的吸收，光波几乎无法通过。太阳能热发电利用的太阳辐射波段主要在 $3\mu m$ 以内，与以上部分有较多的重合。因此在聚光器距离吸热器较远的塔式电站中，应考虑大气湿度对辐射传播的影响。大气湿含量高的地区不宜建大型塔式电站。

（2）分子散射　大气中总存在着局部的密度与平均密度统计性的偏离——密度起伏，破坏了大气的光学均匀性，一部分光辐射光会向其它方向传播，从而导致光在各个方向上的散射。

在可见光和近红外波段，辐射波长总是远大于分子的线度，这一条件下的散射为瑞利散射。瑞利散射光的强度与波长 λ 的四次方成反比。瑞利散射系数的经验公式为

$$\sigma_m = 0.827 N A^3 / \lambda^4 \tag{3-6}$$

式中，N 为单位体积中的分子数，cm^{-3}；A 为分子的散射截面，cm^2；λ 为光波长，cm。波长 λ 越长，散射越弱；λ 越短，散射越强烈。

光波在遇到大气分子或气溶胶粒子等时，便会与它们发生相互作用，重新向四面八方发

射出频率与入射光的相同,但强度较弱的光(称子波),这种现象称光散射。子波称散射光,接受原入射光并发射子波的空气分子或气溶胶粒子称散射粒子。当散射粒子的尺度远小于入射光的波长时(例如大气分子对可见光的散射),称分子散射或瑞利散射,散射光分布均匀且对称。

由于分子散射与波长的四次方成反比,λ 越长,散射越弱;λ 越短,散射越强烈,故可见光比红外光散射强烈,蓝光又比红光散射强烈。在晴朗天空,其它微粒很少,因此瑞利散射是主要的,又因为蓝光散射最强烈,故晴朗的天空呈现蓝色。

(3)大气气溶胶的衰减 大气气溶胶的概念:大气中有大量的粒度在 $0.001\sim 10\mu m$ 之间的固态和液态微粒,它们大致是尘埃、烟粒、微水滴、盐粒以及有机微生物等,由于这些微粒在大气中悬浮呈胶溶状态,所以通常又称为大气气溶胶。大气气溶胶作为影响气候变化的一个重要因子,引起了全世界科学界的普遍重视。大气气溶胶主要包括 6 大类 7 种气溶胶粒子,其中,沙尘气溶胶或称为矿物气溶胶,是对流层气溶胶的主要成分。我国沙尘气溶胶主要来源于新疆、甘肃、内蒙古的沙漠以及黄土高原等干旱和半干旱地区。近年来,中国北方频繁发生的沙尘暴事件引起了国内外的广泛关注,沙尘暴已成为一个重要的地球环境问题。大气气溶胶微粒的尺寸分布极其复杂,受天气变化的影响也十分大,不同天气类型的大气气溶胶粒子的浓度及线度(直径)的最大值列于表 3-2 中。

表 3-2 霾、云和降水天气的物理参数

天气类型	N/cm^{-3}	$a_{\max}/\mu m$	大气气溶胶类型
霾 M	100	3	海上或岸边的气溶胶
霾 L	100	2	大陆性气溶胶
霾 H	100	0.6	高空或平流层的气溶胶
雨 M	100	3000	小雨或中雨
雨 L	100	2000	大雨
冰雹 H	10	6000	含有大量小颗粒的冰雹
积云 C.1	100	15	积云或层云、雾

注:N 是粒子浓度,$a_{\max}$ 是粒子的最大直径。

大气气溶胶对光波的衰减包括气溶胶的散射和吸收,见图 3-5。沙尘粒子的尺度相对于可见光和近红外光,需运用米-德拜散射理论来处理。米-德拜散射则主要依赖于散射粒子的尺寸、密度分布以及折射率特性,与波长的关系远不如瑞利散射强烈(可以近似认为与波长无关)。

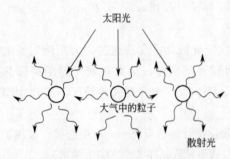

太阳光

大气中的粒子

散射光

图 3-5 大气气溶胶的衰减

根据 IPCC 报告,沙尘的平均寿命约 4 天,平均柱垂直积分含量约 32.2mg/m^2,在 $0.550\mu m$ 波长处质量消光系数为 $0.7\text{m}^2/\text{g}$。研究分析结果表明,$0.1\sim 1.0\mu m$ 的粒子是最主要的消光粒子。牛生杰等于 $1996\sim 1999$ 年间的 $4\sim 5$ 月深入沙漠源地(腾格里沙漠、巴丹吉林沙漠、毛乌素沙漠)对沙尘天气进行了系统观测,并利用飞机观测沙漠地区大气气溶胶,系统分析了贺兰山地区沙尘气溶胶微结构。张文煜等 2001 年 $4\sim 9$ 月份在腾格里沙漠沙坡头站进行地面多波段太阳直接辐射观测,研究表明该地区的大气气溶胶光学厚度在不同天气状况下的变化有很大差别。2000 年 4 月 6 日发生特大沙尘暴期间,沙尘粒子的分析表明,沙尘暴期间的粗粒子($d>2\mu m$)浓度是沙尘暴后的 20 倍以上,细粒子($d<2\mu m$)浓度是沙尘暴后的 7

倍。其中气溶胶光学厚度、消光效率因子、散射效率因子、吸收效率因子等是表征大气气溶胶状况的重要物理参数,是评价大气聚光能量传输非常关键的因子。

消光效率因子 Qe 表示消光截面与相应的粒子几何截面之比。根据米-德拜散射理论,消光效率因子 Qe 有随沙尘粒子半径 r 衰减振荡,并趋向于 2 的重要特性。从图 3-6 可见,Qe 的第一主峰的位置约在 $0.1 \sim 1.0 \mu m$ 之间,随着波长 λ 的增大,第一主峰的位置移向 r 增大方向。根据国内外的实测资料,恰在上面谈及的主峰区域,气溶胶谱常具有尖锐的峰值。但随着粒子半径 r 的增加,消光效率因子的变化幅度逐渐减小,当 $r > 5.0 \mu m$ 后,消光效率因子 Qe 对粒径 r 逐渐失去敏感性,并逐渐趋向于 2,即大质粒从入射光束中消除的光能量正好等于其横截面所阻拦的光能量的两倍。

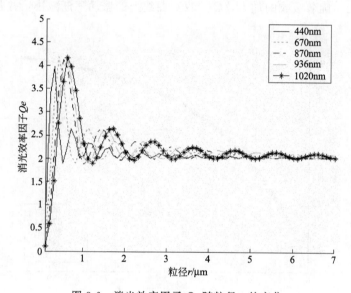

图 3-6 消光效率因子 Qe 随粒径 r 的变化

散射效率因子 Qs 表示散射截面与相应的粒子几何截面之比。图 3-7 所示为散射效率因

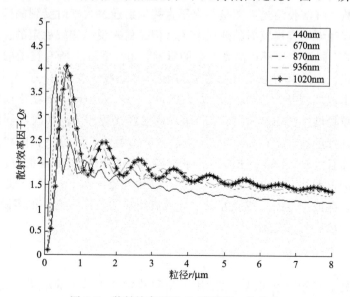

图 3-7 散射效率因子 Qs 随粒径 r 的变化

子 Qs 随粒径 r 的变化的规律。Qs 的第一峰值的位置大约也在 $0.1\sim1.0\mu m$ 之间，随着波长 λ 的增大，第一峰值位置移向 r 增大方向。当粒径 r 很小时，Qs 远小于 1，即粒子散射的能力远比投射到它的几何截面上的能量要小。随着粒子半径 r 的增加，Qs 也迅速增大，并且上升到接近 4 这一最大值。当 $r>4.0\mu m$ 后，Qs 的变化幅度逐渐减小并以阻尼振荡的形式慢慢收敛，逐渐趋向于 1，即对于大粒子而言，散射效率因子是趋向于 1 的。这一变化是由于粒子的吸收性质造成的。

吸收效率因子 Qa 表示吸收截面与相应的粒子几何截面之比。从图 3-8 吸收效率因子 Qa 随粒径 r 的变化可以看出，Qa 随着 r 的增长而逐渐增大，并向 1 趋近，并且粒子的吸收特性在不同波段 λ 上也有所不同，440nm 波段的吸收能力明显高于其它波段。同时结合图 3-6 和图 3-7 可以看出，随着吸收的加大，Qe 和 Qs 曲线上的振动逐渐减小，并且最终消失。

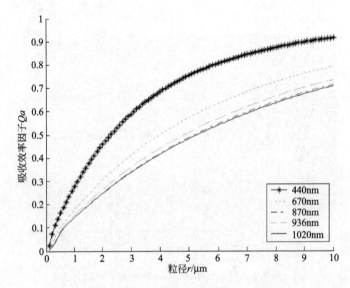

图 3-8　吸收效率因子 Qa 随粒径 r 的变化

（4）消光系数　气溶胶消光系数是指太阳直接辐射通过大气时受到的削弱程度。它的大小与气溶胶的种类和太阳直接辐射的波段有关，但总的来说是比较稳定的。

图 3-9 给出了不同尺度粒子对消光系数的贡献。可以看到，所有粒子的总消光系数和曲线下方的面积成正比，并且对总消光系数贡献最大的是粒径在 $0.1\sim0.4\mu m$ 的这一部分粒子，消光的峰值出现在粒径约为 $0.2\mu m$ 处，$\beta(440)=0.36/km$。随着粒径的增大，消光系数迅速减小，当粒径增大到 $1.0\mu m$ 时，消光系数已经接近于 0。其次，从消光系数随波长的变化可以看出，气溶胶粒子在 440nm 处的消光能力最强，随着波长的增大，粒子的消光能力逐渐减小，而且波长 440nm 处的消光系数较其它波长处减小得更快。但同时也发现，消光系数与波长的关系并不是单一的，这一点可以从粒径在 $0.4\sim1.0\mu m$ 这段曲线看出，在这个粒径范围内，各波长上的曲线相互交错，没有明显的规律可循。很多研究表明，消光系数随波长的变化一般都可以写为：

$$\beta=\frac{A}{r^\gamma} \tag{3-7}$$

式中，A 为常数；指数 γ 可从 4（适用于瑞利散射和非常小的粒子）变到 0（适用于雾对可见光或近红外的散射）。

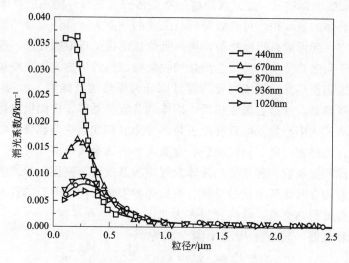

图 3-9 消光系数 β 随粒径 r 的变化

但是只有对非常大和非常小的粒子，这种依赖关系才能在较大的波长范围内表示为一简单函数。电站所遇到的沙尘粒子则处于这个极值之间，从整个波长和粒径范围内来看，消光系数的变化仍然是有一定规律的。

综上所述，式(3-4) 中的消光系数 β 为 0.02。对于一个 10MW 电站，最后一排定日镜距离吸热塔约 0.8km。将消光系数和光线传播长度 $L=0.8$km 代入式(3-3) 可得对于最后一排定日镜，其大气透过率

$$T = \exp(-\beta L) = \exp(-0.02 \times 0.8) = 0.984 \tag{3-8}$$

平均值为

$$T = \exp(-\beta L) = \exp(-0.02 \times 0.4) = 0.99$$

对于 100MW 级塔式电站，聚光场面积约为 100 万平方米，最后一排定日镜距离塔为 2km。

$$T = \exp(-\beta L) = \exp(-0.02 \times 2) = 0.96$$

3.2.6 塔式吸热器热损

吸热器是太阳能热发电系统中将太阳能转化为热能的装置。塔式太阳能热发电系统吸热器通常置于吸热塔顶部，有腔式和圆柱式两种。腔式吸热器用于接收扇形布置的北向聚光场会聚的太阳辐射［图 3-10(a)、 (c)］，圆柱式吸热器用于接收围绕吸热塔环形布置聚光场

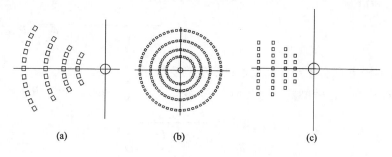

(a)　　　　　　　　(b)　　　　　　　　(c)

图 3-10 各种聚光场和吸热器

［图3-10(b)］会聚的太阳辐射。腔式吸热器的吸热体安置在对外隔热的腔体结构内，腔体的开口面积小于吸热体的表面积，可有效降低吸热体的热损失。圆柱式吸热器通常由大量竖直并列的直管焊接在一起形成条形吸热板，再由吸热板拼接呈近似圆柱形，底部和顶部布置有传热流体集箱用于向吸热器供给冷传热流体和收集被加热的传热流体。按照吸热器内的传热介质不同，塔式太阳能热发电系统用吸热器可以分为导热油吸热器、水/蒸汽吸热器、熔融盐吸热器、空气吸热器、液态金属吸热器、固体颗粒吸热器等。按照吸热器内的太阳辐射能吸收过程特性，塔式太阳能热发电系统用吸热器分为容积式吸热器和管式吸热器。容积式吸热器的吸热体通常为蜂窝陶瓷、泡沫陶瓷、金属网和泡沫金属等多孔材料，太阳辐射在吸热体整个容积内传递和被吸收，多与传热流体为气体的系统结合使用。管式吸热器由多根吸热管组成，太阳辐射能在吸热管表面被吸收，被加热的吸热管内壁与吸热管内流过的传热流体通过对流传热过程进行热交换，传热介质多为液体。

对于腔体式吸热器，其热损 P_{LOSS} 计算公式为[21]

$$P_{\text{LOSS}} = P_{\text{REFCAV}} + P_{\text{RAD}} + P_{\text{CONV}} + P_{\text{COND}} \tag{3-9}$$

式中，P_{REFCAV} 为腔式吸热器反射辐射损失；P_{RAD} 为腔式吸热器内吸热体表面通过吸热器采光口向外的辐射热损；P_{CONV} 为吸热体表面通过吸热器采光口与外界的对流换热；P_{COND} 为吸热体表面与外界的导热损失。

腔式吸热器的面积示意见图 3-11。

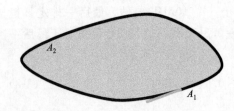

图 3-11　腔式吸热器面积示意

（1）反射辐射损失 P_{REFCAV}　Umarov（1983）公式，在吸热面为灰体的前提下，该吸热器的等效吸收率 α_{eff} 为

$$\alpha_{\text{eff}} = \frac{\alpha_w}{1 - (1 - \alpha_w)\left(1 - \dfrac{A_1}{A_2}\right)} \tag{3-10}$$

式中，α_w 是吸热体表面的太阳吸收比，可通过实验测得。

吸热器的等效反射率 ρ_{COV} 为

$$
\begin{aligned}
\rho_{\text{COV}} &= 1 - \alpha_{\text{eff}} \\
&= 1 - \frac{\alpha_w}{1 - (1 - \alpha_w)\left(1 - \dfrac{A_1}{A_2}\right)}
\end{aligned} \tag{3-11}
$$

P_{AP} 为聚光场反射太阳辐射后投入吸热器采光口的辐射通量。

$$
\begin{aligned}
P_{\text{REFCAV}} &= \rho_{\text{COV}} P_{\text{AP}} \\
&= \left[1 - \frac{\alpha_w}{1 - (1 - \alpha_w)\left(1 - \dfrac{A_1}{A_2}\right)}\right] P_{\text{AP}}
\end{aligned} \tag{3-12}
$$

P_{AP} 可由 HFLD 软件给出，然后通过实验测量校正。

在式(3-12)中，α_w 为恒量，随（A_1/A_2）变化，设 $\alpha_w = 0.85$，代入方程式(3-11)

$$\rho_{\text{COV}} = 1 - \frac{0.85}{1 - 0.15\left(1 - \dfrac{A_1}{A_2}\right)} \tag{3-13}$$

图 3-12 所示为反射率的变化规律，由图可见，腔式吸热器的一般等效反射率在 0.05 左右。

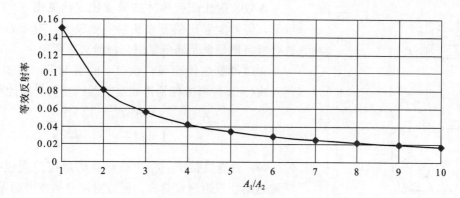

图 3-12　腔式吸热器的等效反射率（$\alpha_w = 0.85$）

如果面积比（A_1/A_2）恒定，α_w 变化，设 $A_1/A_2 = 0.2$，代入方程式(3-11) 可得

$$\rho_{COV} = 1 - \frac{\alpha_w}{1 - (1 - \alpha_w)(1 - 0.2)}$$

$$= 1 - \frac{\alpha_w}{1 - 0.8(1 - \alpha_w)} \tag{3-14}$$

从图 3-13 可见，随着吸热体吸收比的增加，反射率降低较快。因此选用较高吸收比的涂层或对表面进行处理对提高吸热器热效率是很有益的。

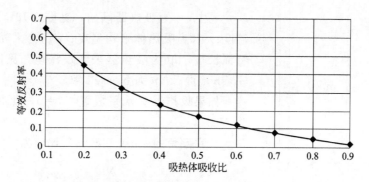

图 3-13　腔式吸热器的等效反射率（$A_1/A_2 = 0.2$）

（2）辐射热损 P_{RAD}　辐射热损是吸热体通过采光口向外的热辐射。

$$P_{RAD} = \varepsilon_{AP}\sigma(T_w^4 - T_g^4)A_1 \tag{3-15}$$

式中，ε_{AP} 为吸热器的等效热发射比；σ 为 Stefan-Boltzman 常数；T_w 为吸热体表面平均温度；T_g 为地表温度。

在式(3-15) 中，由于腔体式吸热器的开口是向下倾斜的，因此实际是吸热体表面与当地地表之间进行辐射换热，见图 3-14。

ε_{AP} 的计算采用 Umarov（1983）公式

$$\varepsilon_{AP} = \frac{\varepsilon_w}{1 - (1 - \varepsilon_w)\left(1 - \dfrac{A_2}{A_1}\right)} \tag{3-16}$$

式中，ε_w 为吸热体表面的太阳发射比，$\varepsilon_w = 1 - a_w$。设 $A_2/A_1 = 5$，代入式(3-16)

$$\varepsilon_{AP} = \frac{\varepsilon_w}{1 + 4(1 - \varepsilon_w)} \tag{3-17}$$

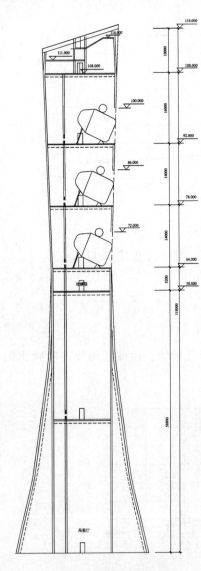

图 3-14　吸热体表面与当地
地表之间的辐射换热

等效发射比随吸热体的吸收比变化见图 3-15。从图可见，等效发射比随吸收比的变化较大。对吸热体表面进行吸收比处理是降低辐射热损的有效手段。

在测得吸热体表面温度 T_w 的情况下，将式（3-16）代入式（3-15）可方便地得到吸热器的辐射热损计算式

$$P_{RAD} = \frac{\varepsilon_w \sigma (T_w^4 - T_g^4) A_1}{1 - (1-\varepsilon_w)\left(1 - \dfrac{A_2}{A_1}\right)} \qquad (3-18)$$

（3）对流热损 P_{CONV}　吸热器的对流热损包括自然对流热损和强迫对流热损。强迫对流热损本节暂不考虑，仅讲述自然对流热损的计算方法。浮力驱动的自然对流与吸热体形状、吸热器安装倾角（图 3-16）以及吸热体表面温度及其分布有关。单纯凭理论分析很难得到准确的结论。本节采用实验公式 Sieber Kraabel 模型来计算 Nusselt 数

$$Nu = 0.088 Gr^{\frac{1}{3}} \left(\frac{T_w}{T_a}\right)^{0.18} (\cos\theta)^{2.47} \left(\frac{d_{AP}}{L}\right)^s \quad (3-19)$$

$$s = 1.12 - \frac{0.982 d_{AP}}{L} \qquad (3-20)$$

式中，θ 为吸热器倾角，见图 3-16；T_a 为环境空气温度；T_w 为吸热体平均温度；d_{AP} 为采光口直径；L 为特征长度，取为吸热器采光口深度，见图 3-16；Gr 为 Grashof 数；Nu 为 Nusselt 数。

如果吸热器呈水平放置，$\theta = 0$，此时的 Nusselt 数为 Nu_0

其它倾角的 Nusselt 数与其比值为

$$\frac{Nu}{Nu_0} = \cos^{2.47}\theta \qquad (3-21)$$

图 3-17 所示为 Nusselt 数的变化规律，可以看到，吸热器的倾角越大，对流热损越小。吸热器的倾角一般由聚光场的排布决定，与定日镜的遮挡有关。考虑到不同时刻的太阳高度角，计算过程较为复杂。本节主要讨论对流热损，在此

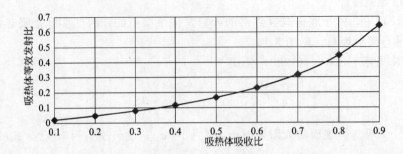

图 3-15　腔式吸热器等效发射比（$A_2/A_1 = 5$）

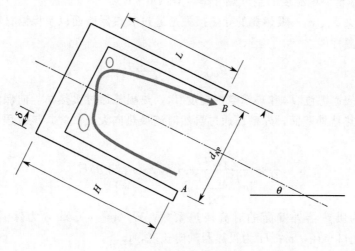

图 3-16 腔式吸热器

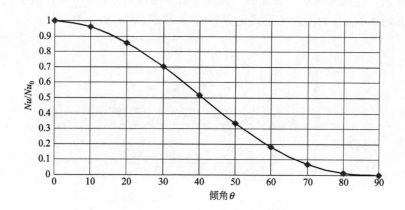

图 3-17 腔式吸热器 Nu 随 θ 的变化

假定该角度为给定值，对此不再详细阐述。

根据自然对流的规律，吸热体内的流型大致如图3-16所示。从图 3-16 可见，如在边角 A、B 的位置设置遮挡，将会有效地抑制自然对流。

$$Nu = \frac{\alpha_{AP} L}{\lambda}$$

$$\alpha_{AP} = \frac{\lambda}{L} Nu$$

$$= 0.088 \frac{\lambda}{L} Gr^{\frac{1}{3}} \left(\frac{T_w}{T_a}\right)^{0.18} (\cos^{2.47}\theta) \left(\frac{d_{AP}}{L}\right)^s \tag{3-22}$$

通过吸热器采光口由自然对流逸出的能量为

$$P_{CONV} = \alpha_{AP} (T_w - T_a) A_1 \tag{3-23}$$

将方程式（3-22）代入式（3-23）可得

$$P_{CONV} = \alpha_{AP} (T_w - T_a) A_1$$

$$= 0.088 Gr^{\frac{1}{3}} \left(\frac{T_w}{T_a}\right)^{0.18} (\cos^{2.47}\theta) \left(\frac{d_{AP}}{L}\right)^{\left(1.12 - 0.982\frac{d_{AP}}{L}\right)} \left(\frac{\lambda}{L}\right) (T_w - T_a) A_1 \tag{3-24}$$

式中，λ 为基于环境温度的空气热导率，W/(m·K)。

（4）导热损失 P_{COND}　吸热器的导热损失是通过吸热器墙面以及保温材料的散热，其数值主要取决于保温性能。

$$P_{COND} = \frac{T_w - T_a}{R} \qquad (3-25)$$

已知吸热体表面温度 T_w 和环境空气温度 T_a，热损是通过吸热体导向保温材料，再通过保温材料导向吸热器外壁面，外壁面通过自然对流换热向大气散失。该过程的热阻计算方法如下：

$$\frac{1}{R} \approx \frac{2\pi kH}{\ln\left(\frac{r_{AP}+\delta}{r_{AP}}\right)} + h_{wb}\pi(r_{AP}+\delta)H \qquad (3-26)$$

式中，h_{wb} 为吸热器外壁面的对流换热系数，W/(m²·℃)；δ 为保温材料厚度，m；r_{AP} 为吸热器采光口半径，m；H 为吸热器轴向长度，m。

由于吸热器内部温度不均匀以及吸热器安装角度，吸热器外表面与空气换热的 Nusselt 分布也较为复杂。这里采用水平放置的长圆柱自然对流散热来做 Nusselt 数的简化计算，吸热器外壁面平均 Nusselt 数的计算公式见方程式(3-27)（Morgan，1975）。

$$Nu_{wb} = \left\{0.6 + \frac{0.387Ra_{wb}^{\frac{1}{6}}}{\left[1+\left(\frac{0.559}{Pr}\right)^{\frac{9}{16}}\right]^{\frac{8}{27}}}\right\}^2, 10^{-5} < Ra_{wb} < 10^{12} \qquad (3-27)$$

$$Ra_{wb} = \frac{g\beta(T_{wb}-T_a)(r_{AP}+\delta)^3}{\nu a}$$

$$= \frac{g(T_{wb}-T_a)(r_{AP}+\delta)^3}{\nu a T_a} \qquad (3-27a)$$

$$h_{wb} = \frac{\lambda Nu_{wb}}{H} = \frac{\lambda}{H}\left\{0.6 + \frac{0.387Ra_{wb}^{\frac{1}{6}}}{\left[1+\left(\frac{0.559}{Pr}\right)^{\frac{9}{16}}\right]^{\frac{8}{27}}}\right\}^2 \qquad (3-28)$$

式中，β 为空气的体膨胀系数，1/℃，取 $\beta = \frac{1}{T_a}$；ν 为空气运动黏度，m²/s；a 为温度扩散系数，m²/s；Pr 为空气的普朗特数；T_{wb} 为吸热体外壁面平均温度，℃。

将式(3-26)、式(3-27) 和式(3-28) 代入式(3-25) 可得

$$P_{COND} = \left[\frac{2\pi kH}{\ln\left(\frac{r_{AP}+\delta}{r_{AP}}\right)} + \pi(r_{AP}+\delta)Hh_{wb}\right](T_w - T_a)$$

$$= \left[\frac{2\pi kH}{\ln\left(\frac{r_{AP}+\delta}{r_{AP}}\right)} + \pi\lambda\left\{0.6 + \frac{0.387Ra_{wb}^{\frac{1}{6}}}{\left[1+\left(\frac{0.559}{Pr}\right)^{\frac{9}{16}}\right]^{\frac{8}{27}}}\right\}^2(r_{AP}+\delta)\right](T_w - T_a) \qquad (3-29)$$

对于参考温度为环境温度，空气的 $Pr = 0.71$，代入式(3-29)，得

$$P_{COND} = \left[\frac{2\pi kH}{\ln\left(\frac{r_{AP}+\delta}{r_{AP}}\right)} + \pi\lambda(0.6+0.32Ra_{wb}^{\frac{1}{6}})^2(r_{AP}+\delta)\right](T_w - T_a) \qquad (3-30)$$

使用方程式(3-30)时需知道吸热器外壁面平均温度 T_{wb}，求法如下

$$P_{COND}=\left[\frac{2\pi kH}{\ln\left(\dfrac{r_{AP}+\delta}{r_{AP}}\right)}\right](T_w-T_{wb}) \tag{3-31}$$

将式(3-27a)代入式(3-30)，且根据能量平衡有式(3-31)＝式(3-30)，即可得到 T_{wb}，从而代入式(3-31)，求得 P_{COND}。

在实际工程中，考虑到吸热器的安全性，按照设计规范要求，吸热器表面温度不高于 80℃，否则会引起吸热器外表面电缆等易燃设备的火险问题。在计算式(3-31)时，也可将 $T_{wb}=80℃$ 代入，如此可得：

$$P_{COND}=\left[\frac{2\pi kH}{\ln\left(\dfrac{r_{AP}+\delta}{r_{AP}}\right)}\right](T_w-80) \tag{3-31a}$$

如考虑风的影响，也可以直接求得强迫对流条件下的吸热器外表面对流换热系数。

(5) 吸热器热损　将以上内容代入式(3-9)可得热损的计算公式：

$$P_{LOSS}=P_{REFCAV}+P_{RAD}+P_{CONV}+P_{COND}$$

$$=\left[1-\frac{\alpha_w}{1-(1-\alpha_w)\left(1-\dfrac{A_1}{A_2}\right)}\right]P_{AP}+\frac{\varepsilon_w\sigma(T_w^4-T_g^4)A_1}{1-(1-\varepsilon_w)\left(1-\dfrac{A_2}{A_1}\right)}+$$

$$0.088Gr^{\frac{1}{3}}\left(\frac{T_w}{T_a}\right)^{0.18}(\cos^{2.47}\theta)\left(\frac{d_{AP}}{L}\right)^{\left(1.12-0.982\frac{d_{AP}}{L}\right)}\left(\frac{\lambda}{L}\right)(T_w-T_a)A_1+$$

$$\left[\frac{2\pi kH}{\ln\left(\dfrac{r_{AP}+\delta}{r_{AP}}\right)}+\pi\lambda(0.6+0.32Ra_{wb}^{\frac{1}{6}})^2(r_{AP}+\delta)\right](T_w-T_a) \tag{3-32}$$

或使用工程简化式：

$$P_{LOSS}=P_{REFCAV}+P_{RAD}+P_{CONV}+P_{COND}$$

$$=\left(1-\frac{\alpha_w}{1-(1-\alpha_w)\left(1-\dfrac{A_1}{A_2}\right)}\right)P_{AP}+\frac{\varepsilon_w\sigma(T_w^4-T_g^4)A_1}{1-(1-\varepsilon_w)\left(1-\dfrac{A_2}{A_1}\right)}+$$

$$0.088Gr^{\frac{1}{3}}\left(\frac{T_w}{T_a}\right)^{0.18}(\cos^{2.47}\theta)\left(\frac{d_{AP}}{L}\right)^{\left(1.12-0.982\frac{d_{AP}}{L}\right)}\left(\frac{\lambda}{L}\right)(T_w-T_a)A_1+$$

$$\left[\frac{2\pi kH}{\ln\left(\dfrac{r_{AP}+\delta}{r_{AP}}\right)}\right](T_w-80) \tag{3-33}$$

为使得读者更好理解，下面给一个算例。

设 $T_g=T_a=20℃$，$T_w=400℃$，$\alpha_w=0.9$，$\varepsilon_w=0.85$，$k=0.048W/(m \cdot ℃)$，$\lambda=0.033W/(m \cdot ℃)$，$\delta=0.3m$，$d_{AP}=5m$，$r_{AP}=2.5m$，$L=5m$，$H=L+\delta=5.3m$，$\theta=20°$，$\nu=22.8\times10^{-6} m^2/s$，$a=32.8\times10^{-6} m^2/s$，$A_1=25m^2$，$A_2=100m^2$，$P_{AP}=6500kW$；$\sigma=5.6686\times10^{-8}W/(m^2 \cdot K^4)$

Grashof 数为：

$$Gr=\frac{g\beta(T_w-T_a)L^3}{\nu a}=\frac{9.81\times(400-20)\times5^3}{22.8\times10^{-6}\times32.8\times10^{-6}\times293}=2.1\times10^{12}$$

腔体内处于湍流状态，将各参数代入方程式(3-33)，可得：

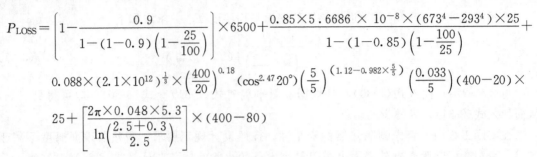

$$P_{LOSS} = \left[1 - \frac{0.9}{1-(1-0.9)\left(1-\frac{25}{100}\right)}\right] \times 6500 + \frac{0.85 \times 5.6686 \times 10^{-8} \times (673^4 - 293^4) \times 25}{1-(1-0.85)\left(1-\frac{100}{25}\right)} +$$

$$0.088 \times (2.1 \times 10^{12})^{\frac{1}{3}} \times \left(\frac{400}{20}\right)^{0.18} (\cos^{2.47} 20°) \left(\frac{5}{5}\right)^{\left(1.12-0.982 \times \frac{5}{5}\right)} \left(\frac{0.033}{5}\right)(400-20) \times$$

$$25 + \left[\frac{2\pi \times 0.048 \times 5.3}{\ln\left(\frac{2.5+0.3}{2.5}\right)}\right] \times (400-80)$$

$$= 176 + 183 + 103 + 4.5 = 466.5 \ (kW)$$

各因素在吸热器热损中的比例见图 3-18，从中可见，反射和辐射热损占的比例比较大，因此吸热体内表面的选择性涂层的作用是很大的。其中导热损失很小，几乎可以忽略。

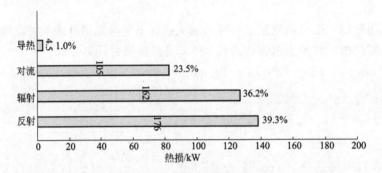

图 3-18　腔式吸热器各部分的热损

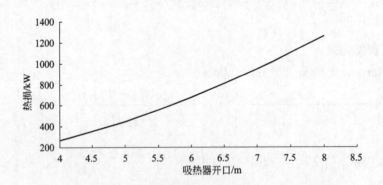

图 3-19　设计点腔式吸热器热损随采光口尺寸变化

随着采光口尺寸的增加，吸热器的截断效率增加，同时热损也增加。图 3-19 所示为在设计点时腔式吸热器热损值随采光口尺寸的变化。在非设计点时，需用聚光场计算软件辅助计算出聚光场光斑尺寸，然后再计算出吸热器截断效率。代入式 (3-33) 的 P_{AP} 中。

以上热损计算时未考虑风速度和方向的影响，对于商业电站的吸热器，一般是安装在密闭的吸热器空间中，风对导热损失的影响可以忽略不计，但对对流损失的影响应考虑。

3.3　抛物面槽式太阳能集热器热性能

槽式太阳能集热器效率计算较为复杂，与太阳辐照度、聚光器轴向布置、聚光器光学性能、传热介质工作温度、环境空气温度、环境风速、聚光场特性有关，计算很难准确。一般由设备制造商提供效率公式。

3.3.1 槽式真空管热损系数

由于涉及真空、透明体玻璃管和膜层随温度的变物性，真空管热损的传热学计算较为困难，一般均采用实验测量方法获得。下面以德国 SCHOTT 公司真空管的热损系数的测试数据为例来说明真空管热损系数的大致范围。

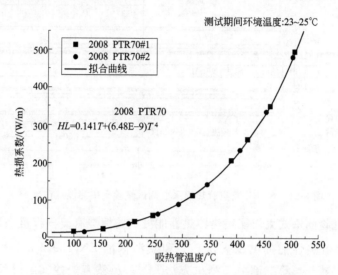

图 3-20　德国 SCHOTT 的 PTR70 真空管热损系数[22]

（数据来源：Technical Report NREL/TP-550-45633 May 2009）

表 3-3 是图 3-20 对应的数据。热损系数的单位是沿真空管轴线单位长度的热损失功率：W/m。

表 3-3　SCHOTT PTR70 真空管热损系数测定值[22]

测试	平均环境温度/℃	平均玻璃温度/℃	吸热管温度/℃	吸热管与环境温差值/℃	热损系数 HL/（W/m）
1	100	26	23	77	15
2	153	30	23	130	23
3	213	35	23	190	43
4	246	38	24	222	59
5	317	50	24	293	113
6	346	55	23	323	141
7	390	65	24	366	204
8	418	73	25	393	257
9	453	82	23	430	333
10	458	84	24	434	348
11	506	99	24	482	495

图 3-20 中横轴为吸热管温度与环境空气温度的差，纵轴是真空管的热损系数（W/m）。在温差为 293℃时，其热损系数约为 113W/m。在温差为 393℃时，其热损系数约为 257W/m。目前真空管热损系数的测试还没有国家标准，在使用各单位测量值时应仔细查看其测试报告所描述的测试方法和测试条件。热损系数与加热方式、加热器材料、测温时的稳态条件（环境温度、加热器温度）、测温的温度测点位置和采样频率均有关系，与室内墙体温度和颜色等也有关。

图 3-21 给出美国可再生能源实验室（NREL）真空管试验台测温点位置示意[22]，其加
热器材质为铜。

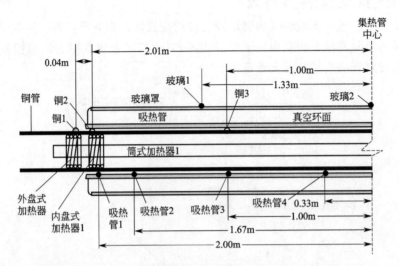

图 3-21　NREL 真空管热损系数测试试验台中测温点位置[22]

目前适用于抛物面槽式太阳能集热器热性能测试的标准有美国标准 ANSI/ASHRAE 93
"确定太阳能集热器热性能的测试方法"[23] 和欧洲标准 EN 12975-2 "太阳能热系统与部
件——太阳能集热器——第二部分：测试方法"[24]。虽然有一些文献已经比较过这两个标
准，但是它们都是针对太阳能低温热利用的平板型和真空管型太阳能集热器的。这两种类型
的太阳能集热器的工作温度通常小于 80℃，然而抛物面槽式太阳能集热器的工作温度为
100~400℃。

3.3.2　槽式集热器热性能测量方法现状

3.3.2.1　国外槽式集热器热性能研究现状

20 世纪 70 年代起，聚光式太阳能集热器商业化产品被开发，这让美国能源部（DOE）
和相关行业认识到，对集热器进行系统的、标准化的测试评估非常必要，会使潜在的用户通
过统一的测试来评价此技术。1973 年，在美国能源部的资助下，位于阿尔伯克基（Albu-
querque）的桑迪亚国家实验室（SNLA）首先开展了对跟踪型槽式集热器的测试研究。
1975 年，桑迪亚国家实验室中温太阳能系统测试平台（MSSTF）开始运行，它包括槽式集
热器模块测试平台和系统测试平台。

1977 年，美国采暖、制冷及空调工程师协会（ASHRAE）发布了标准测试方法
ASHRAE 93—77，它提供了非跟踪和跟踪式太阳能集热器测试指导准则。此后，与跟踪型
太阳能集热器测试平台建设同步开展，在美国测试与材料协会（ASTM）的主持下，许多投
资商参与了太阳能集热器的开发和评价工作。他们致力于研究一个针对跟踪型太阳能集热器
的测试方法，最终于 1983 年发布了标准测试方法 ASTM E905。但是，由于跟踪型太阳能
集热器通常用于大型阵列之中，所以测试单个集热器模块需要了解整个系统的性能。这些系
统包括管路和其它系统平衡组件，以及非稳态条件。为了得到这方面的资料，美国能源部启
动了一系列项目。第一个项目涉及大量的实地测试，这些测试针对众多在工业现场的大型抛
物面槽式集热系统。第二个项目被称为模块化工业太阳能改进（MISR）项目，它针对工业

蒸汽应用的高级抛物面槽式集热系统进行了开发和测试工作。

美国桑迪亚国家实验室的槽式集热器模块测试平台，包含三个测试站（每个测试站以独立的流体回路）、数据采集系统和一个采光面积达到 45m² 的槽式集热器。根据回路中的传热流体，不同的测试温度被确定。例如，回路 1 采用 Therminol 66 导热油，它的最高运行温度是 315℃；回路 2 采用 Syltherm 800 导热油，它的最高运行温度是 425℃，如图 3-22 所示。双轴旋转测试平台能够让槽式集热器的采光口在特定测试时间内朝向任意一个方向。另外，一个气象站采集所有必要的自然条件数据。该实验室发布了一些重要的与槽式集热器性能相关的测试研究报告，例如，30MWe SEGS 电站仿真报告[25]、应用在 SEGS 电站的 LS-2 槽式集热器测试报告、安装肖特真空吸热器的槽式集热器测试报告和工业应用槽式集热器稳态测试报告[26]等。

图 3-22 美国桑迪亚国家实验室的槽式集热器模块测试平台

美国桑迪亚国家实验室和之后的美国太阳能研究所进行的早期跟踪型太阳能集热器测试是基于 ASHRAE 93—77 中的通用技术。但是这个方法并不完全能够适用于跟踪型太阳能集热器，因为该标准没有具体涉及跟踪型太阳能集热器测试相关的大量解释、分析和精确测试技术。由于认识到这个方法是不完整的，所以 ASTM 的太阳能委员会成立了一个下属专业委员会。从经济测试方法的角度，专业委员会开展了一系列标准研究，而这个标准的目标是确定具体地点的指定跟踪型太阳能集热器的年能量输出。该专业委员会在自愿协商一致的原则下运作，其成员由制造商，用户和其它来自工业、政府、院校和测试实验室的代表组成。美国太阳能研究所为该专业委员会起草了最初的标准，最终的成果是 ASTM 标准测试方法 E 905—87："确定跟踪聚光型太阳能集热器热性能"，最新的版本为 2007 年更新版。

针对聚光式太阳能集热器测试的要求，该标准主要考虑到其存在的大量技术问题，包括：

跟踪/驱动系统和反射器表面的精度对集热器热性能的影响；

针对入射的太阳辐射，适当规范化的因子的选取；

针对高聚光比太阳能集热器，准稳态测试条件的研究；

由于测试使用的高温导热油缺乏足够精确的比热容参数，导热油比热容的量热法确定；

集热器采光口上垂直入射和偏角度入射的测试和分析；

当集热器内传热流体不流动时，太阳照射会破坏集热器，因此取消对太阳能集热器预处理的要求；

对大型太阳能集热器而言，多数太阳模拟器会引入干扰和不确定度，因此规定测试要在室外的晴天条件下进行。

这个发布的标准应用于单轴或双轴聚光式太阳能集热器，可以忽略太阳散射辐射的影响而仅考虑直射辐射的影响和确定集热器对不同太阳入射角的光学响应和在不同运行温度下太阳光线垂直入射的热性能。此标准中的方法要求达到准稳态条件，测量一些环境参数，和确定集热器传热流体进出口温差与传热流体热容的乘积。测试方法提供了实验和计算步骤来确定下面的参数：响应时间，入射角修正因子，近垂直入射角范围和在近垂直入射角下的得热率。

响应时间的定义是，在一个太阳辐射的阶跃变化后，一个规定的集热器传热流体温升变化所需要的时间，它确定了准稳态条件所需要的时间。任意入射角下的集热器热性能是通过入射角修正因子和近垂直入射的集热器热性能计算得到的。入射角修正因子的测量是在集热器热损失最小情况下进行的，因此测量过程中传热流体进口温度等于或接近环境空气温度。如果被测试的集热器被安装在一个双轴跟踪的测试平台上，那么它的热性能测试能够在全天内实现太阳光线垂直入射集热器采光口的条件。如果测试所使用的平台是单轴的，或者一个线性聚焦集热器使用其原有的跟踪驱动装置，那么近垂直入射数据的范围必须被确定。这个测试标准也提供了得到此角度范围的方法，在这个范围内热性能的减少不大于 2%。测试标准对测量参数的变化量有着严格的要求，这些参数包括集热器传热流体进口温度、经过集热器后传热流体的温升、传热流体流量与比热容之积、环境空气温度和太阳法向直射辐照度（DNI）。

从 1974 年到 1980 年，美国建立了几个跟踪型太阳能集热器测试研究机构，虽然在 ASTM 测试标准公布之前它们都已经设计和建造完成，但是 ASTM 标准中保留的 ASHRAE 93—77 基本原则是这些测试平台的设计基础，而且许多测试平台的设计者也参与了 ASTM 太阳能子委员会。重要的是，这些研究机构都是针对线性聚焦跟踪型槽式集热器设计的。此情况反映了在进行这些工作的时候，线性聚焦的抛物面槽式太阳能集热器是比较接近商业化的，并且是被一些美国的公司制造。也要注意到，每个研究机构都拥有双轴旋转测试平台，通过控制跟踪方向，太阳光线能够垂直入射集热器采光口，因此在白天大多时间内集热器热能性测试能够被进行。

2010 年，在美国能源部的资助下，美国国家可再生能源实验室（NREL）发布了大型抛物面槽式太阳能系统的性能测试指南，给出了两种测试方法，即短期稳态测试和多天连续测试方法的基本原则。该指南旨在建立美国机械工程师协会（ASME）的官方 PTC 52 聚光式太阳能发电性能测试标准，这个标准被计划写入包括抛物面槽式的其它聚光式太阳能发电技术。但是，完成一个官方的性能测试标准的准备和批准工作通常需要花费数年的时间。

实际上，在此研究开展之前，该实验室已经对 SEGS 槽式集热器的回路进行了测试，如图 3-23 所示。此外，对与槽式集热器性能相关的技术，该实验室开展了一系列的研究工作，并且发布了相应的研究报告。例如，真空管型抛物面槽式吸热管的室外光学性能测量、抛物面槽式集热系统的管路模型建立、槽式集热场的快速分析、抛物面槽式吸热管的传热分析和建模、针对真空管型抛物面槽式吸热管的热损分析和室内热损失测试方法、基于现场的抛物面槽式吸热管研究、抛物面槽式太阳能电站性能模型、抛物面槽式太阳能电站仿真模型、抛物面槽式集热器反射镜面测试、为抛物面槽式太阳能电站建立的太阳能指导者模型（SAM）、抛物面槽式太阳能电站技术和性能评估以及槽式集热器的风洞测试方法[27]等。

图 3-23 SEGS 槽式集热器测试回路

德国宇航技术研究中心（DLR）也已经开展了槽式集热器或集热场的现场测试研究。为了满足现场安装的要求，基于现场的测试需要一套可移动的设备和仪器。它们主要由测量温度、流量和倾角的外夹式传感器、移动气象站和数据采集系统组成。这种测试能够完成的项目包括：集热场性能评估（取决于现场和电站运行情况），集热器/阵列/回路的效率，入射角影响因子，热损失和年性能预测等。

此外，2009 年参照 SNLA 的双轴测试平，DLR 开始设计 Kontas 槽式集热器旋转测试平台，如图 3-24 所示。该研究中心还对与槽式集热器的相关技术开展了研究工作，主要包

图 3-24 位于西班牙的 Kontas 测试平台

括：测量设备对槽式集热器性能测试不确定度的影响，REACt 项目中的槽式集热器测试，槽式集热器聚焦区太阳能流密度测试，室内外抛物面槽式真空吸热管的光学效率测试平台，针对抛物面槽式太阳能电站的瞬态仿真模型以及瞬态变化对能量输出的影响和抛物面槽式吸热管热损测试的瞬态热像方法等。

除了上述的三个著名的国际研究机构以外，国外的其它许多学者也对槽式集热器进行了深入的研究。例如，应用欧洲标准 EN 12975-2 中的准稳态测试方法对槽式集热器的效率进行了测试；也有将美国标准 ASHRAE 93—2003 与欧洲标准 EN 12975-2 用于槽式集热器的性能测试并进行了比较；基于槽式集热器性能分析建立的实验模型；通过比较非真空和真空抛物面槽式吸热管配置，对槽式真空管性能的数值研究；槽式集热器截取因子的预测。此外，抛物面槽式电站的仿真和控制模型也充分考虑了槽式集热器的热性能，例如，一个针对 30MW 抛物面槽式太阳能发电站开发的线性预测控制模型；对一座带储热的抛物面槽式太阳能发电站的动态仿真模型；一个考虑非线性槽式集热器热损失的聚光场解析模型；一个能够预测非正常工况下抛物面槽式电站总体性能的 PATTO 模型；基于经验和物理推导的抛物面槽式电站模拟计算机程序 SimulCET。

特别值得注意的是，太阳能热发电的技术标准对于加速降低成本而言至关重要。因此，国际能源署（IEA）下的太阳能热发电和热化学组织（SolarPACES）正在开展国际项目 TASK Ⅰ太阳能热电系统，其中包括槽式集热场的测试程序和标准的开发。虽然在实现标准化方面已开展了很多工作，但槽式集热器的热性能测试方法仍然需要改进。适用于聚光式太阳能集热器的 EN 12975-2 标准已是 ISO 9806 标准的一部分，并且目前正在修订中。在 SolarPACES 的框架下，太阳能热发电标准工作组已于 2011 年成立。标准的改进一定要面向共同的框架，并且需要在以下领域得以加强：资格，认证，测试程序，组件和系统耐久性测试，委托程序，基于模型的结果和聚光场模型化等等。

3.3.2.2　ASHRAE 93 稳态测试方法概述

ASHRAE 93 的最新版本是在 2010 年发布的[23]，文中说明：为了与国际标准 ISO 9806-1 "太阳能集热器测试方法——第一部分：带压降的有透明盖板液体工质集热器的热性能"[28]保持一致，目前这个修订后的标准已经调整了在前一版本中的部分测试过程和一些测量参数要求。

这个测试标准提供了具体的测量操作过程和计算步骤，并分别确定：不同的集热器传热流体进口温度下太阳接近垂直入射槽式集热器采光口的热效率；不同的太阳入射角下槽式集热器的光学响应。为了计算结果能够依据统一的基准进行比较，本节选用 ASHRAE 93 中基于槽式集热器采光面积的热效率进行稳态测试模型的回归及预测计算，见公式(3-34)。

$$\eta_a = F_R \left[(\tau\alpha)_e \rho\gamma - \frac{A_r}{A_a} U_L \frac{(T_{fi} - T_a)}{G_{bp}} \right] = \frac{\dot{m}c_f (T_{fo} - T_{fi})}{A_a G_{bp}} \tag{3-34}$$

式中，F_R 为集热器热转移因子；$(\tau\alpha)_e$ 为集热器法向吸收透过因子；A_a 为集热器采光口面积；A_r 为集热器吸热体面积；γ 为方位方向角系数修正因子；ρ 为俯仰方向角系数修正因子；U_L 为热损失系数；T_{fi} 为集热器传热流体进口温度；T_a 为环境空气温度；G_{bp} 为太阳法向直射辐照度；$\dot{m}$ 为传热流体质量流量；c_f 为传热流体比热容；T_{fo} 为集热器出口温度。

对于太阳接近垂直入射槽式集热器采光口的热效率测试，在槽式集热器的工作温度范围内至少确定四个均匀间隔的集热器传热流体进口温度。并且其中的一个集热器传热流体进口温度应该接近环境空气温度，而其最高的集热器传热流体进口温度是槽式集热器的最高工作温度。对于每个集热器传热流体进口温度，稳态测试模型需要获取至少四个独立的数据点，因此总共的数据点不少于 16 个，这样才能进行稳态测试模型的参数回归。

集热器热性能测试需要达到严格的稳态条件，以保证测试数据的有效性。这要求在晴朗条件下进行，在整个测试周期内太阳法向直射辐照度大于 $800\text{W}/\text{m}^2$ 和经过槽式集热器传热流体的体积流量设定为同一个值等等，并且这些测量参数还要满足表 3-4 中规定的允许偏离值。

表 3-4 稳态测试周期内测量参数要求

参 数	数 值	参 数	数 值
G_{bp}	$\pm 32\text{W}/\text{m}^2$	集热器传热流体进口温度	设定值的 $\pm 2\%$
环境空气温度	$\pm 1.5℃$	集热器传热流体出口温度	每分钟内 $\pm 0.05℃$
传热流体体积流量	设定值的 $\pm 2\%$	平均环境空气风速	$2\sim 4\text{m}/\text{s}$

抛物面槽式太阳能集热器以单轴跟踪太阳方式运行，然而旋转测试平台能够在测试周期内让太阳光线沿着槽式集热器采光口的接近垂直方向入射。这意味着为了稳态测试模型能够对槽式集热器进行长期热性能预测，入射角修正因子需要在另一个独立的测试过程完成，以确定不同入射角下的槽式集热器热效率变化。对于入射角修正因子的测试，槽式集热器传热流体进口温度应在环境空气温度的 $\pm 1℃$ 之内。如果无法满足这一要求，那么需要按公式 (3-35) 计算入射角修正因子 $K_{\tau \alpha}$。

$$K_{\tau \alpha} = \frac{\eta_a + F_R U_L (T_{fi} - T_a)/G_{bp}}{F_R [(\tau \alpha)_e \rho \gamma]_n} \tag{3-35}$$

式中，η_a 为集热器截距效率。

稳态测试方法是目前国际上最为认可的抛物面槽式太阳能集热器热性能测试方法，有许多测试都是依据此方法完成的。例如，针对世界首座商业化太阳能热发电站（SEGS）采用的 LS-2 槽式集热器进行的测试，安装有 PTR70 真空型吸热管的 LS-2 槽式集热器测试，工业领域应用的槽式集热器测试和一种玻璃纤维加固的槽式集热器测试。

然而，对于一个实际运行的现场规模化抛物面槽式太阳能集热器而言，其长度决定了它无法被安置在一个双轴旋转跟踪的测试平台上，这意味着太阳光线接近垂直于槽式集热器采光平面入射的条件基本无法达到，并且入射角修正因子的测试过程也无法进行。当槽式集热器采用水平南北轴向布置时，太阳光线接近垂直于槽式集热器采光平面入射的情况每日仅早晚各出现一次，然而这时恰恰是太阳法向直射辐照度处于上升或下降的波动过程，甚至这种情况都不能被保证在全年的任何时间均会出现，这取决于测试地点的纬度；当槽式集热器采用水平东西轴向布置时，只有正午附近太阳光线会在接近槽式集热器采光平面的法线方向上入射。

此外，分析结果已经表明槽式集热器处于加热过程和多云条件下的典型间歇传热流体温度变化时，这个稳态测试模型是无效的。因此，稳态测试所需要的时间会被这些不利的自然环境和运行条件延长，特别是对于那些自然环境条件不是很好的测试地点。

3.3.2.3 EN 12975-2 准动态测试方法概述

为了适应更加广泛的自然环境条件，除了稳态测试方法外，欧洲标准 EN 12975-2 还提供了一个太阳能集热器热性能的准动态测试方法[29]。其准动态测试模型是基于太阳能集热器输出功率的最小误差分析建立的。此外，它还增加环境空气风速、天空温度、针对散射辐照度的入射角修正因子等项，如公式 (3-36) 所示。

$$\frac{\dot{Q}}{A} = F'(\tau \alpha)_{en} K_{\theta b}(\theta) G_{bp} + F'(\tau \alpha)_{en} K_{\theta d} G_d - c_6 u G^* - c_1 (T_m - T_a) - c_2 (T_m - T_a)^2 -$$

$$c_3 u (T_m - T_a) + c_4 [E_L - \sigma (T_a + 273.15)^4] - c_5 dT_m/d\tau \tag{3-36}$$

式中，$\dot{Q}$ 为太阳能集热器输出功率；$F'(\tau\alpha)_{en}$ 为集热器效率因子；$K_{\theta b}(\theta)$ 为集热器角系数修正因子；G^* 为集热器采光口平面的半球向辐照度；c_1、c_2、c_3、c_4、c_5 为回归系数；T_m 为集热器中流体平均温度；E_L 为热损失；σ 为斯蒂芬-玻尔兹曼常数，$\sigma = 5.67 \times 10^{-8}\,W/(m^2 \cdot K^4)$；$\tau$ 为时间；u 为环境空气风速。其中，$K_{\theta b}(\theta)$ 是对太阳法向直射辐照度的入射角修正因子，但是这个标准提供的该入射角修正因子的具体函数表达形式仅仅适用于平板型太阳能集热器，而非针对于抛物面槽式太阳能集热器。因此，对于具有更高工作温度和更为复杂光学效应的抛物面槽式太阳能集热器而言，目前尚无文献证明这个函数表达形式仍然是充分方便和有效的。

通过采用多元线性回归的数学工具，准动态测试模型中的两个入射角修正因子 $K_{\theta b}(\theta)$ 和 K_d 能够和其它模型参数同时获取，而不像前面描述的稳态测试方法那样需要一个单独的入射角修正因子测试过程。

准动态测试模型中的热损失项采用了一个包含二次多项式的函数表达形式，而且它取决于槽式集热器传热流体进出口平均温度 T_m 和环境空气温度 T_a 之差。此外，含有槽式集热器传热流体进出口平均温度的导数项代表集热器的有效热容，其中 $dT_m/d\tau$ 按照当前时刻的 T_m 与上一个时刻的 T_m 之差再除以 T_{fo} 和 T_{fi} 的采样时间间隔计算得到。

虽然这个准动态测试方法允许在包含有太阳辐照度波动和太阳位置变化的情况下进行连续数小时的集热器热性能测试，但是它仍然需要满足一些规定的测量参数允许偏离值，见表3-5所列。值得注意的是，测试系统要求严格控制槽式集热器传热流体进口温度和经过槽式集热器传热流体的质量流量，然而对于现场规模化的抛物面槽式太阳能集热系统而言，其自有的控制设备难以达到这些测试条件。

表 3-5　准动态测试周期内测量参数要求

参　　数	数　　值	参　　数	数　　值
太阳总辐照度	300～1100W/m²	集热器传热流体进口温度	±1℃
环境空气温度	±1.5℃	集热器传热流体出口温度	大于集热器传热流体进口温度1℃
传热流体质量流量	测试序列内为设定值的±1%，测试序列之间为设定值的±10%	平均环境空气风速	1～4m/s

根据集热器传热流体进口温度和包括多云和晴朗天空的自然环境条件的组合形式，准动态测试方法所推荐的测试序列被归纳为四种测试天，并且其中一个测试天存在部分云遮的条件。准动态测试方法仍然要求在槽式集热器的工作温度范围内至少选取四个间隔均匀的集热器传热流体进口温度进行测试。此外，这个集热器热性能准动态测试方法要求每一个测试序列的时间至少为3h，而全部的测试时间大约需要5个测试天，但是实际的准动态测试时间取决于测试地点的自然环境条件。

国际能源署（IEA）的太阳能热发电和热化学组织的任务4和太阳能供热与制冷组织的任务33共同构成了太阳能工业过程供热（Solar Heat for Industrial Processes）研究项目。在这个项目中，依据这个准动态测试方法，抛物面槽式太阳能集热器的热性能测试得到了开展[28]。但是，这个项目所使用的槽式集热器传热流体出口温度没有超过250℃。此外，目前尚无文献证明欧洲标准 EN 12975-2 中的准动态测试方法完全适合于集热器传热流体出口温度超过300℃的抛物面槽式太阳能集热器。

3.3.3　槽式集热器热性能测试方法

3.3.3.1　槽式集热器热性能测试方法现状

1977年美国发布了"确定太阳能集热器热性能的测试方法"标准 ASHRAE 93—77，

其最新版本为 ASHRAE 93—2010。在此标准方法的第二节范围内指出，它适用于非聚光式和聚光式的太阳能集热器，传热流体流入集热器的单一进口并且流出单一出口。显然，抛物面槽式太阳能集热器满足此定义的范围。它将太阳能集热器的热效率定义为收集的实际有用能量与被集热器总面积截获的太阳能量之比，而且给出聚光式太阳能集热器的热效率为

$$\eta_g = (A_a/A_g)F_R[(\tau\alpha)_e\rho\gamma - (A_r/A_a)U_L(T_{fi}-T_a)/G_{bp}]$$
$$= \dot{m}c_p(T_{fo}-T_{fi})/A_gG_{bp} \tag{3-37}$$

式中，A_a 为集热器采光口面积；A_g 为集热器总面积；A_r 为集热器吸热体面积。

对于聚光式集热器，公式(3-37)会产生一个热效率 η_g 与参数 $(T_{fi}-T_a)/G_{bp}$ 之间的线性关系，这个线性方程在 y 轴上的截距是 $(A_a/A_g)F_R(\tau\alpha)_e\gamma$，它的斜率是 $(A_r/A_a)F_RU_L$。此外，乘积 $(\tau\alpha)_e\rho\gamma$ 随着入射角而变化。虽然对于许多集热器而言，直线形式的效率曲线足以符合，但是对于有些集热器可能需要使用一个高次的拟合形式。

为了确定太阳能集热器的热特性，测试应在晴朗条件下进行，并且太阳光线接近集热器采光口法线入射，即保证入射角对集热器热效率的影响不超过太阳光线垂直入射集热器采光口时集热器热效率的 2%。

为了让公式(3-37)这个双参数 $[F_R(\tau\alpha_e\rho\gamma$ 和 $F_RU_L]$ 太阳能集热器热性能测试模型确定集热器的热效率曲线，至少需要根据测量得到的 16 个数据点，通过基于最小二乘法的线性回归确定这两个参数，如图 3-25 所示，回归得到的直线在纵轴上的截距和该直线的斜率就是这两个参数的数值。当这两参数确定后，这个测试模型就能根据不同的运行温度、自然环境数据和入射角修正因子，以小时为时间计算单位，通过对每个小时的集热器输出能量进行累计，预测全天的太阳能集热器输出能量，这对太阳能集热系统的设计者而言非常重要。

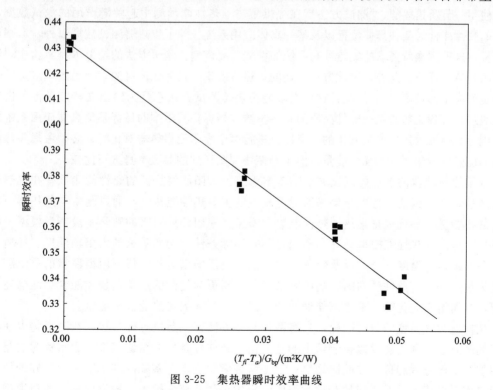

图 3-25　集热器瞬时效率曲线

实际上，代表集热器导热、对流和辐射换热损失的综合热损失系数（U_L）不是一个常

量，而是温度和风速的函数，虽然基于统计分析回归出来的 U_L 是一个定值，与严格的物理意义不完全一致，但是这种方法不影响对集热器的长期热性能的预测，这是因为实际过程中各个因素对 U_L 造成的影响很小，这点已经得到了广泛的验证。在 ASHRAE 93 标准中，一个算例给出了根据回归确定参数后的测试模型，计算每小时以及累加后全天的集热器输出能量，其计算条件和结果列于表 3-6[23]。

表 3-6 太阳能集热器每小时有用集热量计算[23]

时间 /h	T_a /℃	G /(W/m²)	G_{bp} /(W/m²)	$\Delta t/G$ /(m²·K/W)	$\theta/(°)$	$K_{\tau\alpha}$	(q_u/A_g) /(W/m²)
6	25.56	41	0	0.5141	93.4	0	0
7	26.11	189.24	116.7	0.1086	79.6	0.58	0
8	26.67	394.24	305.93	0.0507	66.2	0.84	78.85
9	29.44	583.48	488.86	0.0296	53.5	0.93	252.31
10	31.11	731.71	633.94	0.0211	42.5	0.96	381.63
11	32.78	826.33	728.56	0.0167	33.4	0.98	469.94
12	33.33	861.02	763.25	0.0155	30	0.98	498.32
13	34.44	826.33	728.56	0.0148	33.4	0.98	476.24
14	35.56	731.71	633.94	0.0187	42.1	0.96	400.55
15	36.11	583.48	488.86	0.0181	53.5	0.93	280.7
16	36.11	394.24	305.93	0.0264	66.2	0.84	119.85
17	35.56	189.24	116.7	0.0593	79.6	0.58	0
18	35	41	0	0.2851	93.4	0	0

注：q_u—有用能。

正如 ASTM E 905—87"确定跟踪聚光型太阳能集热器热性能的标准测试方法"中的重要性和使用一节所描述的，"测试方法旨在提供集热器热性能预测中起关键作用的测试数据，集热器的热性能针对某一具体位置以及某一具体应用系统。除了集热器测试数据以外，本测试方法不提供这种预测所要求的集热器和系统的性能仿真模型。测试方法的结果本身不构成测试条件下的集热器评级。此外，测试方法确定的集热器效率不是为比较目的，因为效率应是针对某些特定的应用而被确定"。因此，这种太阳能集热器测试方法不是为给出在特定条件下进行质量评级或是查找集热器某一部件品质的某些参数或指标，其根本的目标是集热器应用系统的设计。因为集热器的热性能是变化的，所以当进行两个太阳能集热器对比时，必须考虑集热器的日输出能量以及年累计的输出能量，而不是使用回归得到的参数本身进行比较。

太阳能集热器的热性能测试方法的基本思路：太阳能集热器的热性能测试旨在集热器应用系统的设计，因此要考虑与集热器运行相关的主要热性能特征，通过测量与集热器热性能相关的各参量，并且根据集热器热性能数学模型，采用统计回归的数学手段辨识模型中的待定系数，再以此热性能模型计算和预测在其它实际条件，例如某天的太阳辐照度、环境空气温度和系统运行温度下全天以及年累计的集热器有用输出能量。特别值得注意的是，随着太阳能集热器的运行条件受到的影响因素增多，需要更为复杂的数学模型才能合理地描述其热性能，进而给出变化输入条件下准确的全天以及年累计的集热器输出能量。

从构造数学模型的方法而论，它有两种基本方法：一是机理分析法，在对事物内在机理分析的基础上，利用建模假设所给出的建模信息或前提条件来构造模型，通常称为白箱，如采用能量平衡方程和传热传质原理等；二是系统辨识法，对系统内在机理一无所知的情况下利用建模假设或实际对系统的测试数据所给出的事物系统的输入、输出信息来构造模型，通常称为黑箱。根据不同的辨识原理，模型的辨识方法归纳成四类：①最小二乘类，包括最小二乘法、增广最小二乘法、辅助变量法和广义最小二乘法等;②梯度校正参数辨识方法,如随机逼近法;③概率密度逼近参数辨识方法,如极大似然法;④近年来发展的新方法,如模糊辨识方法、神经网络辨识方法、小波辨识方法和遗传辨识方法等。

综上所述,太阳能集热器热性能测试模型,就是依据能量平衡理论和传热原理建立机理模型,再对模型中未知的参数采用最小二乘法进行辨识,它属于灰箱模型。这种具有经验方法的测试模型被认为在其应用的参数范围能够产生高精确的结果。

3.3.3.2 动态测试模型假设条件

抛物面槽式太阳能集热器的动态测试模型满足以下假设。

① 基于 ASHRAE 93 标准对测试过程中传热流体的体积流量在其设定值±2%范围的要求,动态测试模型假设在测试周期内经过槽式集热器导热油的体积流量的变化不超过这个周期内平均值的±2%。但是考虑到导热油在应用温度内密度的变化通常大于10%,例如本研究的实验工况采用的导热油的密度变化,如图 3-26 所示,因此假定在测试周期内,经过槽式集热器导热油的质量流量在其平均值±20%范围内,且不存在突变的剧烈波动,如正常运行中循环泵停止工作或控制阀门开度的瞬间改变等。

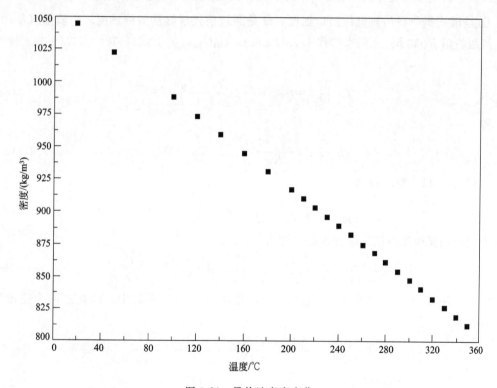

图 3-26 导热油密度变化

② 对于测试得到的所有实验数据,抛物面槽式聚光器的槽形反射镜表面和抛物面槽式吸热管的玻璃透光罩管外壁表面的清洁度是一致的,例如测试开始之前清洗这两个表面。

③ 对于玻璃金属封接处、热应力缓冲段和两根吸热管之间的连接支承部件等,由于它们的尺寸占总长度的比例非常小,因此不单独考虑它们对传热过程的影响。

④ 抛物面槽式聚光器的轮廓缺陷和安装误差以及抛物面槽式吸热管的定位误差为常量。

3.3.3.3 传热过程模型建立

基于集总参数法（Lumped Capacitance Methold），对槽式集热器的金属吸热管列出能量平衡方程，表达式为

$$C_b \frac{dT_b}{d\tau} = SA_a - A_f U_{bf}(T_b - T_f) - A_{am}U_{ba}(T_b - T_a) \tag{3-38}$$

式中，C_b 是金属吸热管的热容；T_b 是金属吸热管的温度；T_f 是传热流体的温度；T_a 是环境空气温度；A_a 是槽式集热器的采光面积；A_f 是金属吸热管与传热流体的换热面积；A_{am} 是金属吸热管与环境的换热面积；U_{bf} 是金属吸热管与传热流体的换热系数；U_{ba} 是金属吸热管与环境的综合换热系数；τ 是时间；S 是太阳法向直射辐照度垂直于槽式集热器采光平面并且将会被金属吸热管外壁面吸收的部分。公式右侧的最后一项表达的是金属吸热管与周围环境之间的换热过程，它是通过玻璃透光罩管进行的。

类似地，对槽式集热器的金属吸热管内的传热流体建立能量平衡方程，表达式为

$$C_f \frac{dT_f}{d\tau} = A_f U_{bf}(T_b - T_f) - \dot{m}c_f(T_{fo} - T_{fi}) \tag{3-39}$$

式中，C_f 是传热流体的热容；c_f 是传热流体的比热容；T_{fi} 是槽式集热器传热流体进口温度；T_{fo} 是槽式集热器传热流体出口温度；$\dot{m}$ 是经过槽式集热器的传热流体的质量流量。

使用热阻 R_{bf} 和 R_{ba} 分别来取代 $1/A_f U_{bf}$ 和 $1/A_{am}U_{ba}$，那么式(3-38) 和式(3-39) 重新表示为

$$C_b \frac{dT_b}{d\tau} = SA_a - \frac{T_b - T_f}{R_{bf}} - \frac{T_b - T_a}{R_{ba}} \tag{3-40}$$

和

$$C_f \frac{dT_f}{d\tau} = \frac{T_b - T_f}{R_{bf}} - \dot{m}c_f(T_{fo} - T_{fi}) \tag{3-41}$$

再对式(3-41) 整理得到

$$\frac{T_b}{R_{bf}} = C_f \frac{dT_f}{d\tau} + \frac{T_f}{R_{bf}} + \dot{m}c_f(T_{fo} - T_{fi}) \tag{3-42}$$

上式两边同时按时间 τ 进行求导，则有

$$\frac{1}{R_{bf}}\frac{dT_b}{d\tau} = C_f \frac{d^2 T_f}{d\tau^2} + \frac{1}{R_{bf}}\frac{dT_f}{d\tau} + \dot{m}c_f\left(\frac{dT_{fo}}{d\tau} - \frac{dT_{fi}}{d\tau}\right) \tag{3-43}$$

为了消除式(3-40) 中的 T_b，将式(3-42) 和式(3-43) 代入其中，因此这两个能量平衡方程合并为

$$C_b C_f \frac{d^2 T_f}{d\tau^2} + \frac{C_b R_{ba} + C_f R_{ba} + C_f R_{bf}}{R_{bf}R_{ba}}\frac{dT_f}{d\tau} + \frac{T_f}{R_{bf}R_{ba}} = \frac{A_a S}{R_{bf}}$$

$$- \frac{R_{ba} + R_{bf}}{R_{bf}R_{ba}}\dot{m}c_f(T_{fo} - T_{fi}) - C_b \dot{m}c_f\left(\frac{dT_{fo}}{d\tau} - \frac{dT_{fi}}{d\tau}\right) + \frac{T_a}{R_{bf}R_{ba}} \tag{3-44}$$

选取槽式集热器传热流体出口温度 T_{fo} 作为金属吸热管内传热流体的集总温度，因此，公式(3-44) 变为

$$\frac{1 + (R_{bf} + R_{ba})\dot{m}c_f}{C_b C_f R_{bf}R_{ba}}T_{fo} = -\frac{d^2 T_{fo}}{d\tau^2} - \left(\frac{1 + \dot{m}c_f R_{bf}}{C_f R_{bf}} + \frac{R_{bf} + R_{ba}}{C_b R_{bf}R_{ba}}\right)\frac{dT_{fo}}{d\tau} + \frac{\dot{m}c_f}{C_f}\frac{dT_{fi}}{d\tau} +$$

$$\frac{(R_{bf} + R_{ba})\dot{m}c_f}{C_b C_f R_{bf}R_{ba}}T_{fi} + \frac{1}{C_b C_f R_{bf}R_{ba}}T_a + \frac{A_a}{C_b C_f R_{bf}}S \tag{3-45}$$

由此，推导出一个微分方程为

$$\frac{d^2 T_{fo}}{d\tau^2} + A\frac{dT_{fo}}{d\tau} + BT_{fo} = C\frac{dT_{fi}}{d\tau} + DT_{fi} + ES + FT_a \tag{3-46}$$

其中

$$A = \frac{1 + \dot{m}c_f R_{bf}}{C_f R_{bf}} + \frac{R_{bf} + R_{ba}}{C_b R_{bf} R_{ba}} \tag{3-47}$$

$$B = \frac{1 + (R_{bf} + R_{ba})\dot{m}c_f}{C_b C_f R_{bf} R_{ba}} \tag{3-48}$$

$$C = \frac{\dot{m}c_f}{C_f} \tag{3-49}$$

$$D = \frac{(R_{bf} + R_{ba})\dot{m}c_f}{C_b C_f R_{bf} R_{ba}} \tag{3-50}$$

$$E = \frac{A_a}{C_b C_f R_{bf}} \tag{3-51}$$

$$F = \frac{1}{C_b C_f R_{bf} R_{ba}} \tag{3-52}$$

显然，$D = B - F$，那么，公式(3-46)被重新整理为

$$\frac{d^2 T_{fo}}{d\tau^2} + A\frac{dT_{fo}}{d\tau} + B(T_{fo} - T_{fi}) = C\frac{dT_{fi}}{d\tau} + ES - F(T_{fi} - T_a) \tag{3-53}$$

槽式集热器对外界的热损失，既包括对周围空气的对流换热，又包括对天空的辐射换热，因此，式(3-53)中的代表热损失的最后一项被分为两项来表达，其中一项采用二次项形式，所以式(3-53)被调整为

$$\frac{d^2 T_{fo}}{d\tau^2} + A\frac{dT_{fo}}{d\tau} + B(T_{fo} - T_{fi}) = C\frac{dT_{fi}}{d\tau} + ES - F(T_{fi} - T_a) - G(T_{fi} - T_a)^2 \tag{3-54}$$

实际上，对于现场的规模化应用级别的槽式集热器，同时测量得到的集热器传热流体进口温度 T_{fi} 和出口温度 T_{fo} 与式(3-54)中的这两个参量在时间上不是对应的，T_{fi} 与 T_{fo} 之间存在一个时间滞后关系，需要考虑到传热流体从槽式集热器进口到出口的流经时间 τ_p，因此二者在动态测试模型中的实际对应关系表示为

$$T_{fo}(\tau + \tau_p) = f[T_{fi}(\tau)] \tag{3-55}$$

式中，τ_p 取决于槽式集热器的长度 L 和测试期间传热流体的平均流速 v，表示为

$$\tau_p = L/v \tag{3-56}$$

但是，为了模型表达的简洁，因此对于本节的动态测试模型中，不再特别标出 $T_{fo}(\tau + \tau_p)$ 和 $T_{fi}(\tau)$，而是在实验数据处理、模型辨识和热性能预测计算过程中予以考虑。

3.3.3.4 光学模型建立

光学模型的建立是基于式(3-54)中的 S 展开的，目的是给出它与太阳法向直射辐照度 G_{DN} 之间的物理关系及其数学表达。因为 S 是太阳法向直射辐照度垂直于槽式集热器采光平面并且将会被金属吸热管外壁面吸收的部分，所以它是一个无法直接测量得到的参数，而需要考虑抛物面槽式聚光器的反射和吸热管的透射吸收影响。这部分的模型涉及槽式集热器光学机理分析中的截断因子 γ、镜面反射比 ρ、透射比 τ、吸收比 α、余弦因子、端部损失修正因子和入射角修正因子等。

基于公式中定义的 $K_{\tau\alpha}$，将截取因子 γ 随入射角变化的影响也考虑到入射角修正因

(IAM) 中，因此入射角修正因子 $K_{\gamma\tau\alpha}$ 表示为公式(3-57)。其中，截取因子-透射比-吸收比乘积 $(\gamma\tau\alpha)$ 是一个槽式集热器的整体属性，随入射角 θ 变化，并且当入射角等于零时，太阳光线垂直入射到槽式集热器采光平面，那么此时这个乘积为 $(\gamma\tau\alpha)_n$。

$$K_{\gamma\tau\alpha} = \frac{(\gamma\tau\alpha)}{(\gamma\tau\alpha)_n} \tag{3-57}$$

定义一个入射角综合修正系数 $K(\theta)$，为余弦因子 F_{cos}、端部损失修正因子 F_{end} 和入射角修正因子 $K_{\gamma\tau\alpha}$ 三者的乘积，表示为，

$$K(\theta) = F_{cos} F_{end} K_{\gamma\tau\alpha} \tag{3-58}$$

$K_{\gamma\tau\alpha}$ 的计算选用下面的经验公式

$$K_{\gamma\tau\alpha} = 1 + a_1 \frac{\theta}{\cos(\theta)} + a_2 \frac{\theta^2}{\cos(\theta)} \tag{3-59}$$

式中，a_1 和 a_2 均是需要实验确定的常量。

因此，得到 S 表达式为

$$S = G_{DN}\rho(\gamma\tau\alpha)_n K(\theta) = G_{DN}\rho(\gamma\tau\alpha)_n F_{cos} F_{end} K_{\gamma\tau\alpha} \tag{3-60}$$

再将余弦因子 F_{cos} 的计算公式、端部损失修正因子 F_{end} 的计算公式和入射角修正因子 $K_{\gamma\tau\alpha}$ 的计算公式(3-59) 代入公式(3-60)，那么得到 S 表达式为

$$
\begin{aligned}
S &= G_{DN}\rho(\gamma\tau\alpha)_n \cos(\theta)\left[1 + a_1\frac{\theta}{\cos(\theta)} + a_2\frac{\theta^2}{\cos(\theta)}\right]\left[1 - \frac{f}{L}\tan(\theta)\right] \\
&= G_{DN}\left\{
\begin{array}{l}
\rho(\gamma\tau\alpha)_n\cos(\theta)\left[1-\frac{f}{L}\tan(\theta)\right] + \rho(\gamma\tau\alpha)_n a_1\theta\left[1-\frac{f}{L}\tan(\theta)\right] \\
+ \rho(\gamma\tau\alpha)_n a_2\theta^2\left[1-\frac{f}{L}\tan(\theta)\right]
\end{array}
\right\}
\end{aligned} \tag{3-61}
$$

式中，$\rho(\gamma\tau\alpha)_n$ 代表槽式集热器的最高光学效率。

为了简化模型，提出三个常量，分别为：

$$E_0 = E\rho(\gamma\tau\alpha)_n \tag{3-62}$$

$$E_1 = E\rho(\gamma\tau\alpha)_n a_1 \tag{3-63}$$

$$E_2 = E\rho(\gamma\tau\alpha)_n a_2 \tag{3-64}$$

再定义三个与入射角相关的函数为

$$I_0(\theta) = \cos(\theta)\left[1 - \frac{f}{L}\tan(\theta)\right] \tag{3-65}$$

$$I_1(\theta) = \theta\left[1 - \frac{f}{L}\tan(\theta)\right] \tag{3-66}$$

$$I_2(\theta) = \theta^2\left[1 - \frac{f}{L}\tan(\theta)\right] \tag{3-67}$$

因此，在公式(3-54) 中的 ES 项表达为，

$$ES = [E_0 I_0(\theta) + E_1 I_1(\theta) + E_2 I_2(\theta)]G_{DN} \tag{3-68}$$

为了降低测量到的太阳法向直射辐照度波动对动态测试模型的影响，将抛物面槽式金属吸热管沿传热流体流动方向划分为 p 个长度都为 L_p 的区域，如图 3-27 所示，p 取决于传热流体从槽式集热器进口到出口的流动时间 τ_p 和实验数据的采集时间间隔 τ_s，表示为

$$p = \tau_p/\tau_s \tag{3-69}$$

经过从 1 区域到 p 区域，传热流体在每个独立的区域内对应时刻的太阳法向直射辐照度是不同的。因此，从完成经过槽式集热器的传热流体角度考虑，一个均化效果的太阳法向直

射辐照度 G_p 表示为

$$G_p = \left\{\begin{array}{l} G_{DN}(\tau) + G_{DN}(\tau + \tau_s) + G_{DN}(\tau + 2\tau_s) + \cdots \\ + G_{DN}[\tau + (p-2)\tau_s] + G_{DN}[\tau + (p-1)\tau_s] \end{array}\right\} \bigg/ p \qquad (3\text{-}70)$$

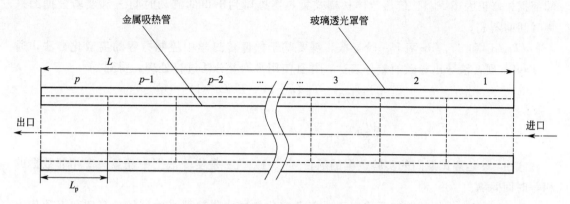

图 3-27 金属吸热管的区域划分

采用 G_p 取代公式(3-68) 中的 G_{DN}，再将其代入公式(3-54) 中，那么得到

$$\frac{d^2 T_{fo}}{d\tau^2} + A \frac{dT_{fo}}{d\tau} + B(T_{fo} - T_{fi}) = C \frac{dT_{fi}}{d\tau} + [E_0 I_0(\theta) + E_1 I_1(\theta) + E_2 I_2(\theta)]$$

$$G_p - F(T_{fi} - T_a) - G(T_{fi} - T_a)^2 \qquad (3\text{-}71)$$

3.3.3.5 动态测试模型及参数辨识

将 G_p 和 $I_0(\theta)$ 的乘积表示为 G_{eni}，并且在公式(3-71) 两边同时除以该变量。另外，从实验数据来看，公式(3-71) 中的二级导数项 $d^2 T_{fo}/d\tau^2$ 项会对动态测试模型的预测结果产生不确定性，因此去除此项。那么，抛物面槽式太阳能集热器热性能动态测试模型的最终表达形式为

$$\frac{T_{fo} - T_{fi}}{G_{eni}} = e_0 + e_1 \frac{\theta}{\cos(\theta)} + e_2 \frac{\theta^2}{\cos(\theta)} + a \frac{1}{G_{eni}} \frac{dT_{fo}}{d\tau} + b \frac{1}{G_{eni}} \frac{dT_{fi}}{d\tau} + c \frac{T_{fi} - T_a}{G_{eni}} + d \frac{(T_{fi} - T_a)^2}{G_{eni}}$$

$$\qquad (3\text{-}72)$$

其中

$$e_0 = \frac{E_0}{B}$$

$$e_1 = \frac{E_1}{B}$$

$$e_2 = \frac{E_2}{B}$$

$$a = -\frac{A}{B}$$

$$b = \frac{C}{B}$$

$$c = -\frac{F}{B}$$

$$d = -\frac{G}{B}$$

式中，e_0、e_1、e_2、a、b、c 和 d 是七个待定参数，它们需要使用槽式集热器测试得到的实验数据进行辨识；G_{eni} 是考虑余弦损失、端部损失和传热流体经过槽式集热器影响的一个有效均化的直射辐照度，它取决于测量得到的太阳法向直射辐照度 G_{DN}、余弦因子 F_{cos}、端部损失修正因子 F_{end}、传热流体从槽式集热器进口到出口的流动时间 τ_p 和实验数据的采集时间间隔 τ_s。

$dT_{fo}/d\tau$ 和 $dT_{fi}/d\tau$ 两个一阶导数，需要基于数值传热学中控制方程的离散化方法，通过 Taylor 展开法导出导数的差分表达，并且使用平均差分法进行处理，得到

$$\frac{dT_{fo}}{d\tau}(n) = \frac{T_{fo}(n+1) - T_{fo}(n-1)}{2\Delta\tau}$$

$$\frac{dT_{fi}}{d\tau}(n) = \frac{T_{fi}(n+1) - T_{fi}(n-1)}{2\Delta\tau}$$

式中，n 是测试期间的实验数据的数目（$n > 1$）；$\Delta\tau$ 是实验数据中任意两个相邻数据的相等时间间隔。

公式 (3-72) 右侧的前三项代表随入射角变化的槽式集热器光学特性；第四和五项代表槽式集热器的吸热体和传热流体有效热容；最后两项代表槽式集热器的热损失，它们主要取决于槽式集热器传热流体进口温度与环境空气温度之差，而且包括辐射换热损失与对流换热损失的双重影响。此外，动态测试模型与 ASHRAE 93 标准中的稳态测试模型存在一定的关系。

虽然公式 (3-72) 不是一个线性方程，但是可以通过对其中的二次项进行处理而得到一个线性表达形式。由此，抛物面槽式太阳能集热器热性能动态测试模型采用基于最小二乘类法的多元线性回归（MLR），作为其七个待定系数的辨识方法。

为了验证该动态测试模型，将其运用到本研究使用的抛物面槽式太阳能集热器。因此，采用 3.3.3.6 节中的实验工况一测试数据，并且采用多元线性回归数学方法，得到一个辨识后的槽式集热器热性能动态测试方程为

$$T_{fo} - T_{fi} = \left[0.182 - 0.00731\frac{\theta}{\cos(\theta)} + 0.000106\frac{\theta^2}{\cos(\theta)}\right]G_{eni} - 68.379\frac{dT_{fo}}{d\tau} +$$

$$33.941\frac{dT_{fi}}{d\tau} - 0.00571(T_{fi} - T_a) - 0.0000217(T_{fi} - T_a)^2 \tag{3-73}$$

对 e_0、e_1、e_2、a、b、c 和 d 七个系数的回归结果进行了分析，其中一个重要指标是判定系数 R^2（Coefficient of Determination）是 0.86，它度量了回归自变量对因变量的拟合程度的好坏。其它的重要指标，如最小二乘估计值和标准误差列于表 3-7 中。

表 3-7　动态测试模型参数回归分析表

系　　数	最小二乘估计值	标准误差	t_i	$p(>|t|)$
e_0	0.182	1.07×10^{-2}	17.042	0
e1	-7.34×10^{-3}	4.77×10^{-4}	-15.301	0
e2	1.06×10^{-4}	7.45×10^{-6}	14.198	0
a	-68.379	25.703	-2.660	8.13×10^{-3}
b	33.941	2.190	15.500	0
c	-5.66×10^{-3}	3.84×10^{-4}	-14.856	0
d	-2.17×10^{-5}	1.88×10^{-6}	-11.543	0

注：t_i 是检验统计量，其值等于回归系数的最小二乘估计值与其标准误差之比；p 是自由度，等于实验数据的数目与回归系数个数之差下的 t 分布取值大于 t_i 绝对值的概率。

3.3.3.6 动态测试模型热性能预测

动态测试模型通过假定槽式集热器传热流体出口温度一阶导数项为零，使用已知量 G_{eni}、θ、T_{fi} 和 T_a，计算得到 T_{fo} 作为一个初值，然后采用牛顿迭代法，最终预测出一个合理的槽式集热器传热流体出口温度。为了削弱测试条件波动产生的影响，以传热流体流经槽式集热器的时间 τ_p 为基准，对预测的槽式集热器传热流体出口温度数据进行平滑处理。

为了能够对预测效果有一个清晰的表述，给出测量的和预测的槽式集热器传热流体出口温度之差作为绝对误差，并且再将这个差值与测量的槽式集热器传热流体出口温度相除，得到的比值作为预测结果的相对误差。

此外，为说明集热器的工作效果，也需对集热器的效率进行计算。集热器效率是指：运行期间槽式集热器输出能量和投入到聚光场的太阳法向直射辐照量之比。本书采纳 ASHRAE 93 标准的公式，选取考虑余弦效应的太阳辐照度 G_{bp} 作为太阳投入到聚光场的能量作为效率计算公式的分母，见式(3-74)。也有一些文献不考虑余弦损失的影响而仅采用太阳法向直射辐照量 G_{DN} 作为效率公式的分母。

$$\eta = \frac{\int c_{oil}\dot{m}(T_{fo}-T_{fi})\,d\tau}{A_a \int G_{bp}\,d\tau} \tag{3-74}$$

式中，c_{oil} 是本研究采用的导热油比热容，生产商提供了它在不同温度下的数值，如图 3-28 所示。

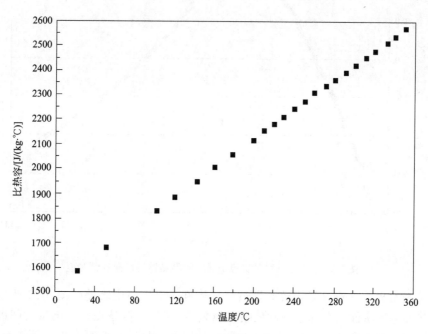

图 3-28　导热油比热容变化

为了简便计算，并且通过观察可知，这些数据的线性度很好，因此依据这些数据拟合出一个线性方程为

$$c_{oil}=1528.32+2.973T_{oil} \tag{3-75}$$

式中，T_{oil} 是导热油的温度。为了说明该方法的合理性和准确性，分别对以下四个典型

进行论述[30]。

实验工况一：

将实验工况一的气象数据和集热器进口流体数据 G_{DN}、T_{fi} 和 T_a，以及与太阳位置相关的太阳辐射入射角 θ 和考虑到余弦及端部效应修正的太阳辐照度 G_{eni}，采用公式（3-72）进行迭代计算，得到槽式集热器流体出口温度预测值。

计算值和预测值的对比如图 3-29 所示，D 和 M 分别代表动态预测方法和实验测量得到的槽式集热器传热流体出口温度。在实验工况一的测试时间内，即从 10：07 到 12：46，预测值与实验值吻合很好。二者较明显的差别发生在 11：16 时刻以后的两分钟内。实验测量到的最高槽式集热器传热流体出口温度 326℃ 发生在 11：16，而动态测试方程预测的最高槽式集热器传热流体出口温度 332℃ 发生在 11：17，造成这个差别的主要原因是调整槽式集热器采光口旋转到背光向一侧需要一定的时间。在这个跟踪器调整阶段内，实际上入射到槽式集热器采光平面上的太阳直射辐射无法瞬时变为一个零值，因此这给动态测试模型的预测带来滞后和误差。

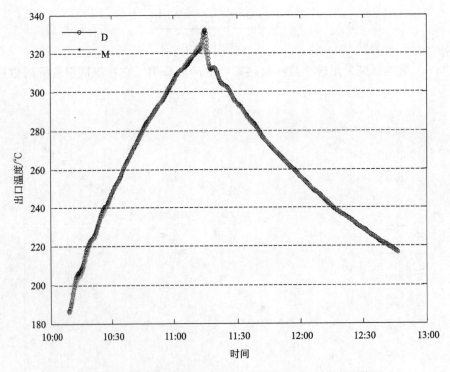

图 3-29　动态模型对实验工况一的集热器出口温度预测值

通过绘制出测量的和预测的槽式集热器传热流体出口温度之差，图 3-30 清晰地给出了在槽式集热器调整阶段内有几个预测值超出测量值 -4℃，但是在整个测试时间内，测量值和预测值的相差大多存在于 -4℃ 和 2℃ 之间，特别是冷却过程预测值在测量值的 ±1℃ 范围内。进一步的相对误差分析，如图 3-31 所示，也表明预测值的相对误差主要发生在 ±1％ 范围之内。

在图 3-32 中，对于动态测试模型预测的槽式集热器输出功率变化曲线 D 和由测量值计算得到的输出功率变化曲线 M，虽然在测试开始阶段和槽式集热器状态调整阶段的一些值相差超过 20kW，但是从总体看来，无论是槽式集热器加热过程还是冷却过程，绝大多数数

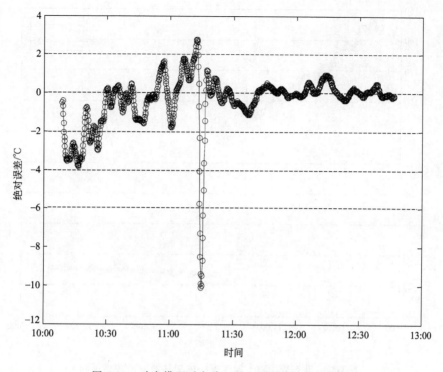

图 3-30　动态模型对实验工况一预测值的绝对误差

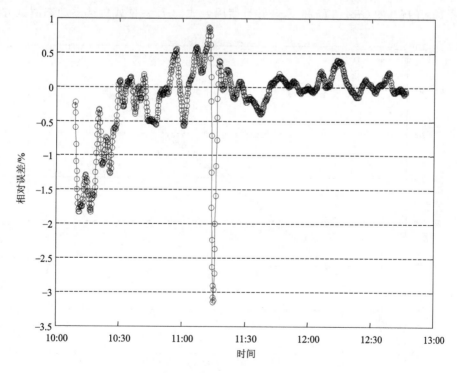

图 3-31　动态模型对实验工况一预测值的相对误差

据都相吻合，这是因为动态测试模型中的待定系数都由该组的实验数据回归得到。

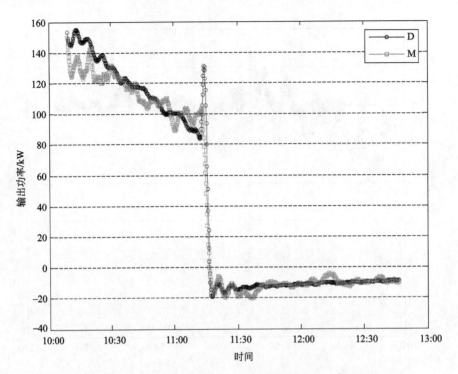

图 3-32　动态模型对实验工况一的集热器输出功率预测

实验工况二：

依据实验工况二的 G_{DN}、T_{fi} 和 T_a，并且使用公式(3-72)槽式集热器动态测试方程，图

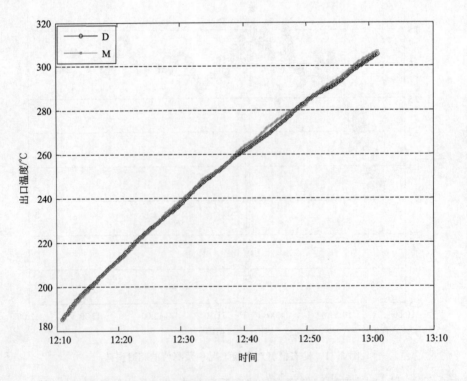

图 3-33　动态模型对实验工况二的集热器出口温度预测值

3-33 绘制出了槽式集热器传热流体出口温度的动态测试模型预测曲线 D 和实验测量曲线 M。在全部测试时间内，即从 12:10～13:01，槽式集热器都处于跟踪状态，因此测量的槽式集热器传热流体出口温度从 185℃升至 307℃，而且动态测试模型预测的槽式集热器传热流体出口温度也从 185℃升至 306℃，除了在 12:39 以后略有偏离之外，预测曲线和测量曲线的升温趋势是一致的。

　　在图 3-34 中，这个偏离的具体数值被清晰地表示出来，它是由一个短时间的云遮引起的，其中在 12:45 前后的 1min 内，动态模型对槽式集热器传热流体出口温度预测的最大绝对误差出现，有几个数据点表明测量值要大于预测值 3℃。从 12:53 到测试结束这段时间内，有一些预测值的绝对误差在 1.5℃和 2℃之间波动。然而在 12:40 之前，测量的和预测的槽式集热器传热流体出口温度之差主要集中在±1.5℃。

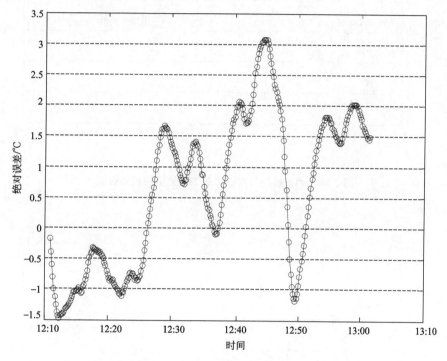

图 3-34　动态模型对实验工况二预测值的绝对误差

　　通过相对误差分析，如图 3-35 所示，预测值的相对误差主要存在于±0.8%的范围之内，即使发生在 12:45 前后 1min 内的最大相对误差也小于 1.2 %，这个相对误差也与实验工况一的相对误差水平相当。它表明了在这种没有过多波动的自然条件和平稳的槽式集热器运行条件下，即使槽式集热器传热流体进口温度始终处于连续上升状态，槽式集热器动态测试模型能够具有很好的热性能预测效果。

　　对于动态测试模型预测的和实验测量数据计算得到的槽式集热器输出功率，如图 3-36 所示，它们的数值主要在 110～130kW 之间变化。虽然在 12:45 前后 1min 内动态测试模型预测曲线 D 与实验测量值计算曲线 M 差别相对明显，也是动态测试模型预测值的最大绝对误差存在之处，但是它们在同一时刻的数值相差不超过 20kW。

　　针对实验工况二而言，槽式集热器热性能动态测试模型预测值与实验测量数据及其计算值的比较和误差分析验证了，对于与模型中的系数回归所采用的实验数据相似的测试条件，

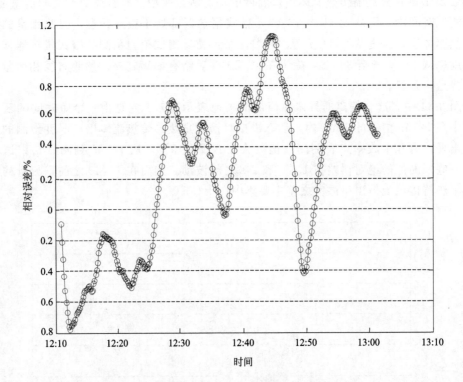

图 3-35　动态模型对实验工况二预测值的相对误差

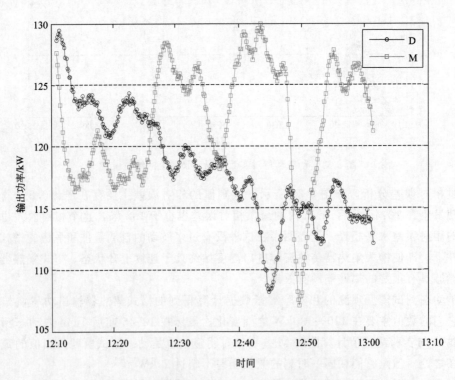

图 3-36　动态模型对实验工况二的集热器输出功率预测

动态测试模型能够得到令人满意的槽式集热器热性能预测结果。

实验工况三：

从 10:32~11:32 的测试时间内，由于受到频繁的云遮影响，实验工况三的太阳法向直射辐照度在 700W/m² 与零值之间大幅度波动。而且这种波动导致无论是实验测量到的还是动态测试模型基于 G_{DN}、T_{fi} 和 T_a 计算的槽式集热器传热流体进口温度都发生了明显的变化，如图 3-37 所示。特别是对于动态测试模型的预测值而言，这种影响更为强烈。例如，在 10:50 前后的 3min 内，动态测试模型预测的槽式集热器传热流体进口温度先从一个最小值 264℃ 上升到最大值 287℃，然后又下降到 266℃。这两次变动的数值均超过 20℃，然而在同一期间的实验测量值中最大值与最小值之差不大于 10℃。但是，值得注意的是，槽式集热器热性能动态测试模型预测值的波动总是围绕实验测量值发生的，并且二者的总体变化趋势是一致的。

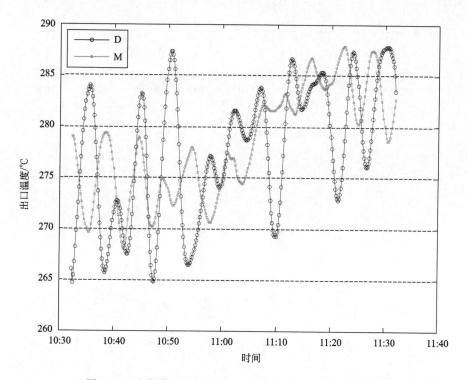

图 3-37 动态模型对实验工况三的集热器出口温度预测值

图 3-38 进一步显示了，虽然在测量的和预测的槽式集热器传热流体出口温度之差中最大值会接近 ±15℃，但是动态测试模型预测值的绝对误差主要存在于 ±5℃ 范围之内，并且它们在零值上下近似地呈现对称分布。对于抛物面槽式太阳能集热器的长期热性能评估而言，这种分布会有助于抵消一些预测误差。

在图 3-39 中，相对误差分析表明，对于包含太阳法向直射辐照度大幅度波动的测试条件，动态测试模型预测的槽式集热器传热流体出口温度的最大相对误差超过 ±5%，但是相对误差还是主要集中在 ±2% 范围之内，而且它总围绕着零值近似对称波动。

依据实验测量数据计算得到的槽式集热器输出功率在 15~110kW 之间变化，如图 3-40

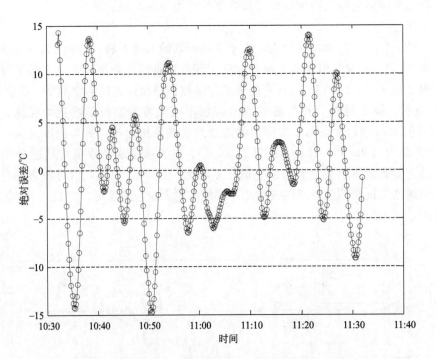

图 3-38　动态模型对实验工况三预测值的绝对误差

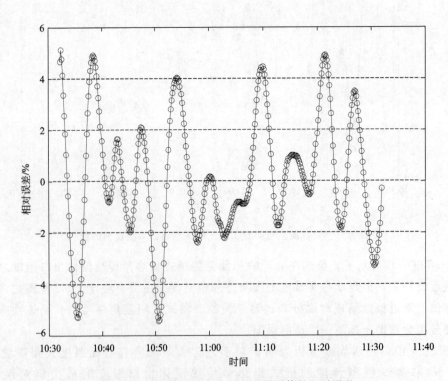

图 3-39　动态模型对实验工况三预测值的相对误差

所示。然而在动态测试模型对槽式集热器输出功率的预测值中，有个别数据点小于零值，这显然是不正确的。这也表明，对于太阳法向直射辐照度大幅度波动的情况，动态测试模型不能确保每个瞬时的槽式集热器输出功率值都是精确的。

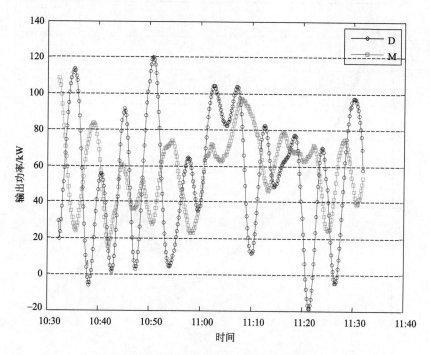

图 3-40　动态模型对实验工况三的集热器输出功率预测

　　基于实验工况三的测试条件，通过比较槽式集热器热性能动态测试模型预测值与实验测量数据及其计算值、绝对误差和相对误差均表明了，对于受到频繁云遮影响的不利条件，动态测试模型无法保证每个瞬时预测值都具有高精度，然而它提供的预测数据能够围绕实测值波动，以确保对槽式集热器长期热性能的预测效果。

　　实验工况四：

　　基于实验工况四的测量数据，对于两次槽式集热器的冷却过程，动态测试模型预测的槽式集热器传热流体出口温度分别从 338℃ 降至 166℃ 和从 231℃ 降至 168℃，而且与之相对应的实验测量值分别从 325℃ 降至 168℃ 和从 222℃ 降至 170℃，如图 3-41 所示。虽然在 10：23 和 14：12 两个时刻附近，即槽式集热器的跟踪状态改变过程中，预测值与实验测量值有明显偏差，但是二者在总体上是吻合的。

　　在图 3-42 中，从 10：09～10：23 时间内，即槽式集热器的第一次加热阶段，动态测试模型预测的槽式集热器传热流体出口温度绝对误差大于实验测量值 −5～−10℃，有几个数据点甚至超过 −15℃。然而，对于接下来的槽式集热器的第一次冷却阶段，动态测试模型预测值的绝对误差主要存在于 ±1℃ 范围之内。当再次将槽式集热器调整到跟踪状态后，槽式集热器的再加热阶段发生在 13：24～14：12 之间，动态测试模型预测值的绝对误差集中于 ±10℃ 范围之内，并且它们在零值上下近似地呈现对称分布。对于最后的槽式集热器冷却阶段，动态测试模型预测值小于实验测量值 3℃。

　　在图 3-43 中，相对误差分析表明，动态测试模型预测的槽式集热器传热流体出口温度的相对误差不超过 ±5%。其中，相对误差接近 ±5% 的数据点主要发生在两次槽式集热器的状态调整中和受强烈云遮影响作用的再加热阶段。然而，对于两次槽式集热器冷却过程，动态测试模型预测值的相对误差主要存在于 ±1% 范围之内。图 3-44 显示出，对于槽式集热

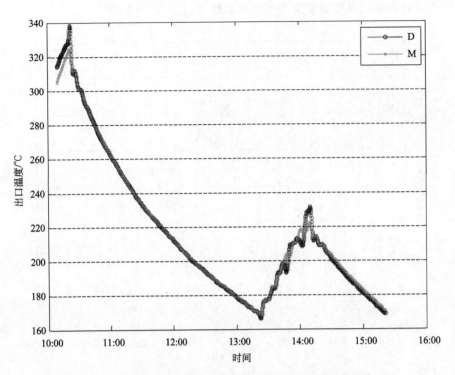

图 3-41 动态模型对实验工况四的集热器出口温度预测值

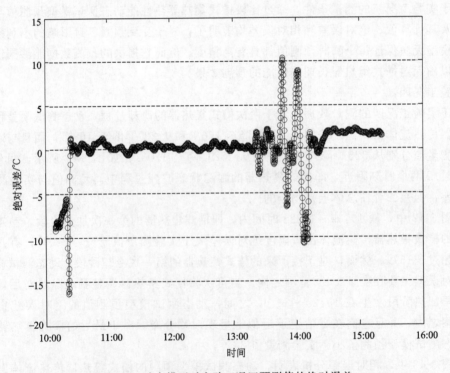

图 3-42 动态模型对实验工况四预测值的绝对误差

器的第一次加热过程，动态测试模型对槽式集热器输出功率的预测值主要在 145~183kW 之间变化，而实验测量数据计算值则是在 100~111kW 之间，这是二者偏差最大的测试阶段。

在 10:23~13:24 间的槽式集热器第一次冷却过程，二者的数值均在 -2~-19kW 之间，并且变化趋势一致，动态测试模型表现出良好的预测效果。

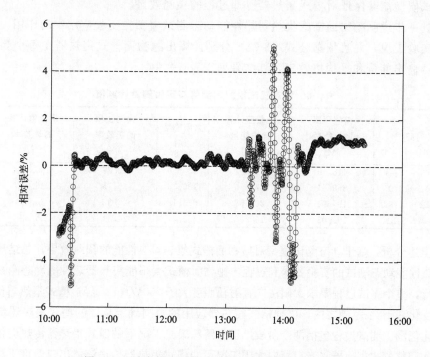

图 3-43　动态模型对实验工况四预测值的相对误差

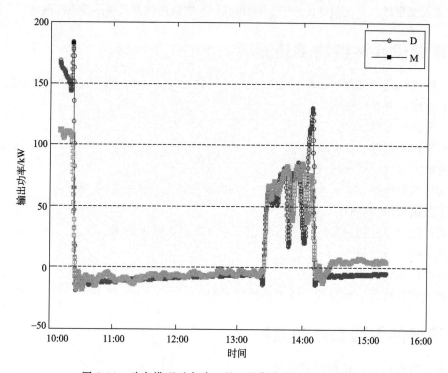

图 3-44　动态模型对实验工况四的集热器输出功率预测

针对实验工况四的测试条件而言，通过动态测试模型的预测值与实验测量数据及其计算值的比较分析，±3℃的绝对误差和±1%的相对误差表明了，抛物面槽式太阳能集热器热性能动态测试模型能够保证对槽式集热器冷却过程的预测效果。

为了进一步说明抛物面槽式集热器热性能动态测试模型在工程应用中的作用，基于以上四个典型实验工况，并且依据公式（3-74）分别计算出抛物面槽式集热器在每个测试期间的槽式集热器输出能量和平均热效率，其结果列于表 3-8 中。

表 3-8　动态测试模型预测值与实验测量计算值

工况	时间	模型预测输出能量/MJ	测量值计算输出能量/MJ	太阳能量/MJ	模型预测的热效率/%	测量值计算的热效率/%	误差/%
1	10:09~12:47	418.56	394.92	1296.9	32.27	30.45	1.82
2	12:11~13:01	359.84	371.56	1006.4	35.75	36.92	−1.16
3	10:32~11:32	194.94	206.58	676.18	28.83	30.55	−1.72
4	10:09~5:21	192.03	198.88	783.57	24.51	25.38	−0.87

综合上述分析，基于动态测试模型对抛物面槽式集热器热性能的预测效果，总结出抛物面槽式集热器热性能动态测试的实验要求和过程：抛物面槽式太阳能集热器热性能动态测试应在晴朗条件下进行，整个测试过程要求太阳法向直射辐照度大于 $700W/m^2$，经过槽式集热器传热流体的体积流量变化在±2%范围之内。根据槽式集热器应用的范围确定具体的槽式集热器传热流体出口温度变化范围。测试过程包括两个阶段，正常跟踪聚光工况下的槽式集热器传热流体出口温度升高过程和调整槽式集热器采光口背向太阳工况下的槽式集热器传热流体出口温度下降过程。此外，测试应在一天内最大入射角出现的时间附近进行，例如，对于最常见的水平南北轴布置的抛物面槽式太阳能集热器，应在每日正午太阳时前后 2h 之内进行槽式集热器跟踪测试。

3.4　电站设计需要的基础资料

① 太阳能热发电站现场、场址附近和当地气象站有关太阳辐射资源和气象资料。
② 水土保持方案报告书。
③ 水资源论证报告书。
④ 地质勘察报告。
⑤ 地质灾害危险性评估说明书。
⑥ 场址范围外扩 10km 的 1：50000 地形图和场址范围 1：2000 地形图。
⑦ 工艺供气供水条件。
⑧ 项目建设选址用地范围内未压覆已查明重要矿产资源的函。
⑨ 电网接入系统报告。
⑩ 环境影响评价报告。
⑪ 当地建筑材料、设备和人工费的价格资料。

3.5　设计的主要参数和原则

① 电站装机容量，预计年发电量。
② 聚光方式——塔式、槽式或其它，聚光器面积。

③ 吸热、传热介质及其最高工作温度：水/水蒸气，导热油及其最高工作温度，熔融盐及其最高工作温度。

④ 对储能装置的要求：储热罐数量、储热容量、温度、材料种类、循环泵种类和数量。

⑤ 蒸发器：换热形式、容量、适用介质、循环泵。

⑥ 辅助锅炉：是否有辅助加热系统、辅助燃料类型（燃油或天然气）、辅助燃料年用量和来源。

⑦ 吸热器形式及尺寸：塔式中的腔体直径、柱面大小，槽式的真空管长度、直径等。

⑧ 汽轮机额定进汽参数（主蒸汽压力和温度），额定功率，最低稳定负荷，机组热效率。

⑨ 传热流体回路设备：循环泵、膨胀箱等。

⑩ 控制：聚光场的控制方式；全场控制方式。

⑪ 聚光器清洗装置和方法：人工清洗、机器清洗、干洗、水洗。

⑫ 汽轮机冷凝模式，干冷或湿冷，年耗水量。

⑬ 效率：聚光场年平均效率、聚光场年最高效率、吸热器年平均效率、电站年平均效率。

⑭ 在典型太阳辐照及气象条件下电站启动时间。

⑮ 太阳能热发电站接入系统电压等级、升压模式。

⑯ 热发电站上网计量关口点设在产权分界点。

⑰ 工程永久性用地面积。

⑱ 项目建设期年最大取水和运行期间年取水总量。

⑲ 电站建设期：在我国西北地区，50MW 电站建设期一般不超过 30 个月，100MW 电站建设期一般不超过 42 个月。

⑳ 电站经营期：一般为 25 年。

3.6 电站总体参数描述

以下是太阳能热发电站总体技术参数描述所涉及的项目，在设计完成时，应提供以下部分的说明。

① 聚光器：单个聚光器采光口面积和尺寸。跟踪模式为方位角/高度角，开环/闭环设计精度时的工作风速，保护风速。

② 聚光场：聚光形式为槽式/塔式/其它。聚光场投向吸热器的最大功率，聚光场采光口面积。

③ 吸热器：结构形式为腔体式、柱面、真空管。吸热器进水温度、吸热器出口压力、吸热器出口温度、吸热器流体流量。

④ 汽轮发电机：汽轮机进口蒸汽压力；汽轮机进口蒸汽温度；冷凝水最高温度；发电机出线电压。

⑤ 储热器：热容量，温度，容积，可供汽轮机满负荷发电的时间。

⑥ 备用应急电源：功率，交流不停电电源和 220V 直流电源。

⑦ 电力接入：电压，变压器功率。

⑧ 上网：电压，电流，时段。

3.7 年发电量计算

一般的项目是业主先提出建立希望的电站容量，设计单位根据业主提出的容量要求计算电站年发电量、聚光场面积等。电站的年发电量与设计点光电转换效率（光电效率）、聚光场面积（聚光面积）、发电时数有关，下面讲解具体计算过程。

3.7.1 采用设计点方法计算

在年发电量计算中，除太阳辐照资源和气象是不可变的因素外，其余量均是可变的。

计算年发电量的关键点在于确定集热场功率，它包括确定聚光场面积和吸热器功率。聚光过程与吸热、储热、换热和发电是耦合的，需要几个因素同时在系统能量平衡的基础上计算。在典型时刻，例如设计点处，聚光场面积取决于汽轮机额定输入和储热器额定输入以及电站在设计点的运行模式。一般要求是，在设计点，聚光场提供能量给吸热器，吸热器输出的功率应不小于汽轮机的额定输入与储热器额定输入之和，这时的电站基本保证白天满负荷发电和夜间数小时发电。此时储热器额定输入功率应为储热器的容量除以储热器充热运行时数。

图 3-45 所示为年发电量计算过程。先确定辐照和气象条件，然后假设一个聚光场面积。将聚光场的输出作为吸热器的输入，吸热器的输出功率应等于汽轮机和储热器需要的额定输入功率之和。如果该条件不满足，那么需要重新假设聚光场面积，直到满足要求。

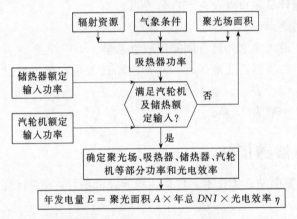

图 3-45　年发电量计算过程

在确定聚光场面积后，即可根据聚光效率、吸热器效率和发电效率等计算出系统效率，然后计算得出系统年发电量。

因此，可以得出计算年发电量的基本思路是，在给定的地理位置、气象条件、太阳辐照条件、汽轮机容量和储热容量下，确定聚光场面积和太阳能热发电系统的年平均发电效率。

当太阳集热场在设计点输出的能量可同时供满负荷的储热和发电，而不是在超出汽轮机容量需求后，储热器才开始储能。当太阳辐射较低或夜间，太阳能集热场不能产生足够的能量来满足汽轮机负荷要求时，储热器将放热，弥补太阳辐射的不足。

但不在设计点工况时，集热场的输出只能满足发电和储热其中一个设备满负荷工作。因此设计点的条件选取很重要。否则可能造成：

① 储热器或汽轮机长期处于非额定负荷工作状态；

② 集热场输出的能量多于储热和发电的需要，此时需要关闭一部分聚光器，造成设备

不能充分利用。

实际上由于气象条件、太阳辐照和太阳位置等的变化。任何计算方法均无法保证储热器和汽轮机同时满足额定输入。只能尽量使设计点具有足够的代表性。

设计点的时刻一般取春分日正午，年平均太阳辐照度及年平均气象条件。当太阳辐照高于设计点值时，将会引起一部分聚光器关闭，否则聚光场输出的多余能量没有去处。当太阳辐照低于年平均值时，一般是储热器不满负荷工作。

储热容量一般取决于夜间调峰供电容量（发电功率与发电时数的乘积）。如仅仅针对夜间发电，那么聚光场面积应满足夜间发电时数的汽轮机所需求的额定热能。但这样的运行工况很少，如没有储热，那么聚光场在设计点的输出就是汽轮机的额定输入。

步骤一：给定设计点辐照和气象条件，同时给定汽轮机额定功率 $P_{TURBINE}$。

步骤二：假定聚光场面积 A。

步骤三：按照表 3-1 的过程计算设计点的电站输出功率。如果 P 满足：

$$|P-P_{TURBINCE}|<\varepsilon \tag{3-75}$$

那么计算结束，得到聚光场面积 A。否则假定新的聚光场面积进行重新计算，直到式（3-75）被满足。ε 是迭代计算允许的误差限，计算前确定，例如 $\varepsilon=50kW$ 等。

设计点的系统光电效率 η 用下式计算：

$$\eta=\frac{P_{TURBINE}}{1000A} \tag{3-76}$$

如果用系统光电效率代替年平均效率的话，那么年发电量 E 的计算见下式：

$$E=DNI\times A\times \eta \tag{3-77}$$

如果系统带有储热器，那么在确定了汽轮机对应聚光场面积后，再计算储热器对应的聚光场面积，见图 3-46。计算储热量与计算发电量不同，一般以天为单位。对于带有储热的系统，聚光场的总面积等于图 3-45 计算的汽轮机对应的聚光场面积加上储热需要对应的聚光场面积。

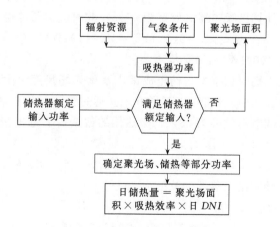

图 3-46 储热量及聚光面积确定

3.7.2 年发电量计算实例

已知某地年总 $DNI=1850kW\cdot h/m^2$，年太阳平均辐照度为 $750kW/m^2$，年平均环境温度 $10℃$。带 4h 储热的 50MW 塔式电站汽轮机参数见表 3-9。

表 3-9 汽轮机参数

序 号	内 容	单 位	数 据
1	功率范围	MW	30～50
2	滑压工作范围(负荷)	%	30～110
3	蒸汽参数范围	MPa	3～9
4	额定功率	MW	50
	主汽压力	MPa	9.2
	主汽温度	℃	360～383
	额定进气量	t/h	226

储热量为汽轮机满发 5h，求该电站的定日聚光场面积和年发电量。

分析和求解：取设计点为春分正午，太阳辐照度取年太阳平均辐照度 $750kW/m^2$，设计点环境温度取年平均环境温度 15℃。要求集热场在设计点的输出功率大于发电机组需要的输入功率加储热功率。

本工程采用汽轮机容量为 50MW，额定输入热功率为 150MW。

储热器额定输入热功率计算：

每天需要的储热量为 $4h×15000kW＝60000kW·h＝60MW·h$。设每天的充热时间长度为 6h，那么充热功率为 $60MW·h/6h＝10MW$。

可得在设计点需要吸热器输出功率为

$$150＋10＝160 （MW） \tag{3-78}$$

步骤一：假设需要定日聚光场面积为 10 万平方米，腔体式吸热器开口为 35m×35m。通过聚光场设计软件 HFLD、WINSOL、SOLERGY 等得到聚光场在设计点的输出效率为 68%，吸热器的截断效率为 100%。

此时镜场的输出功率 $P_{concentrator}$ 为：

$$P_{concentrator}＝68\%×100\%×100000×0.75＝51 （MW）$$

按照 3.2 的方法，计算出吸热器的效率为 90%，此时吸热器的输出 $P_{receiver}$ 为：

$$P_{receiver}＝51×90\%＝45.9 （MW）$$

与式(3-78) 比较：160MW/51MW≈3。

步骤二：考虑到聚光场面积基本与输出成正比及聚光场尺度变大后的聚光场效率降低，再次假设聚光场面积增加 4 倍，达到 40 万平方米。通过聚光场设计软件 HFLD、WINSOL 等得到聚光场在设计点的输出效率为 63%，吸热器的截断效率为 95%。

此时聚光场的输出功率 $P_{concentrator}$ 为：

$$P_{concentrator}＝63\%×95\%×400000×0.75＝180 （MW）$$

按照 3.2 的方法，计算出吸热器的效率为 85%。

此时吸热器的输出 $P_{receiver}$ 为：

$$P_{receiver}＝180×85\%＝153 （MW）$$

该结果比式(3-78) 的 160MW 少。

步骤三：再次假设聚光场面积增加 5%，达到 43 万平方米。通过聚光场设计软件 HFLD、WINSOL 等得到聚光场在设计点的输出效率为 $\eta_{hel}＝62\%$，吸热器截断效率为 $\eta_{int}＝94\%$。

此时聚光场的输出功率 $P_{concentrator}$ 为：

$$P_{\text{concentrator}} = 62\% \times 94\% \times 430000 \times 0.75 = 188 \ (\text{MW})$$

按照 3.2 的方法，计算出吸热器的效率 η_{receiver} 为 85%。

此时吸热器的输出 P_{receiver} 为：

$$P_{\text{receiver}} = 188 \times 85\% = 159.8 \ (\text{MW})$$

该结果比式(3-78) 的 160MW 少 0.2MW，满足计算要求。

由此可得，该电站的聚光场面积为 43 万平方米。将面积代入表 3-1，逐项计算得到表 3-10。

表 3-10 例题设计点时的能量平衡

序号	项　　目	投入	损失	剩余
1	设计点投入聚光场的太阳总辐照度	323MW	0	
2	聚光场损失：遮挡、余弦、反射率、大气传输损失、吸热器截断效率		135MW	
3	投入吸热器功率			188MW
4	吸热器损失：反射、对流、辐射、导热		28MW	
5	吸热器输出功率			150MW
6	输入给储热器			10MW
7	传输管路热损		1.6MW	
8	输入汽机功率			148.4MW
9	蒸汽循环损失		104MW	
10	输出电功率			44MW
11	损失：辅助系统的消耗和损失（额定运行条件）		11.1 汽轮机　100kW	2.2MW
			11.2 聚光场及通信　20 kW	
			11.3 DCS　20kW	
			11.4 循环泵　2000kW	
			11.5 其它 100kW	
12	电站净输出			41.8MW

$$\eta_{\text{T}} = \eta_{\text{hel}} \times \eta_{\text{int}} \times \eta_{\text{receiver}} \times \eta_{\text{turbine}} = 62\% \times 94\% \times 85\% \times 30\% = 15\%$$

由图 3-45 可得：

$$E = 1850 \ \text{kW} \cdot \text{h/m}^2 \times 15\% \times 430000 \text{m}^2 = 1.19 \times 10^8 \text{kW} \cdot \text{h}$$

即年发电量约 1.19 亿度。

$$该电站的满发时数 = 1.19 \times 10^8 / 5 \times 10^4 = 2380 \ (\text{h})$$

3.7.3 热发电站容量优化

上一节的热发电站系统计算是基于汽轮机的容量事先给定。另外的计算方法是，因为发电量是决定电价的核心指标，因此可以先假设初投资和希望的电价，根据以上两个因素反推应该的年发电量。由于年发电量与系统效率相关，在发电量确定后也可根据当地气象条件计算出年发电效率。

如电站的电价作为可更改量，那么也可用图 3-47 所示的方法作出电站的技术经济优化，得出一个合理的电价。

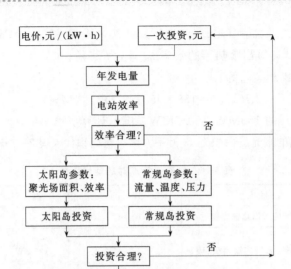

图 3-47 电站技术经济优化方法

3.7.4 基于逐时模拟的发电量计算方法

该方法的要点是，需要逐时的太阳辐照度和气象条件数据，通过基于系统能量平衡的模拟来计算不同聚光场面积下的集热场输出与汽轮机额定输入之间的关系，以得到该汽轮机容量下的年最大发电量，相应可确定"最佳聚光场面积"、储热量、辅助锅炉容量等。"最佳聚光场面积"是指对于某地区建设的容量确定的电站，该种聚光场面积配置将使得该电站年发电量最大。

采用这种方法可比用设计点法得到更丰富的信息。例如各种气象条件下能量在电站系统各单元间的分配；各个单元间的逻辑联系，这是电站 DCS 编制的基础；电站启动、待机、停机等过程中各个单元的能量流和控制信息流，这对工艺设计是非常重要的。由于设计点法对应的是一年中的典型时刻、典型气象条件，实际只是计算一个"典型点"。

目前使用较广的模拟软件是 TRNSYS。该软件可对系统进行系统原理、系统组成、部件模型、运行模式、运行状态及控制逻辑等方面的分析。为读者便于理解该过程，本节搭建了中国科学院电工研究所八达岭太阳能热发电实验电站（大汉电站）原则性系统，见图 3-48，对应的全系统模拟 TRNSYS 模型见图 3-49。

该系统仿真模型主要由气象模块（Type15-2）、定日聚光场模块（FEffMatx，Type394）、吸热器模块（CenRec，Type395）、高低温储热模块（Type5b、Tank-Type14）及朗肯循环中的汽轮机模块（Stage，Type318）、冷凝器、除氧器、各类泵及发电机等模块组成。本节主要介绍系统模拟的大致方法。上述模块的数学模型及彼此之间的基本耦合逻辑的具体建模过程这里不再描述。

本节利用 HFLD 软件布置了图 3-50 所示的大汉电站定日聚光场，该聚光场的各类设计参数及效率计算结果如表 3-11 中所示。

图 3-51、图 3-52 是根据图 3-49 模拟得到的电站太阳能集热部分的情况[31]。通过计算得到由定日聚光场聚集到吸热器采光口表面的热功率（图中曲线 1）与太阳法向直射辐照度 DNI（图中曲线 2）之间的关系如图 3-51 所示。在设定进出口温度前提下，吸热器出口过热蒸汽流量（图中曲线 1）与太阳法向直射辐照度 DNI（图中曲线 2）之间的关系如图 3-52 所示。

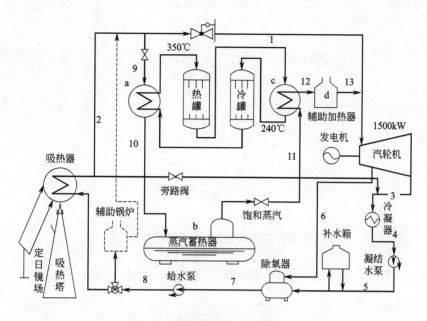

图 3-48　大汉电站原则性热力系统

(图中数字为流道编号)

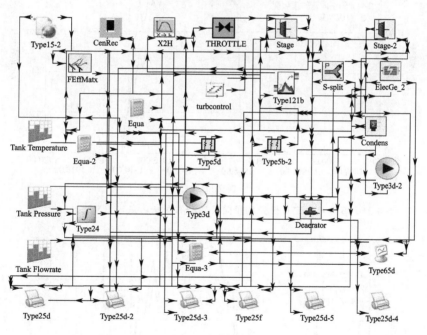

图 3-49　大汉电站全系统模拟 TRNSYS 模型

表 3-11　大汉电站定日聚光场各主要参数

地理位置	北 40.4° 东 115.9°	定日聚光场布置方式	圆弧交错式
定日镜面形	理想球面	第 1 环与塔间距系数	1
聚光场年均光学效率	66.6%	聚光场设计点额定效率	81.72%
单面定日镜镜面长、宽	10m、10m	定日镜数目	100 面

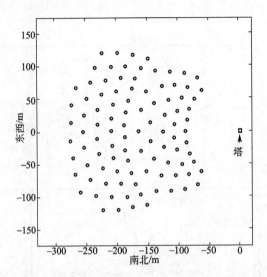

图 3-50　大汉电站定日聚光场的一种布置方式（聚光场扇形交错布置）

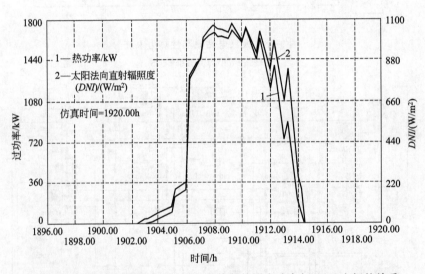

图 3-51　春分日由定日聚光场投向吸热器的聚光功率与 DNI 之间的关系

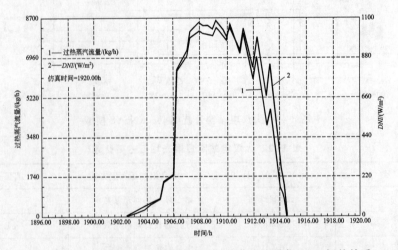

图 3-52　大汉电站春分日吸热器出口过热蒸汽流量与 DNI 间的关系

全天发电功率（图中曲线 1）与太阳法向直射辐照度 DNI（图中曲线 2）之间的关系如图 3-53 所示。

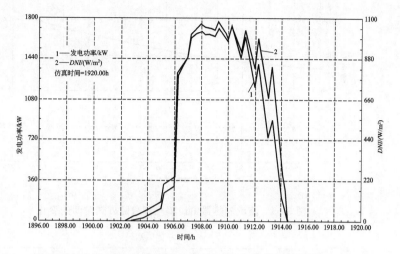

图 3-53 大汉电站春分日发电功率与 DNI 之间的关系

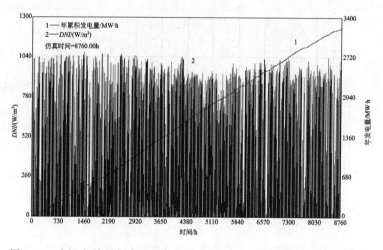

图 3-54 大汉电站的年发电量与每天太阳法向直射辐照度 DNI 的关系

图 3-54 利用逐时气象数据对大汉太阳能热发电站的全年发电量进行了分析研究。图中显示了全年累积发电量，见图中曲线 1。曲线 2 是全年逐时 DNI。

储热系统中蒸汽储热器出口蒸汽流量、出口蒸汽压强及温度的变化与放热时间的关系分别如图 3-55～图 3-57 所示[31]。设计的储热放热时间为 1h，故在图 3-55～图 3-57 中，横轴所设时间长度为 1h。

在大汉塔式电站系统设计点时刻（即春分日正午 12:00，$DNI=1000\text{W/m}^2$），通过上述数值计算得到的图 3-48 大汉电站各点的主要热力学参数如下：设所选汽轮机的相对内效率 $\eta_{ri}=0.8$，机械效率 $\eta_m=0.98$，发电机效率 $\eta_g=0.98$。计算可得汽轮机进口过热蒸汽压强 $p'_{in}=2.354\text{MPa}$，汽轮机进口过热蒸汽温度 $T'_{in}=390℃$，汽轮机末级出口乏汽压强 $p'_{out}=0.0073\text{MPa}$，如图 3-48 中汽轮机中间抽汽级压强 $p_6=0.3\text{MPa}$。根据汽轮机相对内效率 η_{ri} 的定义及水与水蒸气图表，可得图 3-48 中各点的热力学参数如下：

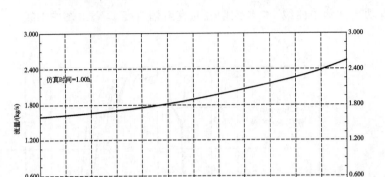

图 3-55 蒸汽储热器出口蒸汽流量随放热时间的变化

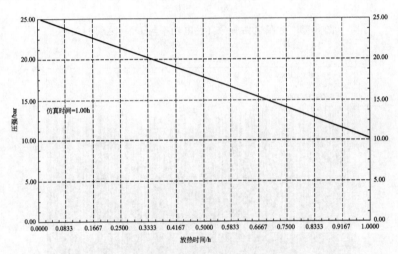

图 3-56 蒸汽储热器出口蒸汽压强随放热时间的变化

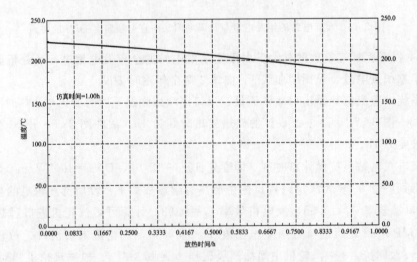

图 3-57 蒸汽储热器出口蒸汽温度随放热时间的变化

点 1

$p_1 = p'_{in} = 2.354\text{MPa}$，$T_1 = T'_{in} = 390℃$，$h_1 = 3220.1\text{kJ/kg}$，$s_1 = 7.014\text{kJ/(kg·K)}$；

点 3

$p_3 = p'_{out} = 0.0073\text{MPa}$，$T_3 = T'_{out} = 39.784℃$，$h_3 = 2390.684\text{kJ/kg}$，$s_3 = 7.677\text{kJ/(kg·K)}$；

点 6

$p_6 = 0.3\text{MPa}$，$T_6 = 183.2℃$，$h_6 = 2831.27\text{kJ/kg}$，$s_6 = 7.239\text{kJ/(kg·K)}$。

假设图 3-48 中给水经过凝结水泵，在除氧器进口处点 5 的热力学参数为：

$p_5 = 0.12\text{MPa}$，$T_5 = 41℃$，$h_5 = 171.82\text{kJ/kg}$，$s_5 = 0.586\text{kJ/(kg·K)}$。

除氧器出口处点 7 的给水设计参数为：

$p_7 = 0.12\text{MPa}$，$T_7 = 104.0℃$，$h_7 = 435.99\text{kJ/kg}$，$s_7 = 1.352\text{kJ/(kg·K)}$。

图 3-48 中点 3 处的汽轮机末级出口乏汽进入冷凝器，在冷凝器中经历 3-4 的定压冷却过程。在此过程中蒸汽被冷却，经过相变全部冷凝成为饱和水，对外放出热量，冷却剂采用取自环境的水。由此可得，图 3-48 中点 4 的热力学参数为：

$$p_4 = 0.0073\text{MPa}，T_4 = 39.78℃，h_4 = 166.64\text{kJ/kg}$$

至此，全部的热力学过程模拟完成。由上可见，通过这种基于动力学的方法可完成全年发电量的计算，另外还可得到其它较为全面的参数群。而使用设计点法只能计算一个时间点的系统能量参数，并且数学模型是稳态的。

3.7.5 地理位置对采用 *DNI* 作为抛物面槽式集热器效率计算的影响

槽式集热器瞬时效率的两个定义：

$$\eta_{DNI} = \frac{\dot{Q}}{DNI \times A}$$

$$\eta_{Gbp} = \frac{\dot{Q}}{G_{bp}A}$$

这两个定义计算得到的效率有很大的不同。考虑到余弦的影响，采用 η_{Gbp} 准确并反映实际得热量。

本节给出计算槽式集热器效率的算例。选取三个计算地点：

北京延庆（40°22′N，115°56′E）；

海南三亚（18°15′N，109°30′E）；

内蒙古呼和浩特（41°N，111°45′E）。

计算以上地区槽式集热器的年平均效率。从中可以看到地理位置不同造成入射角不同，从而也可以看到纬度对效率影响。假设当地太阳时 8:00～16:00，三地年平均 *DNI* 均为同一个定值（如 800W/m²），抛物面槽式集热器为南北轴布置，长度为 100m，集热器输出功率 $\dot{Q}$ 恒定，并且太阳法向入射时集热器效率为 60%。

根据假设，有 $\eta_{Gbp} = 60\%$，并且由 $G_{bp} = DNI \times \cos(\theta)\left[1 - \dfrac{f}{L}\tan(\theta)\right]$，可推导出

$$\eta_{DNI} = \frac{\dot{Q}}{DNI \times A} = \frac{\eta_{Gbp}G_{bp}}{DNI} = \eta_{Gbp}\cos(\theta)\left[1 - \frac{f}{L}\tan(\theta)\right]$$

假设每 1min 内的入射角不变。

（1）每日最大入射角余弦值　如图 3-58 所示。

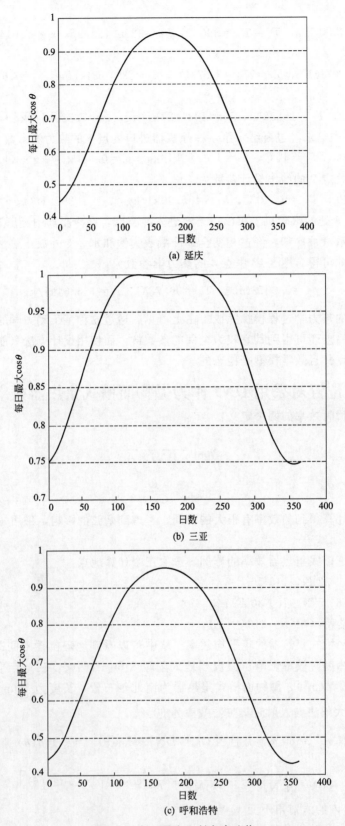

(a) 延庆

(b) 三亚

(c) 呼和浩特

图 3-58　每日最大入射角余弦值

（2）每日平均入射角余弦值　如图 3-59 所示。

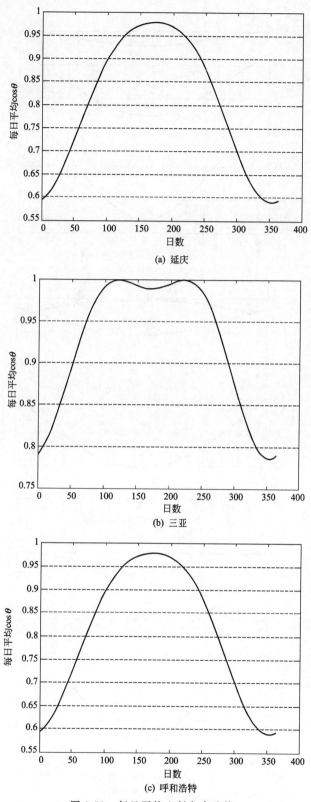

(a) 延庆

(b) 三亚

(c) 呼和浩特

图 3-59　每日平均入射角余弦值

（3）典型天每日余弦值变化 如图 3-60 所示，其中 172、266 和 356 分别为夏至日、秋分日和冬至日。

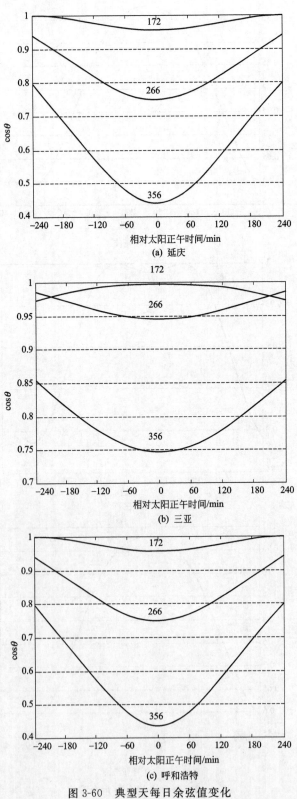

图 3-60 典型天每日余弦值变化

（4）入射角全年平均修正值

① 延庆基地

$$\cos(\theta)\left[1-\frac{f}{L}\tan(\theta)\right]=0.8013$$

那么

$$\eta_{\text{DNI}}=\eta_{\text{Gbp}}\cos(\theta)\left[1-\frac{f}{L}\tan(\theta)\right]=0.6\times0.8013=0.4808$$

② 三亚

$$\cos(\theta)\left[1-\frac{f}{L}\tan(\theta)\right]=0.9209$$

那么

$$\eta_{\text{DNI}}=\eta_{\text{Gbp}}\cos(\theta)\left[1-\frac{f}{L}\tan(\theta)\right]=0.6\times0.9209=0.5525$$

③ 呼和浩特

$$\cos(\theta)\left[1-\frac{f}{L}\tan(\theta)\right]=0.7971$$

那么

$$\eta_{\text{DNI}}=\eta_{\text{Gbp}}\cos(\theta)\left[1-\frac{f}{L}\tan(\theta)\right]=0.6\times0.7971=0.4782$$

延庆基地与呼和浩特的纬度相近，因此计算结果相差不多。

3.8　储热量的确定

储热的主要目的是保障电站的稳定和连续运行，从而满足电网的需求并获得最大的经济性。

3.8.1　储热量选取的原则

储热量的确定主要是以网上售电价格在时间上的分布以及电网对调峰的要求确定的。储热时间应该是仅仅取决于没有太阳时段的满发时数和电力价格的经济性。因为涉及巨大的投资，因此必须慎重计算。

步骤一：根据上网电力价格和太阳落山的时间差初步确定储热时间。

图 3-61 显示了太阳落山后高电价的时段有 6h 左右。因此可初步设定储热时间为 6h。

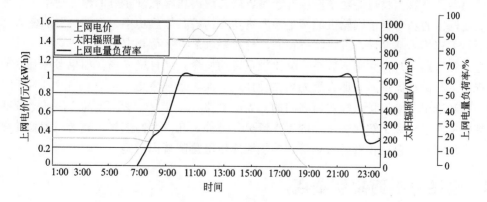

图 3-61　储热时间的确定

但是由于储热系统的采用有可能会使得一次投资加大,使得电站发电成本增加。因此还要进行步骤二。

步骤二:计算不同储热时间对发电成本的影响。

储热时间的长短直接影响到太阳能热发电站的初投资成本的变化,因此也会影响到发电成本的变化。图 3-62 展示的是对于一个 50MW 槽式太阳能热发电站,位于中国鄂尔多斯地区时,不同储热时间下均化发电成本(LCOE)变化,随着储热时间增加,该电站的 LCOE 在下降,该案例电站在储热时间为 10h 时电价可以达到最低。

这个最低点的位置主要取决于电站容量、储热单元一次投资以及当地的太阳辐照资源。

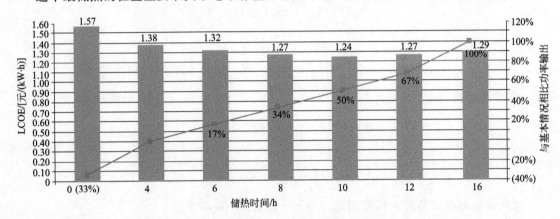

图 3-62　储热时间与 LCOE 之间的关系

数据来源:中国太阳能热发电产业政策研究报告,国家太阳能光热产业技术创新战略联盟,2013 年

综合以上分析,确定该电站设置储热 6h 在经济上是划算的,能使得电价降低。那么,再增加储热时间是否还有意义?从图 3-62 可见,6h 储热对应的 LCOE 为 1.32 元/(kW·h),此时图 3-61 显示的电网收购该电站的电价为 1.38 元/(kW·h),超过该时段后,即从 22:00 开始,电网收购价降到 0.30 元/(kW·h),因此再增加储热时间已没有意义,虽然从图 3-61 看,LCOE 还能降低但上网电价高于 0.30 元/(kW·h)。

如果电力价格是需要储热时间优化,例如电价投标项目,那么对于图 3-62 案例,显然设置储热时间为汽轮机满发 10h 是有利的。

3.8.2　储热功率选取的原则

储热器的充热和放热的功率应该等于集热场的输出功率和汽轮机的输入功率。在设计点时集热场输出的功率等于汽轮机的额定输入热功率加瞬时储热功率。但储热器的输入功率仍然按照最大充热功率设计,放热功率按照汽轮机要求最大负荷要求设计。

在计算储热量时,太阳倍数是一个比较重要的概念,来自聚光场。如果考虑到聚光场同时给汽轮机和储热器供能,那么聚光场在设计点的面积必须考虑较大。在 3.7.1 节和 3.7.4 节中,已经给出了储热量与吸热器之间的关系。在 3.7.4 节中,用 TRNSYS 可比较准确地得到储热量并设计和了解储热单元的工作情况。另外,在设计储热时,还必须考虑储热单元自身耗费的能量,包括化石燃料备份和导热油或熔融盐防凝固措施。

3.9　电站总平面规划要点

根据城镇方位、气象条件、进厂道路引接、高压出线、水源、道路、聚光场占地等建厂外部条件和站区特点，结合特定的聚光发电工艺进行全厂总体规划。在总体规划中，要明确以下几点：电站容量、聚光场布置、蒸汽发生区、储热区、常规发电区、电站位置和交通、高压出线方位及走廊、电站水源、燃料运输、电站排水、电站总平面及总立面规划要素。

（1）电站容量　确定本期规模和预留规模扩建场地，尤其是聚光场用地，布置场地时应考虑高温流体长距离传输的损失和风向。如果是塔式电站，应考虑吸热塔安装和维修吸热器需要具备的场地条件。

（2）聚光场布置　聚光场是太阳能热发电站中占地最大的部分，一般定日聚光场地面积为定日镜总反射面积的5倍。槽式聚光器占地面积是槽式聚光器采光口总面积的3倍。

一般聚光场布置，尤其是槽式聚光场布置时除考虑聚光场效率外，还需考虑流体传输问题。

图 3-63　长度为100m的槽式集热器单元[32]

下面给一个50MW槽式电站聚光场布置的例子。槽式集热中，通过聚光比75倍的槽式聚光器和真空管组成的集热器，在一回路将太阳光聚集并转化为热能。传热介质为合成导热油，工作温度为400℃。二回路为油水换热，产生过热水蒸气，推动高效汽轮机做功发电。太阳集热场包括160个"集热回路"并联，每个"集热回路"由4列长度为100m的槽式"集热器单元"（图3-63）串联组合而成，见图3-64。集热回路的长度由集热器工作地点的太阳辐照和气象条件确定，一般导热油的出/进回路温升为105℃。

集热回路中集热器单元之间的中心距一般为聚光器采光口宽度的3倍。例如，聚光器采光口宽度为5.7m，那么中心距约为17～20m。

塔式聚光场的布置将在4.2节中详细描述，一般有北向聚光场和环绕聚光场两种方式，图3-65所示为北向聚光场的例子。

（3）蒸汽发生区　蒸汽发生区包括给水预加热器、蒸发器、过热器以及再热器等主要设备。如果集热介质为导热油、熔融盐或空气等流体，那么在该区域内可将一回路的热量通过换热器传给二回路的给水产生合格的过热蒸汽，推动汽轮发电机组做功，见图3-66。

（4）储热区　目前大型电站的储热介质一般为熔（融）盐。储热系统包括冷熔盐储罐、热熔盐储罐、冷熔盐循环泵、热熔盐循环泵、油盐换热器等主要设备。图3-67是西班牙一电站的储热罐及其区域。储热区由于涉及高温，应考虑预留泄漏后采取抢险措施的空间和通

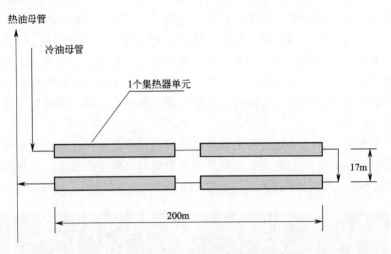

图 3-64 一个槽式集热器回路

图 3-65 西班牙 PS10 塔式电站聚光场[32]

道，在布置上应该处于电站的下风向。由于进入储热罐的流体流程过长会引起大的热损，因此储热区域与集热区不宜相距太远。在槽式电站中特别要注意连接各集热回路的出口的母管距离储热区不宜太远。塔式电站吸热器和储热器相距较近，传输距离不是大问题。

（5）常规发电区 图 3-68 所示为西班牙电站的一个例子。从图 3-68 可见，发电单元部分布置在聚光场中部。

（6）电站位置和交通 标明拟建电站相对交通枢纽的位置、与高等级公路的距离，这对电站建设有较大意义。因储热罐、汽轮机、锅炉的大型超高超重设备的进场，要求公路承载能力较强，大量的玻璃反射镜的运输要求公路的平整度高，因此应对公路的等级和沿线的路桥尺寸等给予特别关注，否则基建时将会支出较大的费用。

电站上风方向不宜有大型的对空排污源，否则会有粉尘污染镜面的情况。

（7）高压出线方位及走廊 需对电站向外出线的接至站、电缆走廊条件、电力出线条件等进行图示和文字说明。

（8）电站水源 明确供水厂名称、距离，该供水厂日供水能力，供水价格描述，实际日

图 3-66　意大利 Achimide 电站的熔融盐/水蒸气发生器[2]

图 3-67　西班牙 Andasol-Ⅰ电站的储热单元布置

图 3-68　西班牙 Andasol-Ⅰ电站的发电单元布置[32]

供水量和年总供水量。

（9）燃料运输　工程所用的液体、气体或固体燃料的运输方式，燃料供应点到厂区的距离，在戈壁地区运输过程中是否有合适的等级公路，不平整路面将会对燃料运输造成危险。

（10）电站排水　太阳能电站排水分为生产用水和生活用水。聚光器镜面冲洗用水量很少，可不考虑场地排水。一般在戈壁和沙漠地区建的电站，雨水用自然排水方式布置即可。发电冷凝器用水经处理后一般可用于灌溉和清洗反射镜面。

（11）电站总平面规划要素　热发电电站一般由集热场、储热区、发电区和办公区四部分构成。

集热场包括聚光吸热，在总平面上应定出聚光场的尺寸。对于槽式系统，应指出集热单元的组合方式，例如多少个单元组成一个流体串联回路。多少个回路并联组成一个电站。对于塔式定日镜，应画出聚光场布置图。聚光场可呈北向扇形聚光场或周向圆形/椭圆形聚光场。在聚光场图上要标出吸热塔的位置和高度。

电站发电核心区一般由主机厂房、控制室、储热区及机力塔等组成。

整个站区布置根据工艺要求和建筑功能分区，充分利用站区内有限的土地。

站区包括聚光场和发电部分。由于聚光场部分的绿地较多，且无法形成建筑面积，因此计算电站容积率时应考虑该方面因素，否则可能会出现与国家要求建设用地容积率的规定、规范冲突的问题。建议电站绿化率以发电区所占用的土地为基准进行计算。

（12）电站总立面规划要素　对于塔式电站聚光场，对场地平整的要求不高，甚至可利用山地的坡度巧妙布置聚光场，这对利用我国的山地资源很有帮助。对于槽式电站聚光场，由于真空管组成的流道以及跟踪的要求，所以要求槽式聚光器安装场地的坡度不大于1%。一般对位于我国北方地区的电站聚光场内无需布置排水沟。

塔式电站一般以吸热塔地平为零米标高，并且以塔的中心作为定日聚光场的中心。对于北向聚光场，如聚光场南向是高地，将有助于降低吸热塔的建筑高度。

塔式电站也可将全部设备置于塔内，这样可节省土地。图3-69所示的吸热塔内包括了除电站定日聚光场外的所有部分（吸热、储热、蒸汽发生、发电），这种布置方式对节约土地建立电站有重要的参考价值。当然，由于负荷的增加，塔的建筑造价将增高，但对于土地价格较高的地区可考虑采用这种布置方式。

槽式电站聚光场土地平整度较高，整个厂区标准地平的选取可与聚光场地平标高一致。如电站设计聚光场挡风墙的话，应特别注意墙的形状、墙高和墙与聚光场距离的设计，否则风越过墙后产生的负压区将使得聚光场中落尘现象加剧。

3.10　聚光场布置注意事项

聚光场是收集太阳能并反射聚集的单元，设计定日聚光场应注意其对周边建筑物和人员的损伤。最好聚光场除北侧外，围绕塔的其余方向不得有高大建筑物。

聚光场中道路布置以及聚光器间距布置应考虑设备维修的需要。对于大面积定日镜，20t级的起重车对土地和路宽的要求应充分考虑。对于小面积定日镜，装调时需要的大型运输设备比较小。但是由于镜面较多，联动机构多，故障点多，也应充分考虑频繁维护时需要的场地。

聚光场中的聚光器具有很高的精度要求，稍有晃动聚光器就将丧失精度，因此在聚光场的地质条件分析时，要求建站地不要有大的地质灾害，例如地震和地下溶洞塌方等。聚光器

图 3-69 韩国能源所塔式电站的吸热塔（位于韩国 DAEGU，王志峰摄，2011 年 10 月）

和吸热塔基础的设计要充分考虑这一点。

吸热塔的直径和体积应尽量小，最好采用可透光的钢结构塔方案。这样可使北向聚光场工作时塔引起的遮阳尽量小。

聚光场的通信和动力电缆应注意地面鼠害问题。采用防止鼠害的厚铠装电缆将使得电缆的成本大大提高。鼠害严重的地区可考虑采取无线通信的方式连接聚光场与上位计算机。

对于槽式系统，聚光场与集热场统一，因此对真空管漏油污染土壤和引起的安全性防止措施应有充分的考虑。一般为容易处理漏油，防止泄漏物的扩散，一般在槽式聚光器下的地面不宜做混凝土或沥青硬化，这样便于及时更换污染后的土壤。

对于 FRESNEL 聚光器，由于离地距离小，聚光器风阻低，在布置时可不考虑加阻风设施。

聚光系统设计

4.1 系统总体描述

4.1.1 聚光系统的组成

聚光系统包括聚光器、聚光场控制单元、通信单元、电力供应单元、精度测量和纠正单元、安防监控单元,太阳辐照度、环境空气温度和风速测量单元,聚光器清洗单元等。

有条件的电站还应设置云遮预报和风速预报单元。一般可在大风和云遮前 5min 采取安全措施以规避风险。

4.1.2 聚光器调控原则和模式

聚光器的功能是为吸热器提供光源,聚光器的调整以吸热器工作状态为准。聚光器与吸热器之间应设置电气联锁、信号和必要的通信设施。对于塔式电站,在吸热体表面过温时应考虑定日聚光场的动作,以保障吸热器和吸热塔等的安全性。因吸热体面积较大,并且气象环境条件在变化,太阳位置也在变化,用热电偶测温很难找到整片吸热面上的过温点,各吸热面的温度可以通过红外热像仪监测方法判断。图 4-1 所示为塔式电站吸热器工作时的热像图。从颜色分布可见腔式吸热器内吸热体表面的温度情况。如果发现吸热器表面温度超过最高限,可移动相应的定日镜,使该部分温升得到抑制。

图 4-1 大汉塔式电站吸热器热像图[20]

4.1.3 聚光场控制模式

由于聚光场覆盖面积大,场中聚光器的正常工作宜采用就地控制。上位计算机只起到监视和发出"开/停"机指令的功能,有条件时也可采用集中控制。太阳能集热系统的控制系统以现场总线形式接入电站分散控制系统(DCS)。太阳能集热场在聚光现场监控控制器(CFSC)控制下工作,可整体运行,也可分区运行。CFSC 是位于中心控制室的计算机系统,向下可与每个聚光器的控制单元通信,向上可与 DCS 通信。CFSC 收集和监视各个聚光器的状态位置信息和接受 DCS 指令，并向聚光场发出总控制指令。在白天天气和电站条件允许时，CFSC 发出开机指令；在夜间或强风天气时，CFSC 发出停机指令，聚光器归位。

在电站附近的气象站可提供与太阳能集热岛运行相关的天气信息。太阳光直接辐射数据用于确定太阳能集热区的性能。风速数据的采集是必需的，因为在强风条件下，太阳能集热区相关设备须处于待机或关机状态，避免受到损坏。按照延庆大汉电站的经验，风速数据的采样周期可以是 10s，如果连续两个周期风速超过设定值，那么 CFSC 将发出聚光场停机指令，并将该指令汇报给 DCS。

CFSC 与电站分散控制系统（DCS）实时数据的传输，可以整体协调和控制发电区、传热泵阀系统和太阳能集热区的运行。DCS 操作员站可以监视太阳能集热器的一些运行参数，并通过 CFSC 发出停机、待机、避险和关机等控制指令。在 CFSC 中，如果一旦控制通信设备失电或 CFSC 无法正常工作，聚光场当地控制器应能自动发出让所有聚光器归位的指令，避免烧毁吸热器或吸热塔。

4.1.4　CFSC 控制室位置和环境要求

CFSC 控制室不应设在振动和灰尘大的地点，设在聚光场中有利于信号传输的位置，同时要考虑传热流体和储热系统的火灾、泄漏和毒性等。对于槽式电站，最好设置在聚光场外的上风侧。塔式电站的定日聚光场控制室应远离吸热塔，防止塔上坠物和高温泄漏问题。

4.1.5　聚光场输出的计算方法

聚光场的能量输出是吸热器的输入，因此聚光场的输出功率应按吸热器需要的输入功率确定，同时还要考虑储热系统的容量。

在确定聚光场和吸热器的输入功率时有两种方式：一是以年峰值输入输出的关系来确定；二是以年平均输入输出的关系来确定。

对于第一种模式，可先确定定日聚光场的面积，然后设计吸热器使得其额定输入功率等于定日聚光场的峰值输出；反之，也可先确定吸热器的输入功率，再设计定日聚光场的峰值输出等于吸热器的额定输入。

对于第二种模式，吸热器的输入功率和聚光场的输出功率在年平均意义上相等。该方法的问题是，在聚光场输出大于年平均值时必须关闭部分聚光器，否则吸热器的输入将过饱和，因此一般不采用年平均的计算方法。对于槽式和菲涅耳式集热器，吸热器的功率取决于吸热管内流动的努塞尔数。应设计传热系统适应于聚光器的最大输出功率。

在功率匹配的同时，还要求能量在吸热器内有合理的分布，特别是对于有相变过程的"水/过热水蒸气"型吸热器，要求聚光场精度高和灵活性强，聚光场可在不同时间将太阳辐射投向吸热器内需要的不同位置，否则容易引起吸热体过热段的干烧，尤其在吸热器启动过程中。因涉及的过程复杂，该方法的控制设计技术难度大。

4.1.6　反射镜积灰的影响

反射镜积灰将使反射镜的反射率急剧下降，反射镜的反射率衰减与时间和地点等有关。图 4-2 所示为 2011 年 8 月 28 日～2012 年 5 月 24 日反射镜积灰对反射率影响的记录。在测试周期中, 没有经过人工清洗。完全由雨水清洗。

从图 4-2 可见, 反射镜积灰的程度与其放置角度有关, 与地面垂直放置和反射面向下放置的反射镜反射率衰减较慢。其中由于 90°时雨水的清洗作用, 反射面面向下的放置方式不如 90°放置的。从图 4-2 可见, 在雨水冲刷后, 所有反射镜的反射率都有较大上升, 其中面向天空 (即 0°) 放置反射镜的反射率在 2012 年 4 月 9 日的雨后, 从 10%升高到 85%。

其中 45°的平均值与 0°的平均值差别不大。在灰尘较为严重的地区二者相差约 10 个百分点。

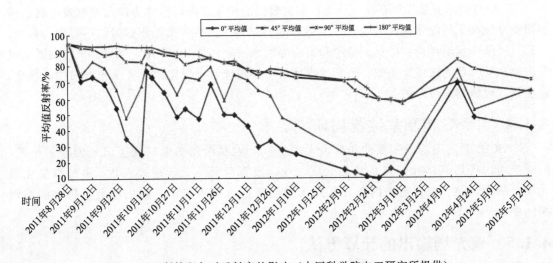

图 4-2　反射镜积灰对反射率的影响 (中国科学院电工研究所提供)

4.2　聚光场布置原则

4.2.1　定日镜基本知识

定日镜一般包括反射镜、支撑框架、立柱、传动和跟踪控制系统五大部分。定日镜通常有两个正交的能连续跟踪太阳的旋转轴, 其中一个旋转轴是固定轴, 与地面基础固定, 另外一个旋转轴作为从动轴, 与定日镜的镜面一起绕固定旋转轴转动。Lipps 和 Vant-Hull 列举了一些典型的双轴跟踪方式, 例如方位-俯仰跟踪 (图 4-3)、固定轴水平放置的俯仰-倾斜跟踪、极轴式跟踪以及固定轴指向目标位置的自旋-俯仰跟踪 (图 4-4)[33]。

对方位-俯仰跟踪方式, 固定轴是方位轴, 竖直向上, 从动轴是俯仰轴, 总在水平方向上。

对俯仰-倾斜跟踪方式, 固定轴是俯仰轴, 水平放置, 从动轴是倾斜轴 (使镜面左右倾斜), 倾斜轴与竖直方向确定的平面总与俯仰轴垂直。

极轴式双轴跟踪的固定轴与地轴平行, 跟踪器正常跟踪太阳时, 绕固定轴恒速顺时针方向旋转。自旋-俯仰双轴跟踪方式自旋轴是固定轴, 指向目标位置, 俯仰轴与自旋轴垂直 (图 4-4)。俯仰轴沿着镜面的弧矢方向固定在定日镜的支撑结构上, 并与支撑结构和镜面一起绕自旋轴旋转。

方位-俯仰跟踪方式是常见的双轴跟踪方式, 太阳跟踪器、抛物面碟式聚光器以及定日镜多用这种跟踪方式。Schramek 和 Mills 分析得出, 与方位-俯仰跟踪相比, 俯仰-倾斜跟踪方式能使定日聚光场布置得更加紧密。自旋-俯仰双轴跟踪方式可以与轮胎面结合起来,轮胎面定日镜(图 4-4,图 4-5)在子午和弧矢方向上不同的曲率半径可用来矫正离轴像散,从而提高定日镜的聚光效果。

图 4-3　方位-俯仰跟踪定日镜[20]

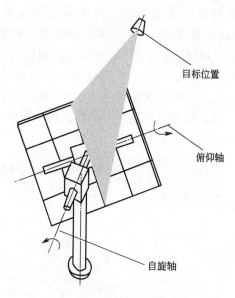

图 4-4　自旋-俯仰跟踪定日镜工作原理[33]

图 4-5　自旋-俯仰跟踪定日镜[33]

图 4-6　球面定日镜成像的光斑[20]

定日镜镜面的最常见的面形有:平面、球面或抛物面。为了减轻球面或抛物面对离轴入射太阳光的聚光像散,定日镜的镜面还可以设计成非旋转对称的轮胎面等高次曲面,以提高聚光性能。定日镜的整体镜面可以是一个单元镜,也可以是由多个单元镜组合成的复合镜面。只有一个单元镜的定日镜一般是小尺寸定日镜;对反射镜面的面积大的定日镜,需要由多个单元镜通过支撑结构组合起来,在整体上近似为球面或抛物面。

4.2.2 球面定日镜聚光像散特性

球面镜（图 4-4、图 4-5）是最常用的一种定日镜。SOLAR ONE、SOALR TWO、大汉电站、PS10、PS20 和 GEMASOLAR 塔式电站都采取该形式。图 4-6 所示为大汉电站球面定日镜成像的光斑。对球面定日镜聚光的离轴像散问题，最早 E. A. Igel 和 R. L. Hughes 做过深入的理论和实验研究，为后来的一系列的纠像散曲面定日镜的发展奠定了基础。对球面半径是 $R = 2f$ 的球面反射镜，当平行光束以入射角 θ 离轴入射时，镜面的子午焦距与弧矢焦距分别为 $f_t = f\cos\theta$ 和 $f_s = f/\cos\theta$。可见，只有当平行光束沿着球面反射镜的轴向入射时（$\theta = 0°$），才有 $f_t = f_s = f$，即子午焦距和弧矢焦距都等于球面镜的轴向焦距 f。

若球面镜的直径为 D，则在到镜面中心距离为 L 的靶面上，光斑在子午方向上的高度和在弧矢方向上的宽度分别为：

$$h_1 = \frac{D}{f}(L - f\cos\theta) \text{ 和 } h_2 = \frac{D}{f}(f - L\cos\theta)$$

参见图 4-7。

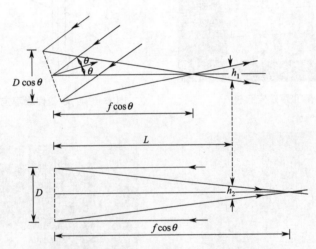

图 4-7 在轴向距离为 L 焦面上，焦斑在子午方向上
高度 h_1 和在弧矢方向上宽度 h_2

如果考虑太阳光束的散角效应，则球面镜对离轴入射太阳光束的离焦光斑尺寸为：

$$H_1 = h_1 + \beta L = D\left(\frac{L}{f} - \cos\theta\right) + \beta L \tag{4-1}$$

$$H_2 = h_2 + \beta L = D\left(1 - \frac{L}{f}\cos\theta\right) + \beta L \tag{4-2}$$

式中，β 为太阳光锥的张角，等于 9.3 mrad。

由式(4-1)和式(4-2)知，当 $L = f$ 时，即光靶到镜子的距离等于镜子的焦距时光斑为圆形：

$$H_1 = H_2 = D(1 - \cos\theta) + \beta L = 2D\sin^2\left(\frac{\theta}{2}\right) + \beta L \tag{4-3}$$

因此要求广泛使用在太阳能塔式聚光系统中球面定日镜的斜向聚光距离 L 尽量接近其曲率半径 R 的 1/2。当然，从方程式(4-3)可以得知，当 $\theta = 0°$ 时，即太阳、光靶和定日镜三点一线时，定日镜聚光光斑直径达到最小值，βL；随着太阳光入射角 θ 的增加，光斑的直径变大。

4.2.3 轮胎面定日镜简介

轮胎面也称超环面（toroidal surface），具有两个相互垂直的对称截面——子午和弧矢截面，且两截面内圆弧具有不同的曲率半径，因此是非旋转对称曲面。

对某个固定的入射角 θ，如果取轮胎面的子午曲率半径：

$$R_t = 2f_t = 2L/\cos\theta_0$$

弧矢曲率半径为：

$$R_s = 2f_s = 2L\cos\theta_0$$

则由式（4-1）和式（4-2）知，该轮胎面斜向距离为 L 的焦面上的光斑最小，无像散，直径为 βL。可见，球面镜的光斑最小值点在 $\theta = 0°$，而轮胎面把光斑最小值点从 $\theta = 0°$ 推移到 $\theta = \theta_0$。

实际当中，定日镜的面形是固定的，而太阳光束的入射角度 θ 是随着时间变化的，因此为了确定轮胎面的面形，需要选择一个合适的 θ_0，把这个 θ_0 称为轮胎面的设计入射角。一旦斜向距离 L 和设计入射角 θ_0 确定，轮胎面的面形就随之确定了。

R. Zaibel 等人在 1995 年提出了固定旋转轴指向目标位置的双轴跟踪纠像散曲面定日镜（ACTA）的概念，把轮胎面与固定旋转轴指向目标位置的双轴跟踪方式结合起来，使得定日镜在全天对日跟踪聚光过程中，镜面中心的太阳光入射平面（包含镜面中心的法向与入射光线）总能与镜面的子午平面（包含镜面的主光轴和镜面中心的法向）重合。这样，使得定日镜镜面面形的进一步优化设计变得可行，且优化方法也简单，也使得轮胎面定日镜的实际应用成为可能。图 4-5 和图 4-8 是固定旋转轴指向目标位置的双轴跟踪定日镜，固定轴指向吸热器开口的中心，从动的俯仰旋转轴与定日镜的支架结构固定，并且与固定轴垂直。纠像散轮胎面定日镜的面形设计方法是，根据太

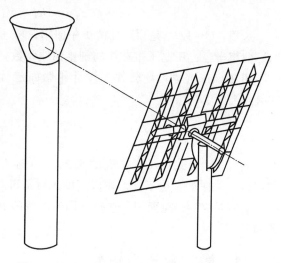

图 4-8 R. Zaibel 等人在 1995 年设想的 ACTA

阳光在定日镜镜面上的入射角 θ 随时间的变化范围，选定入射角区间 $[\theta_{\min}, \theta_{\max}]$，引入三个设计参数 $s = f_s/L$、$t = f_t/L$ 和 $h = H_s/H_t$（H_s 和 H_t 分别是镜面的宽和高），导出优化表达式，从而给出合适的 h、R_t 和 R_s，即

$$h = H_s/H_t = (\cos\theta_{\min} + \cos\theta_{\max})/2, \quad R_t = 2f_t = 2L/h, \quad R_s = 2f_s = 2hL。$$

在这种情况下，在斜向距离为 L 的焦面上，$\theta = \theta_{\min}$ 和 $\theta = \theta_{\max}$ 所对应的焦面光斑为圆形，且半径相等。此时，轮胎面的设计入射角

$$\cos\theta_0 = (\cos\theta_{\min} + \cos\theta_{\max})/2 \tag{4-4}$$

更一般的，轮胎面是一种特殊的柱面，如图 4-9 所示，它是由 $y\text{-}z$ 平面内的圆锥曲线（母线）绕平行于 y 轴的轴线旋转而成，$y\text{-}z$ 平面为轮胎面的子午面，轮胎面与 $y\text{-}z$ 平面的截

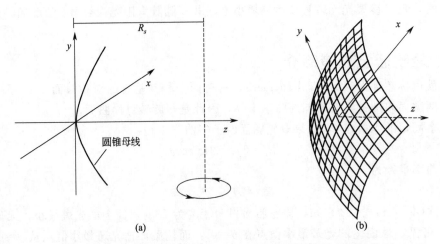

图 4-9 y-z 平面内的圆锥曲线绕平行于 y 轴的轴线旋转而成轮胎面

线为子午截线。轮胎面子午截线的表达式是

$$z = g(y) = \frac{Cy^2}{1 + \sqrt{1 - (1+K)C^2 y^2}} \tag{4-5}$$

轮胎面的表达式如下

$$z = f(x, y) = R_s - \sqrt{[g(y) - R_s]^2 - x^2} \tag{4-6}$$

这里，$C = 1/R_t$ 是顶点处的子午曲率；R_t 是子午曲率半径；R_s 是顶点处的弧矢（水平向）曲率半径；K 是子午截线的圆锥曲线常数。

用 Zemax 光学设计软件来设计轮胎面定日镜的面形，采用的轮胎面子午截线的表达式是

$$z = g(y) = \frac{Cy^2}{1 + (1+K)C^2 y^2} \tag{4-7}$$

式(4-7) 与式(4-5) 在表达形式上略有不同，这样对同样的圆锥曲线，式(4-7) 与式(4-5) 中的 K 值会不同。对取定的入射角区间 $[\theta_{min}, \theta_{max}]$，通过光线追迹的方法计算 θ_{min} 和 θ_{max} 所对应的光斑面积，选择不同的参数的 K、C 和 R_s，使得 θ_{min} 和 θ_{max} 所对应的光斑面积相等。

4.2.4 槽式聚光器基本知识

槽式聚光器的工作原则与定日镜基本相同，都是通过跟踪和聚集太阳直射辐射最大程度地利用太阳能。但它们的工作原理不同，定日镜将太阳辐射反射聚集到一个固定的位置，这个位置不随时间变化。而槽式系统中，吸热管与聚光器一体运转跟踪太阳直射辐射，因此目标吸热管是在运动的。槽式聚光器采用单轴跟踪太阳能辐射，而定日镜采用双轴跟踪太阳能辐射。

不同时刻的太阳位置对抛物面槽式太阳能集热器采光面形成相应的入射角，导致余弦效应、端损失效应等。这些都影响抛物面槽式太阳能集热器接收足够的能量。

入射角变化对抛物面槽式太阳能集热器的影响有：一个南北轴的抛物面槽式太阳能集热器由东至西跟踪太阳从清晨到傍晚，对于大多抛物面槽式太阳能电站而言，太阳从来没有在正上方直射过，因此必须考虑到非集热器采光口法向入射造成的三个主要影响：余弦效应、

端损失效应和入射角影响因子。

太阳法向直射辐照度（DNI）与抛物面槽式太阳能集热器的跟踪位置无关，DNI 中垂直于集热器采光面的部分，是太阳能场中对集热器有用的能量（ANI），它是由 DNI 和入射角余弦的乘积计算得到的，即 $ANI=DNI\cos\theta$。如果入射角为零，那么意味着太阳辐射与集热器采光口法向平行，此时 $ANI=DNI$。如果入射角不为零，那么就要进行余弦效应的修正。由此可见，虽然冬季的 DNI 资源仍然很高，但是余弦影响大大减少了太阳可用资源，造成冬季的太阳能资源通常比夏季的低得多。对于高纬度地区建立槽式系统也要特别考虑 ANI 对年发电量的影响。

除了考虑太阳入射角导致的余弦效应以外，由于入射角与反射聚光器和吸热器形成一定的几何关系，当太阳光线非垂直入射到反射聚光器时，会导致在槽式运行过程中吸热器靠近太阳方向的一端会有一定长度无法得到经抛物镜面反射聚光的太阳辐射，如由图 4-10 所示，其中 L_{end} 为抛物面槽式集热器端损失效应的长度，由此所造成的端损失效应修正因子 F_{end} 由下式计算得到。

$$F_{end}=1-\frac{f}{L}\tan\theta \tag{4-8}$$

式中，f 为抛物面槽式太阳能集热器的焦距；L 为一节抛物面槽式集热器的长度。显然，抛物面槽式集热器端损失效应与其结构参数抛物面焦距相关。此外，即使具有相同的焦距，两列集热器也会因为长度的不同而受到的端损失效应影响程度不同。

光线单向非垂直入射聚光器时，除了各种几何效应外，反射面和吸热体表面的光学特性也随入射角而变化。衡量这种变化的参数称为入射角修正因子（IAM）。它是光线非垂直入射真空管时与垂直入射时的比。对于东西向轴的槽式聚光器，在高度角方向永远处于垂直入射状态。在高度角方向，正午时太阳法向直射辐射与槽式聚光器采光口表面法线平行，此时 $IAM=1$，其余时间 $IAM<1$。IAM 考虑到光学属性随入射角的变化，特别是真空管玻璃壁的透射率和吸热管的吸收率，可通过理论分析计算得到。但考虑到聚光器的面型和跟踪过程均存在误差，而带有误差的聚光器的聚光计算难度很大且准确度不高，采用实验得到的值比较准确。因为聚光器的支架在不同温度下的温度应变情况不同，因此一个好的公式应考虑到温度对聚光精度的影响，或者对冬季和夏季分别给出计算公式，用于估计该聚光器冬季和夏季的输出能量计算。

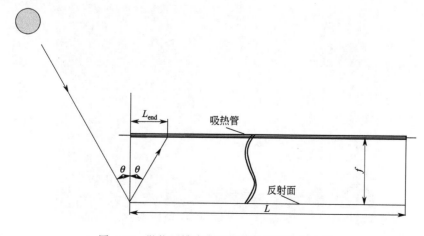

图 4-10　抛物面槽式太阳能集热器非法向入射

4.2.5 聚光场布置的一般原则

图 4-11~图 4-14 所示为几种典型的塔式太阳能热发电定日聚光场。

图 4-11 北京大汉电站北向扇形定日聚光场（1MW，中国，北京）

图 4-12 Gemasolar 电站圆周形定日聚光场（20MW，西班牙）

图 4-13 工作的 Gemasolar 电站定日聚光场（20MW，西班牙）

图 4-14   DAEGU 电站北向定日聚光场（200kW，韩国）

① 对于塔式定日聚光场，在吸热器形式（柱式或腔体式）、位置和开口确定的情况下，应按聚光场年效率最佳为首要原则来布置定日镜。这时要考虑塔的高度、定日镜与塔的距离、各排定日镜间的遮挡和阴影来确定定日镜的点。

在吸热器开口和位置没有确定的情况下，应综合地理位置、吸热器位置、开口和聚光场四个要素同时优化设计聚光场。在 20 世纪 70～90 年代开发了一批定日聚光场设计软件 HELIOS、ASPOC、HFLCAL、RCELL、DELSOL、MIRVAL、SOLERGY 等[20]。早期聚光场设计软件侧重于对已排布好的定日聚光场和给定的吸热器位置进行建模和分析，用户界面的可视化程度较低，使用起来不够方便，软件的升级也比较困难，因此近年来一些新的聚光场设计软件被相继开发。2001 年，西班牙 CIEMAT 的 PSA 在 DELSOL3 的基础上开发了 WinDELSOL1.0 软件，可在 Windows 环境下运行，提高了软件界面的可视化程度。同年，利比亚太阳能研究中心的 Siala 等人提出圆弧交错无挡光聚光场布置概念，编写了聚光场设计软件 MUEEN，该软件可对聚光场性能进行分析，但不具备聚光场优化功能。2003 年，美国国家绿色能源实验室开发了 SOLTRACE 软件，它采用蒙特卡洛光线追迹法计算截断效率和能流密度，可以模拟比较复杂的光学系统，并分析其光学性能，但不具备对聚光场的优化设计功能。2005 年，墨西哥的 SENER 公司开发了功能强大的 SENSOL 软件，它可对包括多种太阳能聚光发电系统进行模拟、分析和优化设计。2005～2011 年，中国科学院长春光机物理研究所和中国科学院电工研究所在国家"十一五"863 项目支持下联合开发了聚光场设计软件 HFLD（Heliostat Field Layout Design）。中国科学院电工研究所用该软件设计了北京八达岭塔式发电站的 1 万平方米定日聚光场。HFLD 的主要特点是对已知镜坐标和吸热器位置的聚光场进行性能分析。按用户设定的聚光场参数自动布置聚光场，并对该聚光场进行性能分析和优化设计，该版本还不具备与吸热器联合优化的功能。

② 塔式定日聚光场的地平坡度要求比槽式低，只要前后两面定日镜间满足无阴影和挡光条件即可。如果聚光场的南侧有山地，将对吸热塔的高度建造成本有益，可以降低塔的建筑高度。如北侧有山地，则聚光场中各镜子的前后遮挡将会比较小。

③ 塔式定日聚光场总采光口面积应按照设计点的要求定，满足汽轮机、储热系统的容量和发电上网时段的要求。

④ 槽式聚光器转动轴的方位要考虑到当地的经纬度和季节分段上网电价。一般地，东西轴夏季效率比南北轴的高，南北轴全年平均效率比东西轴的高。

⑤ 聚光场的土地如果考虑绿色植物生长的话，在当地的植物生长季（北方地区一般为每年的 4～9 月），植物生长地上的日照百分率应不小于 70%，该指标按聚光场优化软件设计。

⑥ 考虑到地面植物生长，清洗镜面的水中不得含碱性和油脂成分。以导热油为传热介质的槽式电站，聚光场中要布置卸油和防火渠道。

⑦ 聚光场的布置应考虑控制器接地和防雷以及通信电缆和高温流体管路之间的交叉。管路的布置应考虑到清洗车辆的运行。

⑧ 聚光器的维修空间应在设计时预留。大的维修包括传动箱的维修、支架变形的维修。镜面破损维修和更换需要场地较小，无需预留场地。

⑨ 槽式聚光器高温高压管路较长，应在槽式聚光场中设置泄漏监测和报警装置、聚光场消防设施。尤其对使用油作为传热介质的集热系统，聚光场与主厂房之间应设计防火沟，沟中要随时清理杂草等易燃物品。

⑩ 槽式聚光场外围的聚光器由于抗风的需要，可以设计大的抗风载荷，包括传动的设计。靠近内部聚光器风力载荷的设计可以降低。

⑪ 槽式聚光场中每排聚光器的长度可以根据工作流体的温度和当地的环境温度来定，并通过技术经济比较确定。长的聚光槽需要的场地平整代价较大，而且对聚光器的轴向安装精度要求也较高。

⑫ 聚光场的鼠害预防也是电缆设计中应侧重考虑的内容。在有鼠害处，应尽量不采用电缆沟，管道井应严格密封。聚光器的控制箱接线应做防鼠害处理。有条件的工程可考虑采用无线方式通信代替有线传输，也可采用光伏电池驱动聚光器的方法代替铺设电缆。

4.3　塔式电站聚光场设计

定日镜是太阳能热发电系统中能量转化最初阶段非常重要的设备。在塔式系统中通常采用几百或几千个定日镜，通过各自独立控制系统连续跟踪太阳的辐射能，并把能量聚焦到塔顶的接收器上，继而以热能的形式加以利用。定日聚光场的设计是塔式太阳能热发电系统设计的重要环节之一，可以为整体上降低发电成本、为太阳能热发电走向实用化打下一定的理论基础。

4.3.1　定日聚光场基本运行模式及基本设计参数

4.3.1.1　定日聚光场运行模式

定日聚光场运行的目的是给吸热器提供尽可能多的能量，并同时保证系统的安全和寿命。吸热器中吸热体局部温度过高和频繁的热震对吸热体的安全性和寿命是不利的。

遵照以上原则，定日聚光场的控制模式分为手动模式和自动模式，具体见表 4-1。手动模式包括待机模式和运行控制模式。自动模式包括大风模式及微风模式。微风模式包括正常运行模式及"光束特性方法校准（BCS）"模式。在正常运行模式中，根据时间可分为白天模式及夜间模式。在白天模式中，分为"准备好点"模式和正常跟踪模式。特殊模式包括清洗模式和检修模式。

表 4-1 定日聚光场的模式分类

本地模式			用户可通过当地控制柜上的按钮操作定日镜	
远程模式	远程手动模式		用户通过上位计算机的操控键控制定日镜旋转	
	远程自动模式	初始模式	旋转到初始位置	
		清洗模式	定日镜置于便于清洗的位置	
		大风模式	风速大于设定值时水平放置	
		紧急避险模式	断电或通信中断时,将定日镜水平放置	
		故障模式	定日镜出现故障时,上位计算机报警	
		跟踪模式	吸热器模式	目标点是吸热器
			准备好模式	目标点是准备好点
			误差检测模式	目标点是光屏

4.3.1.2 设计参数

定日聚光场控制系统通过指定每台定日镜的工作模式来控制聚光场,可以单台指定也可以分区、分组指定。

(1)定日聚光场设计工作条件 一般情况下,正常工作环境空气温度为 $-10\sim45\,℃$。在风速 $\leqslant13\mathrm{m/s}$ 时,保证定日镜正常工作;在风速 $\leqslant20\mathrm{m/s}$ 的情况下,定日镜在任何工作状态下都不破坏;在保护状态下,定日镜在风速 $\leqslant36\mathrm{m/s}$ 下不破坏。

(2)特殊极限条件下的生存能力

① 极限耐温:定日镜所有器件在 $-40\sim60\,℃$ 无损伤。

② 耐地震烈度:8 级,尤其是定日镜基础的稳定性。

③ 耐候性:在寿命期内,定日镜各部件能经受雨雪、风沙侵袭以及能经受室外温差变化而不损坏,各金属部件不应产生锈蚀。

④ 抗冰雹:定日镜反射面可抵抗直径为 20mm 的冰雹沿与镜面法线平行方向冲击无损伤。

4.3.2 定日聚光场优化设计方法

定日聚光场的投资成本一般占整个塔式太阳能热发电系统总投资成本的 $40\%\sim50\%$,因此,定日聚光场的优化设计可为降低投资成本和发电成本提供条件,从而促进塔式太阳能热发电技术的商业化和规模化。

4.3.2.1 定日聚光场设计软件现状

与塔式太阳能热发电技术的发展步伐相一致,一些国家自 20 世纪 80 年代起就开发出了一些程序,如 UHC,HFLCAL,RCELL,DELSOL,MIRVAL,FIAT LUX,SOLTRACE 等,用于定日聚光场或塔式太阳能热发电系统方面的分析和设计[34]。其中 MIRVAL,FIAT LUX,SOLTRACE 的数学模型仅包括定日聚光场和接收塔,可详细计算由定日聚光场所获得的能量,但不包括定日聚光场的优化内容;HFLCAL,DELSOL 的数学模型则包括了整个塔式太阳能热发电系统,也包括了定日聚光场的优化设计内容,可以直接用于估算大型定日聚光场的年均光学性能,但对于小型定日聚光场,其计算的准确性较低[34]。以上几种分析程序的主要情况见表 4-2[34]。

在 2003~2005 年,西班牙的 SENER 公司成功开发了 SENSOL 软件[35]。该软件采用

Fortran 编程，可用来进行塔式太阳能热发电系统的热经济性分析。其中定日镜的坐标位置根据经济性好坏来确定。该软件已用于西班牙 Solar Tres 项目的系统设计。

由于我国在定日聚光场设计方面经验不足，非常需要根据我国国情进行这方面的工作，并不断地积累经验、不断地完善，为高性价比的定日聚光场设计提供理论依据。

几种主要聚光场设计软件比较见表 4-2。

表 4-2 几种主要聚光场设计软件比较[34]

项目	UHC-RCELL	DELSOL	HFLCAL	MIRVAL	FIAT LUX	SOLTRACE
研究机构	Houston 大学	SANDIA	GAST project	SANDIA	CIEMAT. PSA	NREL
开始研发时间	1974	1978	1986	1978	1999	1999
编程语言	Fortran/C++	Fortran/Basic	Fortran	Fortran	Matlab	Delphi5
能流计算方法	埃尔米特多项式展开/卷积	埃尔米特多项式展开/卷积	单个定日镜能流的简化卷积	蒙特卡洛光线追迹	正态随机分布误差模型	蒙特卡洛光线追迹
吸热器类型	平板式、腔式、圆柱式	平板式、腔式、圆柱式	平板式、圆柱式、圆锥式	平板式、腔式、圆柱式	平板式	所有类型
年性能计算	是	是	是	是	否	否
优化模型范围	聚光场及其边界、塔高、吸热器尺寸	聚光场边界、塔高、吸热器尺寸、储热容量	聚光场、塔高、吸热器面积及朝向	聚光场	不可知	不可知
优化准则及约束	能量或能量成本/土地	能量成本/土地	能量或成本	能量	不可知	不可知

4.3.2.2 聚光场设计基本思路

采用辐射网格分布，在避免相邻定日镜之间发生机械碰撞的前提下，以接收能量最多或经济性最优为目标，对塔式太阳能热发电系统中传统跟踪方式下的定日聚光场的分布进行优化设计，优化结果得到双目标坐标轴下由最优定日聚光场分布各方案所组成的Pareto 曲线。这样得到的定日聚光场不但单位能量花费较小，具有较好的经济性，且能量分布也均匀合理。

（1）定日镜转动所占的空间[13] 定日镜是一种镜面（反射镜），传统上大多采用如图4-15所示的绕固定轴为垂直轴旋转的矩形定日镜，以随时跟踪太阳位置的变化，从而将太阳辐射能反射到吸热器这一固定目标上。由于其自由旋转所形成的竖放木桶形的球体直径为定日镜对角线大小，为此在定日聚光场的设计中，定义特性 D_m 为对角线长度再加上安全间隙 0.3m。定日镜在摆放时，相互之间不能小于这一间距。

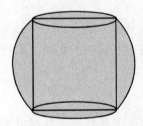

图 4-15 定日镜无阻碍
旋转所需要的空间

（2）定日镜的排布模式 定日聚光场的排列采用辐射网格状分布，其优点是避免了相邻定日镜的反射光线被正前方定日镜遮挡而造成较大的光学损失。在辐射网格分布设计中，接收塔位于坐标的原点，定日镜被安置在距离接收塔不同距离的圆环上。在这种方法中，基本环定义为塔的正前方轴线上有定日镜的环，而交错环则为塔的正前方轴线上没有定日镜的环，如图4-16所示。第一环定义为基本环，其半径通常与接收塔的高度有关，其它环的半径则根据与相邻环之间的径向间距大小来确定。而定日镜与同环或相邻环上的定日镜之间都要错开一定的周向夹角，其大小则与周向间距系数有关。

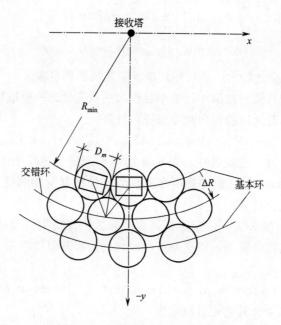

图 4-16 辐射网格状分布示意图

（3）定日镜径向间距的计算

① 最小径向间距计算方法：定日镜之间的最小径向间距应当保证相邻定日镜之间不发生机械碰撞，所有定日镜均能无阻碍地自由转动，因此定日镜之间的径向间距要考虑到木桶的最大直径（图 4-17）：

$$\Delta R_{\min} = R_{m+1,\min} - R_m = D_m \cos30°\cos\beta_L \tag{4-9}$$

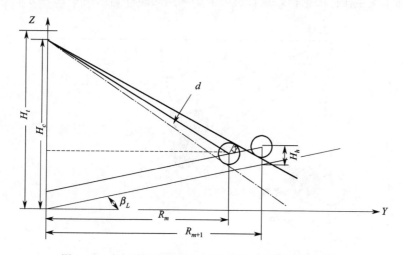

图 4-17 定日镜之间无阻挡损失的径向间距计算示意图

② 最大径向间距：如果定日镜各环之间的间距大于最大径向间距，定日镜之间则没有阻挡损失。

$$z_m = R_m \tan\beta_L + H_h \tag{4-10}$$

$$d = \sqrt{R_m^2 + (H_c - z_m)^2} \tag{4-11}$$

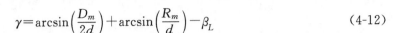

$$\gamma = \arcsin\left(\frac{D_m}{2d}\right) + \arcsin\left(\frac{R_m}{d}\right) - \beta_L \tag{4-12}$$

$$\Delta R_{\max} = R_{m+1,\max} - R_m = D_m / \cos\gamma \tag{4-13}$$

可能 $\Delta R_{\max}$ 的数值会比较大，从而导致定日聚光场面积也很大。

在程序设计中，定日镜所在第一环的半径作为决策变量之一要进行优化选取。而其它环的半径，则通过其与前环之间的径向间距来进行计算。

$$R_{m+1} = R_m + \Delta R_{\min} + R_{\min-\max}(\Delta R_{\max} - \Delta R_{\min}), \quad 0 < R_{\min-\max} < 1 \tag{4-14}$$

（4）周向间距的计算　在设计中，基本环的第一个定日镜位于 y 轴负方向上，其相对于 y 轴负方向的夹角为 0，其它定日镜所在的位置则根据其与相邻定日镜（尤其是左前方）之间的周向夹角距来进行计算。

① 最小周向间距计算方法：由于定日镜需要将太阳光反射到接收塔，因此相邻前后定日镜之间需要有一定的周向夹角，以避免产生较大的阴影和阻挡损失。

对于交错环来说：

$$\theta(m,n)_{\min} = |Angle(m,n)_{\min} - Angle(m-1,n)| = \arcsin[D_m/(2R_{m-1})] \tag{4-15}$$

对于第一环的第二个及其它定日镜来说：

$$\theta(m,n)_{\min} = |Angle(m,n)_{\min} - Angle(m+1,n-1)| = \arcsin[D_m/(2R_m)] \tag{4-16}$$

对于基本环的第二个以及其它定日镜来说：

$$\theta(m,n)_{\min} = |Angle(m,n)_{\min} - Angle(m-1,n-1)| = \arcsin[D_m/(2R_{m-1})] \tag{4-17}$$

图 4-18 中的实心黑圈代表已经摆放好的定日镜，空心实线圈代表相邻环上可以摆放定日镜的最小周向夹角位置，而空心点线圈则代表可以摆放定日镜的最大周向夹角位置。

② 最大周向间距计算方法：本书设计的最大周向间距则保证在反射光线方向上前后相邻定日镜之间不发生任何的遮挡，定日镜之间的周向间距计算如图 4-18 所示。

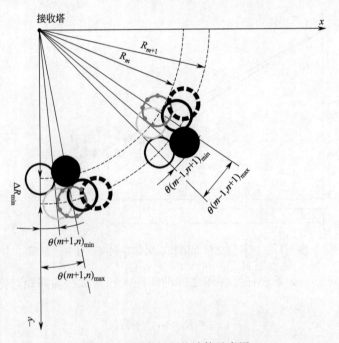

图 4-18　周向间距的计算示意图

对于交错环定日镜来说：

$$\theta(m,n)_{max} = |Angle(m,n)_{max} - Angle(m-1,n)|$$
$$= \arcsin[D_m/(2R_{m-1})] + \arcsin[D_m/(2R_m)] \quad (4\text{-}18)$$

对于第一环的第二个以及其它定日镜来说：

$$\theta(m,n)_{max} = |Angle(m,n)_{max} - Angle(m+1,n-1)| = \arcsin[D_m/(2R_m)] + \arcsin[D_m/(2R_{m+1})]$$

对于同位环（基本环）的第二个以及其它定日镜来说：

$$\theta(m,n)_{max} = |Angle(m,n)_{max} - Angle(m-1,n-1)|$$
$$= \arcsin[D_m/(2R_{m-1})] + \arcsin[D_m/(2R_m)] \quad (4\text{-}19)$$

因此，在优化设计中，定日镜的周向位置由下式计算得到：

$$Angle(m,n) = Angle(m,n)_{min} + A_{min-max}[\theta(m,n)_{max} - \theta(m,n)_{min}], \quad 0 < A_{min-max} < 1 \quad (4\text{-}20)$$

式（4-9）~式（4-20）及图 4-17 中的符号列表如下：

$Angle(m,n)$	定日镜与 y 轴所成的角度	rad
$A_{min-max}$	角度间隔系数	
d	距离	m
D_m	定日镜的特性尺寸	m
H_c	接收器所在高度	m
H_h	定日镜中心距地面的距离	m
H_m	定日镜的高度	m
H_t	接收塔目标点的高度	m
m,n	环数编号"m"，角度位置编号"n"	
R	环所在半径	m
$R_{min-max}$	径向间距系数	
z_m	定日镜中心所在垂直高度	m
β_L	定日聚光场相对接收塔的倾斜角度，在这里，$\beta_L=0$	rad
γ	角度	rad
θ	角度	rad

定日镜的布置除了间距计算以外，对于面积一定的定日聚光场，其效率还与定日镜的尺寸、数量及吸热塔高度有关。为了改善 Pareto 曲线，接收塔的高度也应适当增高。接收塔的高度越高，在太阳辐射能的反射途中的前后镜子的阻挡损失越小，镜子与塔的间距减少，从而可获得较多的能量，见图 4-19。

4.3.3　塔式集热场的设计

① 定日聚光场的输出在一天当中由于太阳位置的变化是在随时变化的非稳态量，聚光场的输出在设计点时应满足吸热器满负荷工作的要求。

② 吸热器的开口尺寸应能在设计点接受定日聚光场聚集能量的 90% 以上，吸热器的吸热面设计应能满足定日聚光场最大聚焦功率的边界条件，一般为 $1 \sim 2MW/m^2$。

③ 定日聚光场聚光比的设计应使得吸热面正常工作能流密度为 $300kW/m^2$（水/水工质），$600kW/m^2$（熔融盐），$750kW/m^2$（陶瓷/空气）。

④ 定日聚光场的校准可用开环或闭环的方式进行，定日镜的运行姿态也可与吸热面的

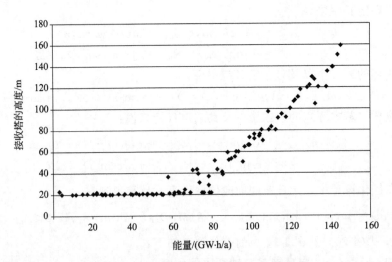

图 4-19　接收塔的高度与获得能量之间的关系

温度联动。如果吸热面温度过高，主控上位计算机应立即指令对应区域的定日镜逐面移开，直到吸热器表面危险点的温度下降到合理范围内。对吸热面的实时监控是非常必要的。

⑤ 吸热面的温度布置热电偶测量，也可以使用非接触式的测量方法来测量，例如使用红外探测仪。在使用红外探测仪时应注意与吸热器事先进行校准，这是因为一个固体表面的热发射比与表面的热物理性质有关，而这些性质又与温度有关。一般来说，热发射比随物体表面的温度升高而升高。图 4-20 所示为大汉电站吸热器工作的温度监控图像。

图 4-20　大汉电站吸热器
温度监控图像[20]

⑥ 当吸热体内的传热流体发生断流，例如由于全场停电或泵的故障，或管路泄漏，此时定日聚光场应停止工作。该停止工作的指令由流体进口主管路上的流量计或塔上汽包水位计采集并发至聚光场主控计算机，由该计算机发指令给每台定日镜使其回到原位，直到流体回路故障排除。为防止误报警，主回路上流量计量应为两个串联，位置用在吸热器进口。汽包上的液位计也以两个为好。

⑦ 对于空气吸热器，可通过吸热器的空气流量或吸热体表面温度来判断定日聚光场的工作状态。由于空气吸热器吸热体温度高，测量温度难度大，尤其在事故状态下。一般应采用流量测量来判断表面热流的情况和控制定日镜动作。

a. 对承压型空气吸热器，如密封玻璃罩发生故障或者是空压机突然停机，则吸热器内阻力会突然下降，此时应及时移开定日镜，避免吸热体被烧毁。此时定日镜应与吸热器内的流阻测量系统设计有联动装置。

b. 对非承压型空气吸热器，如风机发生故障，吸热体温度急剧升高或流量为零，此时应停止定日聚光场工作。流量计应置于吸热体的后方，测量通过吸热器的空气流量；或者设置在引风机的出风口，因为经过多层次的换热和储热，该处空气温度已较低。

⑧ 对于熔融盐吸热器，如果传输管路发生冻堵，熔融盐无法流入吸热体，则吸热器表面温度将上升，依靠吸热体表面温度可以控制定日镜的动作，也可以通过熔融盐的流量来控制定日镜的动作。由于熔融盐流量计易出故障，因此应根据吸热体表面温度和流量综合判断。二者有其一发生即可移动定日镜到安全位置。

⑨ 吸热器的启动：吸热器在启动前应先进行管道预热。将定日镜能量投入吸热器之前，吸热体内应先充入传热流体，避免吸热体干烧，该流体温度应与当时的吸热体温度相近。如果吸热器中含有过热段，那么应重点监控过热段的温度，并通过聚光场投入能量的方位进行调节。过热段吸热体的温度与水冷壁吸热体温度差不要超过 100℃[20]。

a. 对于熔融盐吸热器，吸热体表面温度应高于熔融盐凝固点 50℃ 以上。定日镜应分区，逐面将光斑移动到吸热体的相应位置上，使吸热体温度逐步升高，应在 60min 内使定日镜全部投入到正常工作位置。推荐使用熔融盐系统保持 24h 全天候循环的方式防冻，该循环在不发电时应采用温度控制的方法进行。传输管路电辅助加热的方式不可靠，易在局部发生盐的冻结，采用该方法时应仔细做好所有细部的伴热，主要包括阀门、法兰、传感器接口、弯头和泵口。熔融盐吸热器的采光口应有很好的保温措施。

如果是圆柱形的外置式吸热器（图 4-13），熔融盐防冻能耗较大。但由于几何形状的特点，可获得比腔式吸热器更大的焦比。

b. 对于水工质吸热器，吸热体温度应高于零度时才可通入水，使吸热器开始工作。吸热体的预热可通过少量的镜子投入与测量表面温度结合进行。

c. 对于空气吸热器，投入定日镜前可先打开风机或压气机，然后根据吸热体表面温度或吸热器出口空气温度来调节定日镜。

4.4 塔式电站定日聚光场控制设计

4.4.1 定日聚光场控制系统技术条件

（1）定日聚光场的控制要求　应按太阳辐照条件、风速、环境温度和传热工质情况确定，并应符合下列要求。

① 定日聚光场分区　聚光场由多台定日镜组成，考虑到吸热器启动和停机时不应有大的热冲击，定日聚光场可划分为几个区域，在启动时按区域分时段投入，每个区域投入的时刻和时段由聚光场控制器发出指令。定日镜的投入不仅要确定投入能量，还要求确定投射光斑在吸热器内的位置。

② 控制器投入模式　定日聚光场控制器根据外界气象条件和传热回路事故报警等信息确定投入到吸热器的定日镜数量，也可根据电站主控制器的指令确定投入到吸热器的定日镜数量。

③ 定日聚光场控制系统组成　控制器包括控制每一台定日镜动作的硬件及软件，也包括用来检测定日镜跟踪精度光斑特征系统（beam characterization system，BCS）。输入控制器的信号包括空气风速、温度、吸热体温度、汽包压力、吸热器进口流量、吸热器出口流体温度。

（2）定日聚光场的控制结构　定日镜有两个旋转轴，常用的传动设备有齿轮传动、电动推缸和液压传动，每台定日镜有一套控制旋转轴动作的就地控制器（HC），定日聚光场控制器（HAC）通过定日镜 HC 控制定日镜旋转。

① 定日镜就地控制器可根据天文公式计算该定日镜每个时刻的位置，也可以从运算能力更强的上位控制器获得然后下发到各个定日镜，各定日镜本身可以只具有应急响应功能。

② 定日聚光场控制器与聚光场风速传感器及吸热器的安全报警装置连接，提供紧急情况下的定日镜姿态控制。该计算机也可与电站的主控制器连接。

（3）定日镜接地　分为防雷接地和控制电器接地两部分。防雷接地及电器接地均应按相应的国家标准执行。定日聚光场的接地应与整个电站的接地综合考虑，电站中所有的电器设备的接地极应做等电位连接。接地材料的选取要充分考虑土壤的化学成分和性质，保证达到电站设计寿命。接地电阻设计要考虑到土壤冬夏季冻融的情况。

（4）定日聚光场控制器与电站控制之间的逻辑关系　电站控制主机可从定日聚光场控制器中接受定日镜投出能量等信息，也可给该控制器提供信息，例如气象条件、吸热器、储热器、汽轮机的工作情况等。定日聚光场的控制器根据这些信息确定每一台定日镜的工作状态，所有针对定日镜动作的指令均由聚光场控制器发出，即每台定日镜只从聚光场控制器接受动作指令。

定日聚光场控制器也可以不与电站主控计算机相连，而直接接受吸热器的温度传感器和气象条件的信号来指挥定日镜的动作。

4.4.2　定日镜跟踪误差的校正

定日镜跟踪精度是塔式太阳能热发电系统的一项关键指标。通过天文公式可以精确计算出定日镜当前应处的位置，并可获得很高的计算精度。然而在制造、安装及运行定日镜过程中，不可避免地存在各种各样的误差。如定日镜的水平旋转轴应该与水平面垂直，俯仰旋转轴应该与水平面平行，然而制造安装过程中，绝对的垂直和平行是做不到的。并且精度要求越高，成本也就越高。由于多种影响跟踪精度的因素存在，定日镜的跟踪精度往往比较低，虽然不会偏离目标中心太远，但也不能满足发电的需要，因此需要有其它的提高跟踪精度的纠偏方法。如不及时纠偏，还可能会发生由于聚光光斑偏离靶点，吸热塔支撑结构烧毁的事故。

参与定日镜纠偏的设备包括：单面定日镜控制系统、CCD（电荷耦合元件）图像采集相机、图像处理分析系统、全镜场控制 PLC（可编程序控制器）、全镜场上位监控系统，见图4-21。

采用全闭环检测纠偏、历史纠偏曲线记录、插值计算、逐次逼近等方式，纠偏效果好，适应性好。

定日镜的当前角度由定日镜初始角度、定日镜旋转角度及定日镜跟踪偏差角度组成。

通过对定日镜跟踪误差一年多天、一天多次的检测可获得定日镜典型时刻的跟踪偏差，通过对一年或多年的该台定日镜跟踪偏差角度数据分析处理及曲线拟合得到该台定日镜每天对应的跟踪偏差曲线，如此可得到每一台定日镜每天对应的跟踪偏差曲线，利用此跟踪偏差曲线调整每一台定日镜的当前角度，使每一台定日镜的光斑可以更加准确地投射到目标位置。

基于定日镜的跟踪偏差角度在短时间（如半个小时）内变化较小，相邻几天（如15天）同一时刻的跟踪偏差角度的变化不大的特性，将全天划分成几个时长相等的时间段。在每个时间段中都通过纠偏检测得到一个跟踪偏差角度。

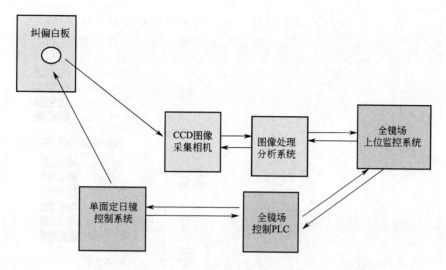

图 4-21 定日镜纠偏系统组成

为便于读者理解,下面以八达岭大汉塔式电站定日镜纠偏方法为例进行说明。

大汉塔式电站定日镜和纠偏设备启动后,将测量获得的方位偏差角度和俯仰偏差角度录入数据库中,同时记录纠偏完成的日期和时间,用于插值计算,见图 4-22。

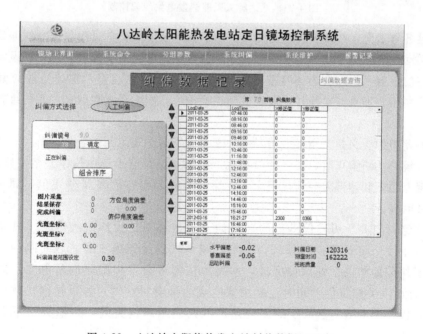

图 4-22 八达岭太阳能热发电站纠偏数据记录表

(1) 人工纠偏 由操作人员输入需纠偏定日镜编号,按确定键,进入纠偏过程,显示"正在纠偏"。进入纠偏后,该定日镜的模式为"正执行 .. 到达纠偏点",见图 4-23。

当到达纠偏点时,当前模式显示到达纠偏点,启动 CCD 图像采集相机照相,等待图像处理分析系统返回偏差。图 4-22 中的"水平偏差"和"垂直偏差"代表偏离白板中心的两个偏差值,单位为米。

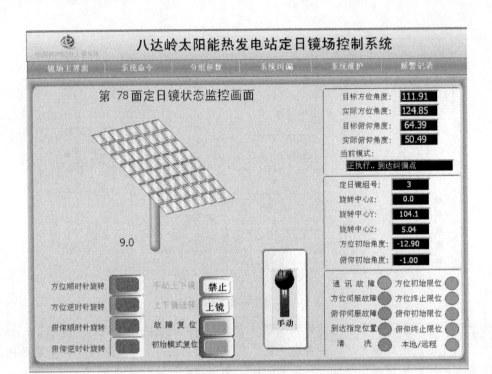

图 4-23　八达岭太阳能热发电站纠偏控制

为满足各种工况，纠偏偏差范围是可调的，在"系统维护"页面可选择纠偏偏差范围自动设定或手动设定。选手动设定时，可在"纠偏数据记录页面"修改，选自动设定时，根据定日镜所在的环数（距离吸热塔的距离）自动调整纠偏偏差范围，越远允许的偏差范围越大。考虑到纠偏并不是一次就肯定能调整到白板中心，纠偏最大次数在"系统维护"页面可修改。

纠偏偏差范围含义是：当偏差绝对值小于此范围时，表示纠偏合格。

当定日镜到达纠偏点时，启动纠偏相机，如偏差绝对值小于纠偏偏差范围则纠偏完成，并将方位偏差角度和俯仰偏差角度记录入数据库中的 X 修正值和 Y 修正值，同时记录纠偏完成日期和时间。

当偏差绝对值大于纠偏偏差范围并且纠偏次数小于最大纠偏次数时，根据当前偏差计算新坐标下发给定日镜控制系统，当定日镜再次到达纠偏点时，启动照相。如果偏差绝对值小于纠偏偏差范围则纠偏完成，并将方位偏差角度和俯仰偏差角度记录入数据库中的 X 修正值和 Y 修正值，同时记录纠偏完成的日期和时间。如果纠偏次数等于最大纠偏次数时，偏差绝对值仍然大于纠偏偏差范围则表示纠偏失败，纠偏数据不会记录入数据库中。

纠偏完成后，纠偏镜号会自动清零，回到等待纠偏状态，等待操作人员输入下一面纠偏镜号。

（2）自动纠偏　在自动纠偏状态下，按"启动自动纠偏"键，将会根据纠偏历史数据自动选出纠偏镜号，进入纠偏过程，见图 4-24。

当定日镜到达纠偏点时，启动照相，如果偏差绝对值小于纠偏偏差范围则纠偏完成，并将方位偏差角度和俯仰偏差角度记录入数据库中的 X 修正值和 Y 修正值，同时记录纠偏完

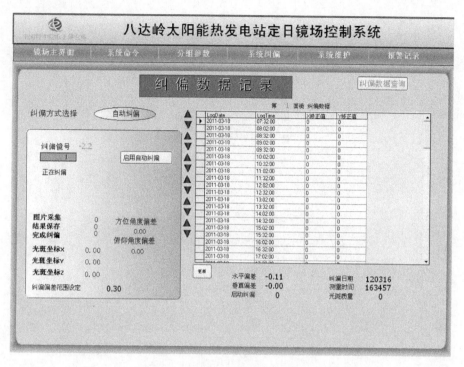

图 4-24　八达岭太阳能热发电站自动纠偏操作控制系统图

成的日期和时间。

　　当偏差绝对值大于纠偏偏差范围并且纠偏次数小于最大纠偏次数时，根据当前偏差计算新坐标下发给定日镜控制系统，当定日镜再次到达纠偏点时，启动照相。如果偏差绝对值小于纠偏偏差范围则纠偏完成，并将方位偏差角度和俯仰偏差角度记录入数据库中的 X 修正值和 Y 修正值，同时记录纠偏完成的日期和时间。如纠偏次数等于最大纠偏次数时，偏差绝对值仍然大于纠偏偏差范围则表示纠偏失败，纠偏数据不会记录入数据库中。

　　纠偏完成后，纠偏镜号会自动清零，状态回到等待纠偏。随即控制程序会筛选出下一面需要纠偏的定日镜镜号，启动下一面的纠偏过程，如此循环。

　　（3）特殊情况　如果当天在该时间段中没有跟踪偏差角度的记录，则将该时间段在前一天或前几天或上个月检测得到的跟踪偏差角度当作当天的跟踪偏差角度。如果当前时间段没有检测结果，跟踪偏差角度是零度，将采用上一个时间段检测得到的跟踪偏差角度当作该时间段的跟踪偏差检测结果。

　　为了得到更高跟踪精度，根据数据库记录，通过插值计算得到该台定日镜当天任意时刻的跟踪偏差曲线，根据所述的跟踪偏差曲线修正该台定日镜的当前角度，使该台定日镜的光斑可以准确地投到目标位置。

　　引起定日镜跟踪误差的主要根源是大风引起的光斑晃动和由于立柱倾斜造成的定日镜光斑有规律的偏移，因此定日镜跟踪误差的采集是在风速较小的情况下进行的。

　　定日镜的偏差数据积累一段时间后，根据跟踪偏差规律可以反推出定日镜立柱倾斜情况，将这个角度下发到定日镜就地控制器（图 4-25），在不引入纠偏处理过程的情况下，依然可以得到较好的跟踪效果。

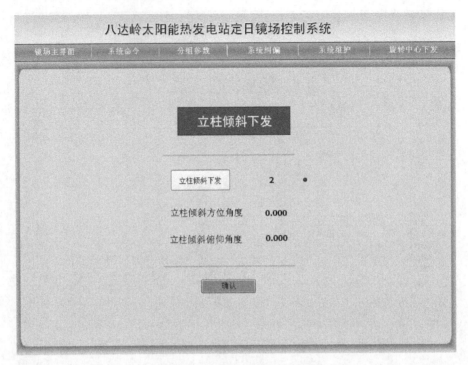

图 4-25 立柱倾斜参数下发界面

4.5 槽式电站聚光场设计

槽式抛物面聚光器的跟踪转动轴可以是南北向或东西向布置，可使得聚光面绕方位轴或俯仰轴转动对太阳进行单轴跟踪，以保证入射光线位于含有抛物面反射镜的主法线和焦线的平面内。根据旋转轴的不同，单轴跟踪可以分成南北轴跟踪、东西轴跟踪两种（图4-26）。在南北轴跟踪方式，反射镜绕南北方向的长轴旋转，对太阳方位角进行跟踪。而在东西轴跟踪方式下，反射镜绕东西方向的转轴旋转，在南北方向上对太阳的高度角进行跟踪（图4-26），跟踪公式见本书2.4节。

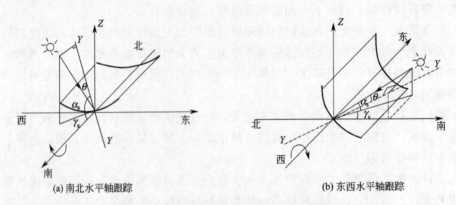

(a) 南北水平轴跟踪 (b) 东西水平轴跟踪

图 4-26 槽式抛物面聚光器的不同跟踪方式

太阳入射光与抛物面反射镜主法线方向之间的夹角为太阳光的入射角。入射角越小，聚光器效率越高。槽式抛物面聚光器的跟踪方式不同，太阳光的入射角也不同。

4.5.1 聚光场的轴向布置

为说明计算过程，以北京延庆（北纬 40.4°）为例，瞬时太阳辐照度计算采用可见度为 5km，海拔高度低于 2.5km 下的 Hottel 晴天模型，法向直射辐照度为：

$$G_{b,n}=1367\left(1+0.033\cos\frac{2\pi n}{365}\right)\tau_b \tag{4-21}$$

式中，$\tau_b=a_0+a_1\exp(-k/\cos\theta_z)$，为晴天直射辐射的大气透明度。其表达式中相关系数取值为：$a_0=0.97a_0^*$，$a_1=0.99a_1^*$，$k=1.02k^*$。

$$a_0^*=0.4237-0.00821(6-A)^2 \tag{4-22}$$

$$a_1^*=0.5055+0.00595(6.5-A)^2 \tag{4-23}$$

$$k^*=0.2711+0.01858(2.5-A)^2 \tag{4-24}$$

式中，A 为当地海拔高度，m。延庆当地的海拔高度取值为 525m。

4.5.1.1 典型天日总辐照量计算

（1）春分日，3 月 21 日，$n=59+21=80$

$$\delta=23.45\sin\left(360\times\frac{284+n}{365}\right)=23.45\sin\left(360\times\frac{284+80}{365}\right)=-0.4$$

东西水平轴跟踪：

$$\cos\theta=\sqrt{1-\cos^2\delta\sin^2\omega}=\sqrt{1-\cos^2(-0.4)\sin^2\omega}=\sqrt{1-\sin^2\omega}$$

南北水平轴跟踪：

$$\cos\theta_z=\cos\phi\cos\delta\cos\omega+\sin\phi\sin\delta=\cos40.4\cos(-0.4)\cos\omega+\sin40.4\sin(-0.4)$$
$$=0.762\cos\omega-0.0045$$

$$\cos\theta=\sqrt{\cos^2\theta_z+\cos^2\delta\sin^2\omega}=\sqrt{(0.762\cos\omega-0.0045)^2+\cos^2(-0.4)\sin^2\omega}$$
$$=\sqrt{(0.762\cos\omega-0.0045)^2+\sin^2\omega}$$

（2）夏至日，7 月 21 日，$n=181+21=202$

$$\delta=23.45\sin\left(360\times\frac{284+202}{365}\right)=20.44$$

东西水平轴跟踪：

$$\cos\psi=\sqrt{1-\cos^2\delta\sin^2\omega}=\sqrt{1-\cos^2(20.44)\sin^2\omega}=\sqrt{1-0.878\sin^2\omega}$$

南北水平轴跟踪：

$$\cos\theta_z=\cos\phi\cos\delta\cos\omega+\sin\phi\sin\delta=\cos40.4\cos(20.44)\cos\omega+\sin40.4\sin(20.44)$$
$$=0.714\cos\omega-0.226$$

$$\cos\psi=\sqrt{\cos^2\theta_z+\cos^2\delta\sin^2\omega}=\sqrt{(0.714\cos\omega-0.226)^2+\cos^2(20.44)\sin^2\omega}$$
$$=\sqrt{(0.714\cos\omega-0.226)^2+0.878\sin^2\omega}$$

（3）秋分日，9 月 21 日，$n=243+21=264$

$$\delta=23.45\sin\left(360\times\frac{284+264}{365}\right)=-0.2$$

东西水平轴跟踪：

$$\cos\psi=\sqrt{1-\cos^2\delta\sin^2\omega}=\sqrt{1-\cos^2(-0.2)\sin^2\omega}=\sqrt{1-\sin^2\omega}$$

南北水平轴跟踪：

$$\cos\theta_z=\cos\phi\cos\delta\cos\omega+\sin\phi\sin\delta$$

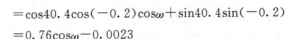

$$=\cos40.4\cos(-0.2)\cos\omega+\sin40.4\sin(-0.2)$$
$$=0.76\cos\omega-0.0023$$

$$\cos\psi=\sqrt{\cos^2\theta_z+\cos^2\delta\sin^2\omega}=\sqrt{(0.76\cos\omega-0.0023)^2+\cos^2(-0.2)\sin^2\omega}$$
$$=\sqrt{(0.76\cos\omega-0.0023)^2+\sin^2\omega}$$

（4）冬至日，12月21日，$n=334+21=355$

$$\delta=23.45\sin\left(360\times\frac{284+355}{365}\right)=-23.45$$

东西水平轴跟踪：

$$\cos\psi=\sqrt{1-\cos^2\delta\sin^2\omega}=\sqrt{1-\cos^2(23.45)\sin^2\omega}=\sqrt{1-0.8417\sin^2\omega}$$

南北水平轴跟踪：

$$\cos\theta_z=\cos\phi\cos\delta\cos\omega+\sin\phi\sin\delta$$
$$=\cos40.4\cos(-23.45)\cos\omega+\sin40.4\sin(-23.45)$$
$$=0.699\cos\omega-0.2579$$

$$\cos\psi=\sqrt{\cos^2\theta_z+\cos^2\delta\sin^2\omega}=\sqrt{(0.699\cos\omega-0.2579)^2+\cos^2(-23.45)\sin^2\omega}$$
$$=\sqrt{(0.699\cos\omega-0.2579)^2+0.8417\sin^2\omega}$$

用以上模型计算不同轴向在不同时刻投射在集热器上的太阳法向直射辐照度，集热器上的太阳辐照度与太阳光入射角的余弦成正比。图4-27所示为春分、夏至、秋分和冬至四个典型日不同跟踪方式下集热器单位面积上的辐照度。由于太阳辐照的特点，四种跟踪方式下，集热器单位面积上的辐照度均在早晚较低，在正午附近时达最大。而在8：00～16：00主要工作时段，东西水平轴跟踪方式下，集热器上的辐照度变化最大，南北水平轴跟踪方式下集热器上的辐照度最为均匀，变化最小。另外，在东西水平轴跟踪方式下，全天瞬时辐照度仅在正午12时出现一个峰值；而在南北水平轴跟踪方式下，全天瞬时辐照度会出现两个峰值，分别发生在正午12时前后3h左右处。

表4-3为两分日和两至日不同跟踪方式下，全天集热器单位面积上的日辐照量。如表4-3所示，由于在双轴跟踪方式下，集热器单位面积上的日辐照量最大，故定义该跟踪方式接受到的日辐照量为100%。在南北水平轴跟踪方式下，由于在两分日和夏至日太阳光入射角相对较小，因而聚光器获得的日辐照量也较大，均占总辐照量的86%以上；而在冬至日，太阳光的入射角较大，单位面积上的瞬时辐照度较小，日辐照量仅为总辐照量的58.19%。与此相反，在东西水平轴跟踪方式下，两分日和夏至日的日辐照量较少，仅为总辐照量的72%左右，而在冬至日，单位面积上的辐照度较大，日辐照量可达总辐照量的86.51%。

表4-3 不同跟踪方式下集热器接受的日辐照量比较

跟踪方式	占全天辐照量的比例/%			日辐照量/(MJ/m²)		
	两分日	夏至	冬至	两分日	夏至	冬至
南北水平轴跟踪	86.17	97.37	58.19	24.683	35.625	10.107
东西水平轴跟踪	72.73	73.02	86.51	20.833	26.717	15.026

4.5.1.2 年辐照量

如图4-28所示，在所有跟踪方式下，夏季的日辐照量为全年中较高，而冬季的日辐照量为全年中较小。东西水平轴跟踪方式下的日辐照量变化最小，而南北水平轴跟踪方式的日

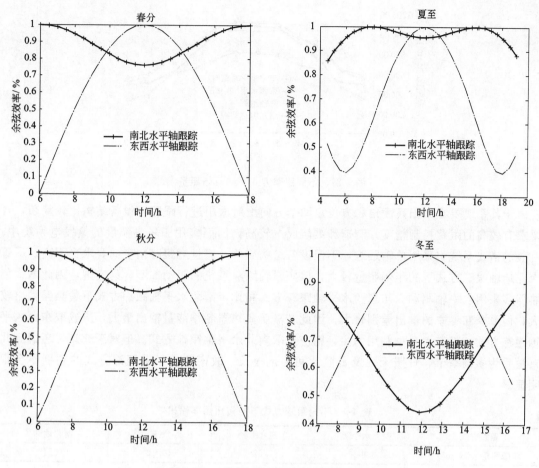

图 4-27 不同跟踪方式下辐照度的变化

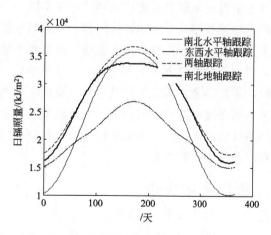

图 4-28 全年不同跟踪方式下的日辐照量

辐照量变化最大。以月辐照量来说（图 4-29），5～7 月份最高，1 月份和 12 月份最低，两者相差约 2 倍，故利用太阳能的最佳时期为 4～9 月。

从表 4-4 年辐照量的计算结果来看，双轴跟踪方式下最大，其次为南北地轴跟踪及南北水平轴跟踪，东西水平轴跟踪方式下的年辐照量最小。尽管双轴跟踪方式下年辐照量最大，

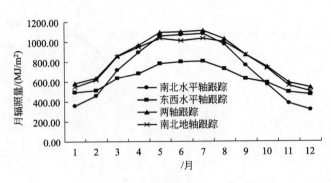

图 4-29　不同跟踪方式下的月辐照量

但由于其系统要在太阳高度角和方位角两个方向上对太阳进行跟踪，设备结构比较复杂，且要求有较高的跟踪控制精度，制造和维修成本较高，因而多用于较高温度的热发电系统中。一般的槽式系统多采用单轴跟踪，不但设备结构简单，而且对跟踪精度的要求也不高。尽管南北地轴跟踪方式下的年辐照量较大，但倾斜轴跟踪系统的驱动却不容易实现，因此槽式集热器多采用水平轴驱动。与东西水平轴跟踪方式相比，南北水平轴跟踪方式下集热器输出较大，但夏季和冬季的输出差别较大，因此若需要集热器冬季能量输出最大，应选取东西水平轴跟踪方式；而若以夏季利用为主，则应选取南北水平轴跟踪方式。但对于北京，考虑到北京夏季为多雨季节，日照天数及日照时间不是很长，故南北水平轴跟踪方式的差别不会很明显。

表 4-4　不同跟踪方式下的集热器年输出

跟踪方式	南北水平轴	东西水平轴	双　轴	南北地轴
年辐照量/(GJ/m²)	8.64	7.62	10.12	9.71

　　除上述因素外，由于通常需要采用很多槽式集热器相互串联和并联的形式，以达到所需集热温度，因此还应考虑到集热器相互之间的遮挡问题。在地轴跟踪方式下，当使用一个以上的集热器时，前面的集热器会对相邻集热器产生遮挡。南北水平轴跟踪方式下的遮挡影响较小，仅在早晚出现。东西水平轴跟踪方式下的阴影遮挡是最小的，遮挡的产生主要是冬至日集热器俯仰角度最大时，集热器会对其北部的其它集热器产生遮挡。

　　综上所述，集热器采取何种跟踪方式不但要考虑集热温度要求和集热用途，同时也要考虑加工制造以及跟踪控制系统的成本，同时也需要综合考虑因遮挡所导致的效率降低或因避免遮挡所导致的占地面积增大等多方面因素。

4.5.2　槽式聚光器集热效率评价

　　槽式聚光器性能主要评价指标为效率，其定义为：

$$\eta = \frac{P_{GAIN}}{DNI \times \cos\theta \times A} = \frac{DNI \times \cos\theta \times A \times \rho \times \eta_{int} - P_{LOSS}}{DNI \times \cos\theta \times A} = \rho\eta_{int} - \frac{P_{LOSS}}{DNI \times \cos\theta \times A}$$

$$= \rho\eta_{int} - \frac{U_L}{5.76 \times DNI \times \cos\theta} \tag{4-25}$$

　　式中，A 为聚光器采光口宽度，此处取 5.76m。对于槽式真空管，管内外温差达到 400℃时，$U_L = 220$W/m，当 $DNI = 800$W/m²，$\rho = 0.85$（反射镜反射比），$\eta_{int} = 0.9$。

$$\eta = 0.765 - \frac{220}{5.76 \times 800 \times \cos\theta} = 0.765 - \frac{0.048}{\cos\theta} \tag{4-26}$$

其变化见图 4-30。由图 4-30 可见，在入射角大于 60°后，效率下降较快。

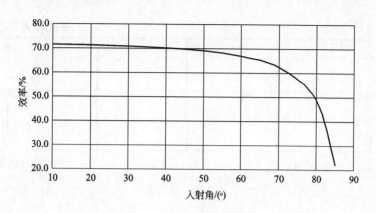

图 4-30　效率随入射角的变化

下面以某槽式聚光器的试验测试结果为例对聚光器的评价方法做一个说明。

A.1　太阳能聚光器描述

A.1.1　聚光器描述

——总面积：574.89m²

——采光面积：550.10m²

——真空管内管直径：70mm

——真空管外管直径：120mm

——真空管长度：97200mm

A.1.2　传热介质描述

——类型：导热油

——生产商：陶氏化学

——型号：Dowtherm A

——说明（添加剂等）：无

A.1.3　透光体

——类型：玻璃管

——生产商：陶氏化学

——型号：高硼硅玻璃

——说明（表面处理等）：无

A.1.4　吸热体

——材料：钢

——表面处理：选择性涂层

——结构类型：直通钢管流道

——流体容量：0.384m³

A.1.5　限制条件

——最高运行温度：400℃

——最大运行压力：1.6MPa

A.1.6 聚光器示意图（图4-31）

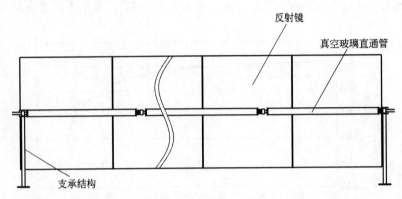

图 4-31 聚光器

A.1.7 聚光器照片（图4-32）

图 4-32 被测聚光器照片

A.2 瞬时效率

A.2.1 测试回路示意图（图4-33）

A.2.2 测试结果，测量和计算的数据

纬度：40.38° 经度：115.94°

聚光器倾角：0°

聚光器方位角：采光口由东向西运行

太阳正午对应的当地时间：12：10（17/09）；12：09（19/09）

测试结果见表4-5。

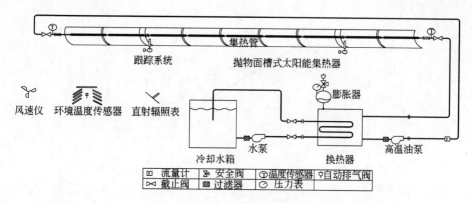

图 4-33　测试回路

表 4-5　测试结果-测量数据

时间	G_{DN} /(W/m²)	t_a /℃	u /(m/s)	$t_{out}-t_{in}$ /℃	v /(m³/h)
11:30-11:34	590.17	17.60	2.2	19.27	1.496
11:35-11:39	587.95	17.65	2.5	19.29	1.462
11:40-11:44	580.22	17.71	3.0	19.16	1.432
11:45-11:49	583.27	17.76	2.8	18.69	1.387
11:50-11:54	583.51	17.81	3.6	19.15	1.325
11:55-11:59	579.95	17.87	2.4	19.43	1.276
12:00-12:04	576.41	17.92	3.3	19.18	1.238
12:05-12:09	577.35	17.97	2.8	18.48	1.190
12:10-12:14	587.51	18.02	3.2	18.52	1.145
12:15-12:19	587.95	18.08	1.0	19.19	1.119
12:20-12:24	577.58	18.13	1.6	18.91	1.059
12:25-12:29	574.09	18.18	3.2	18.42	1.007

　　基于总面积和传热流体平均温度的瞬时效率（instantaneous efficiency）曲线数据线形拟合，瞬时效率 $\overline{\eta}_g$ 定义为

$$\overline{\eta}_g = \frac{Q}{A_g G_{bpe}} \tag{4-27}$$

　　式中，Q 为每个测试数据点的集热器输出的有用功率；G_{bpe} 为集热器采光平面上的直接太阳辐照度，$G_{bpe}=G_{bp}\cos\theta$。

　　测试使用的流量为 $0.59\sim1.50 \text{m}^3/\text{h}$，集热总面积为 574.89m^2。

　　数据的线性拟合（见图 4-34）：$\overline{\eta}_g = \overline{\eta}_{0g} - \overline{U}_g \dfrac{t_m - t_a}{G_{bpe}}$ \hfill (4-28)

　　式中，$\overline{\eta}_{0g}$ 为集热器效率方程的截距，$\overline{\eta}_{0g}=0.69$；$\overline{U}_g$ 为集热器效率方程的斜率，$\overline{U}_g=0.67 \text{W}/(\text{m}^2\cdot\text{K})$。

A.2.3　数据二次拟合

　　数据的二次拟合（见图 4-35）：

$$\overline{\eta}_g = \overline{\eta}_{0g} - \overline{\alpha}_{1g}\frac{t_m - t_a}{G_{bpe}} - \overline{\alpha}_{2g}G_{bpe}\left(\frac{t_m - t_a}{G_{bpe}}\right)^2 \tag{4-29}$$

$$\overline{\eta}_{0g} = 0.41$$

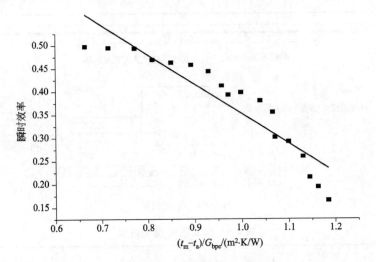

图 4-34　效率线性拟合曲线

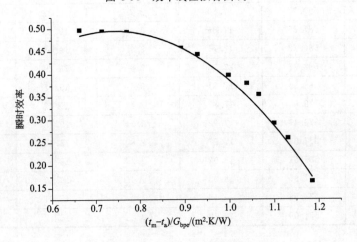

图 4-35　效率二次拟合曲线

$\bar{\alpha}_{1g}$ 为集热器效率方程一次方项系数：$\bar{\alpha}_{1g}=-2.44\text{W}/(\text{m}^2 \cdot \text{K})$

$\bar{\alpha}_{2g}$ 为集热器效率方程二次方项系数：$\bar{\alpha}_{2g}=0.004\text{W}/(\text{m}^2 \cdot \text{K}^2)$

B. 美国 SEGS 实验公式

美国 SEGS 电站的 LS-2 回路的测试聚光器集热效率方程[36]为：

$$\eta = k_\theta[73.3 - 0.007276(\Delta T)] - 0.496\left(\frac{\Delta T}{DNI}\right) - 0.0691\left(\frac{\Delta T^2}{DNI}\right) \tag{4-30}$$

式中，DNI 为太阳法向直射辐照度，W/m^2；k_θ 是入射角修正因子（IAM，incidence angle modifier）：

$$k_\theta = \cos\theta - c_1\theta - c_2\theta^2 \tag{4-31}$$

对于 SEGS 的 LS-2 回路，$c_1 = 0.0003512$，$c_2 = 0.00003137$。

$$\Delta T = \frac{T_i + T_o}{2} - T_a \tag{4-32}$$

式中，T_i 为聚光器进口流体温度；T_o 为聚光器出口流体温度；T_a 为环境温度。

图 4-36 所示为在 $DIN = 800\text{W}/\text{m}^2$ 和 $\Delta T = 350℃$ 情况下，根据式(4-30)～式(4-32) 估计出的回路集热效率曲线。

可见，SEGS 槽式聚光器的集热效率与入射角（太阳直射辐射与采光面法线的夹角）关系极大，见图 4-36。

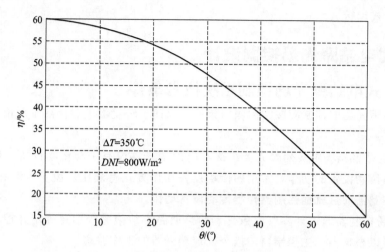

图 4-36 SEGS 槽式聚光器效率随入射角的变化

4.5.3 槽式集热场设计

（1）槽式聚光场能量输出特性分析 槽式聚光场的能量输出在一天当中随太阳位置的变化而变化，是非稳态的能量输出。其变化规律的分析见 4.5.2 节。

（2）吸热管的极限热边界条件 聚光器应能将 99.95% 的法向直射辐射聚集到吸热管表面，吸热管设计应能满足集热场最大聚焦功率（一般为 $100kW/m^2$）的边界条件。

（3）吸热管工作时的边界条件 真空管吸热面正常工作能流密度为 $35kW/m^2$。

（4）聚光器与吸热管的联锁控制 槽式聚光器的校准可用闭环方式进行，聚光镜运行姿态也可与吸热管出口介质温度联动。如果流体温度过高，控制系统应立即将聚光器偏转，保护吸热管。

因为太阳能直射辐射与聚光面法线的夹角，对槽式聚光器不宜采用测量进口或出口端部吸热管表面温度来判断内部流体温度的方法控制聚光器姿态。

（5）吸热管保护 当吸热管内的传热介质发生断流，例如由于全场停电或泵的故障，或管路泄漏，此时聚光器场应停止工作。为防止误报警，流量测点应设置两个，位置应在吸热器出口。吸热工质输送主泵也应为两台，一台投运，一台备用。

（6）吸热器传热流体 槽式系统的吸热工质一般为水、导热油或熔融盐。对于熔融盐吸热器，如传输管路发生冻堵，熔融盐无法流入吸热管，可根据熔融盐的流量来控制聚光器运行工况。

（7）吸热器启动方式 吸热器在启动前应先进行管道预热。开机时，太阳照到吸热器之前，吸热管内应先通入传热流体，该流体温度应与吸热管温度相近。

① 对于熔融盐作为吸热介质的槽式系统，推荐使用熔融盐 24h 循环的防冻方式，该循环在不发电时应采用温度控制的方法进行。所有传输管路均应铺设电辅助加热，尤其是弯头、法兰、阀门和泵口等位置应仔细做好防冻加热。在夜间回路中的熔融盐不得停止循环，空载保温运行温度应比熔融盐的熔点高 50℃，所有真空管接头处也应严格做好保温。

② 对于水作为吸热介质的槽式系统，吸热管温度应高于 0℃ 时才可通入水，开始集热工

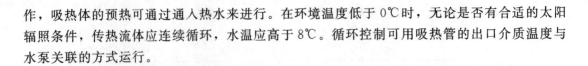

作，吸热体的预热可通过通入热水来进行。在环境温度低于0℃时，无论是否有合适的太阳辐照条件，传热流体应连续循环，水温应高于8℃。循环控制可用吸热管的出口介质温度与水泵关联的方式运行。

4.6 槽式电站聚光场控制设计

4.6.1 槽式电站聚光场控制系统技术条件

槽式电站聚光场的控制应按太阳辐照条件、风速、环境温度和传热工质情况确定，并应符合下列要求。

① 槽式电站聚光场由多列聚光器组成，每列聚光器设有一套传动设备。槽式聚光器的控制就是控制传动设备的动作，常用的传动设备动作方式有液压、齿轮传动和电动推缸等。聚光器阵列控制器通过就地控制器控制传动设备动作。

② 聚光场控制器通过外界气象条件和传热回路事故报警等信息确定并控制聚光器的工作状态，也可以根据电站主控制器的指令确定聚光器的工作状态。

4.6.2 控制系统结构

每台聚光器都有一套控制旋转轴动作的就地控制器，聚光场控制器通过就地控制器控制聚光器旋转。

① 聚光器的就地控制器可以单独根据天文公式计算该定日镜每个时刻的位置，也可以从运算能力更强的上位控制器获得。就地控制器的主要功能是纠正聚光器的偏差，使得聚光器可保持精度正常工作。因此就地控制器与聚光器的纠偏传感器连接。

② 聚光场控制器与风速传感器及吸热器的安全报警装置连接，提供紧急情况下的聚光器姿态控制。该控制器也可以与电站的主控制器连接。

③ 控制接地做法同4.4.1节。

④ 聚光场与主控计算机的逻辑联系：聚光场控制器给就地控制器发送聚光器传动位置指令，并接收电站主控制器的开关机指令。

a. 电站主控制器可以从槽式聚光场控制器中接受信息，也可以给该设备提供信息，例如气象条件、吸热器和储热器的真空、汽轮机的工作情况等，但不能直接给聚光器就地控制器输入控制指令。所有针对聚光器动作的指令均由聚光场控制器发出，即每台聚光器只从聚光场控制器接受动作指令。

b. 聚光场控制器也可以不与电站主控制器相连，而直接接收吸热器安全控制传感器和气象条件的信号来指挥该聚光场的动作。

⑤ 开环控制和闭环控制方式：槽式聚光器可以通过太阳传感器对聚光器做闭环控制，也可以使用重力角度传感器或位于聚光器旋转轴的旋转编码器做半闭环控制。

4.7 聚光器的风载特性

风载是聚光器设计时遇到的最重要问题之一。设计不好的聚光器会影响精度、坍塌，或者会因为安全系数取得过大造成成本过高。准确研究风载一般需要通过实验。实验手段有两种，实验室风洞实验及现场实测。本书分别以定日镜和槽式聚光器为例来说明其研究过程。因不同建站地点的风速情况不同，了解聚光器的风载特性对电站设计者在设备选型时能更加有的放矢。

4.7.1 风洞实验——定日镜风载特性

风力载荷会引起定日镜误差，要制作高效率低成本定日镜须优化定日镜抗风结构。由于风的速度分布和定日镜结构复杂，且定日镜处于运动状态，单纯数值模拟或工程计算的精度不高。定日镜设计中风力负荷一般采用风洞实验确定。通过风洞可详细了解不同工况下的风载情况。本节以中国科学院八达岭大汉塔式电站的定日镜风载实验为例说明通过风洞试验可以得到哪些数据，以及如何布置风洞试验。

4.7.1.1 简介

如上所述，定日镜的精度与定日镜的抗风特性有关，在低成本下形成足够的抗风能力对定日镜设计非常重要。

从 1986～1992 年，研究人员在新墨西哥州的阿布奎基，对 ATS 定日镜和 SPECO 定日镜进行数十次实测研究，着重研究定日镜的风效应。Peterka（1992）提出了一种定义定日镜结构风荷载的理论方法，然而受当时试验条件所限，一些问题没有得到解决：①未进行定日镜镜面板分隔缝的开缝研究，不清楚开缝及开缝宽度对定日镜抗风的影响是怎样的；②风洞试验中的定日镜模型是理想化的平板形状，没有考虑镜面支撑、转动轴和支撑臂构件对定日镜整体抗风的影响是怎样的；③没有进行定日镜风压分布的相关研究；④没有进行定日镜结构风致应力和风致响应方面的研究；⑤没有进行龙卷风、沙尘暴、台风和雷暴等条件下的风致荷载和响应方面的研究。

因此对于定日镜系统的使用和设计来说，还有很多方面需要做进一步的深化研究。本节侧重分析风洞试验数据，研究定日镜风荷载随风向角的变化规律，将试验分析结果同 Peterka（1992）的报告相对比，给出定日镜的脉动风压分布和峰值风压分布，为研究反射镜面板的风荷载分布规律和防止镜面板的局部风压破坏提供理论基础。

4.7.1.2 试验概况及数据处理

风洞试验段尺寸为 5.5m×4.5m，试验段风速 0～18m/s 连续可调，大气边界层模拟风场的调试和测定用热膜风速仪，测压装置用电子式压力扫描系统。模型底部安装六分力测力天平，模型缩尺比为 1/10，正立面和背立面各布置 144 个测（压）点，测点布置如图 4-37 所示，模型照片如图 4-38 所示。

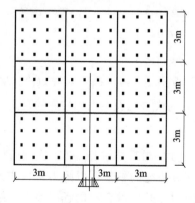

图 4-37 正立面测点布置

图 4-38 模型照片

塔式电站定日镜系统位于空旷的平整场地，符合 B 类地貌风场，本节采用格栅、尖梯、挡板等装置模拟 B 类地貌下的大气边界层、风速和湍流强度剖面，如图 4-39 所示。定日镜模型的整体风载荷通过作用在模型底部的六分力天平进行测量，采样频率 $100\,\mathrm{Hz}$，采样时间 $1\,\mathrm{min}$，天平的坐标标注见图 4-40。

水平风向角 α，沿逆时针方向从正北方向的 $0°$ 增大到正南方向的 $180°$，每 $30°$ 进行一次数据测试。

竖直风向角 β，按 z 轴左手定则，从 x 轴向的 $0°$ 增大到 y 轴向的 $90°$，每 $15°$ 进行一次数据测试，风向角的标注见图 4-40。

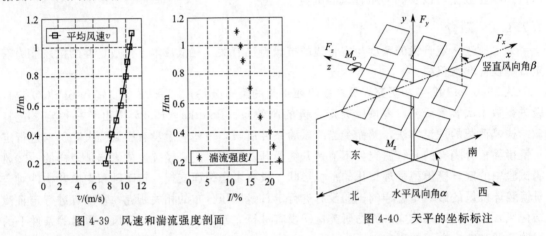

图 4-39　风速和湍流强度剖面　　　　　图 4-40　天平的坐标标注

4.7.1.3　数据处理

定日镜正立面和背立面的测点对应布置，叠加后的测点净风压系数的计算公式为：

$$\Delta C_{p_i}(t) = \frac{p_i^{\mathrm{f}}(t) - p_i^{\mathrm{b}}(t)}{\frac{1}{2}\rho V_{\mathrm{H}}^2} \tag{4-33}$$

式中，$p_i^{\mathrm{f}}(t)$ 为模型正立面测点的风压值；$p_i^{\mathrm{b}}(t)$ 为模型背立面对应测点风压值；ρ 为空气密度；V_{H} 为风洞中参考高度处的来流风速。对每个测点，均记录 20000 个 p_i 的数据。通过 $\Delta C_{p_i}(t)$ 的分析，得到测点平均风压系数、脉动风压系数和峰值风压系数。

阻力系数 C_F 和力矩系数 C_M 的计算公式为：

$$C_{F_x} = \frac{\mu_{F_x}}{\frac{1}{2}\rho V_{\mathrm{H}}^2 A} \qquad C_{F_y} = \frac{\mu_{F_y}}{\frac{1}{2}\rho V_{\mathrm{H}}^2 A} \qquad C_{F_z} = \frac{\mu_{F_z}}{\frac{1}{2}\rho V_{\mathrm{H}}^2 A} \qquad C_{M_x} = \frac{\mu_{M_x}}{\frac{1}{2}\rho V_{\mathrm{H}}^2 A h}$$

$$C_{M_y} = \frac{\mu_{M_y}}{\frac{1}{2}\rho V_{\mathrm{H}}^2 A h} \qquad C_{M_z} = \frac{\mu_{M_z}}{\frac{1}{2}\rho V_{\mathrm{H}}^2 A h} \qquad C_{M_0} = \frac{\mu_{M_0}}{\frac{1}{2}\rho V_{\mathrm{H}}^2 A h}$$

式中，μ_{F_x}，μ_{F_y}，μ_{F_z}，μ_{M_x}，μ_{M_y}，μ_{M_z}，μ_{M_0} 为天平数据 $F_x(t)$，$F_y(t)$，$F_z(t)$，$M_x(t)$，$M_y(t)$，$M_z(t)$，$M_0(t)$ 的平均值；A 为模型镜面面积；h 为模型镜面中点到柱底的距离。

4.7.1.4　试验结果分析

分力和分力矩：定日镜是一种跟踪太阳的反射镜，由控制系统进行 $360°$ 水平角和 $90°$ 竖向角的调整；在不同角度下，定日镜各个方向的分力和分力矩的数值（以阻力系数和力矩系数表示）都会发生较大的变化，并且较大的阻力、侧向力和升力都会不同程度地引起结构破坏，所以在对定日镜的分析中，需要提取最不利的风向角，综合分析各风向角的分力和分力矩，按最不利工况进行计算和设计。图 4-41 给出定日镜各个方向阻力系数和力矩系数随风向角的变化曲线。

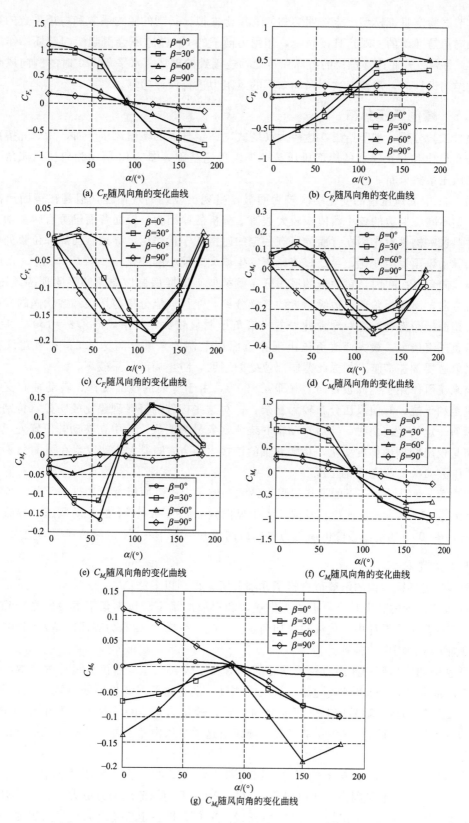

(a) C_{F_x}随风向角的变化曲线

(b) C_{F_y}随风向角的变化曲线

(c) C_{F_z}随风向角的变化曲线

(d) C_{M_x}随风向角的变化曲线

(e) C_{M_y}随风向角的变化曲线

(f) C_{M_z}随风向角的变化曲线

(g) C_{M_0}随风向角的变化曲线

图 4-41　定日镜各个方向阻力系数和力矩系数随风向角的变化曲线

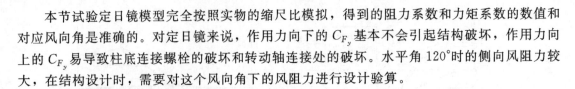

本节试验定日镜模型完全按照实物的缩尺比模拟，得到的阻力系数和力矩系数的数值和对应风向角是准确的。对定日镜来说，作用力向下的 C_{F_y} 基本不会引起结构破坏，作用力向上的 C_{F_y} 易导致柱底连接螺栓的破坏和转动轴连接处的破坏。水平角 $120°$ 时的侧向风阻力较大，在结构设计时，需要对这个风向角下的风阻力进行设计验算。

4.7.1.5 峰值风压分布

通过试验分析，本节给出八达岭大汉塔式电站定日镜的峰值风压分布，为研究镜面的风载荷分布规律和防止镜面的局部风压破坏提供理论基础。图 4-42 所示为典型风向角下的镜面峰值风压系数分布。

图 4-42 中的风压值的变化层次较为明显，呈现出较好的规律性，但是在镜面局部也会出现个别不同于周边的较小数值或较大数值。分析的原因为：镜面背面设置有转动轴、支撑臂构件，这些构件对作用在背面的风有一定的遮挡和干扰作用，导致背面局部位置处的平均风压和脉动风压发生变化，导致峰值风压发生偏大或偏小的变化。

当风向角 $\beta \geqslant 60°$ 时，镜面板的风压分布就类似于低矮房屋坡屋顶和平屋顶的风压分布，在来流方向，镜面板角部和边缘附近的气流分离，使得气流分离剪切层和锥状涡的发生位置附着在镜面板角部和边缘，导致此处的峰值负压明显较大，其中风向角 $\alpha = 150°$、$\beta = 60°$ 下的峰值负压值最大，最大峰值负压出现在镜面板上端的角部，高达 3.5；本节建议在设计中，采取必要构造措施，加强此薄弱部位处的刚度，防止局部风振破坏。

当来流风作用于镜面板背面时（即 $\alpha > 90°$），由于背面的镜面支撑、转动轴和支撑臂构件的遮挡和干扰，峰值风压分布较为复杂，针对这些构件的绕流现象比较明显，特别是当镜面板倾斜一定的竖向角时，针对转动轴的绕流现象最为明显；其中在转动轴位置处，峰值风压分布呈现出剧烈的梯度变化，绕转动轴的铰接力矩 M_0 的最大值就发生在风向角 $\alpha = 150°$、$\beta = 60°$ 和 $\alpha = 180°$、$\beta = 60°$ 的工况。

风向角 $\alpha = 0°$、$\beta = 0°$ 下的平均风阻力最大，但是由于镜面板背面构件的干扰，使得风向角 $\alpha = 180°$、$\beta = 0°$ 下的镜面板脉动风压大于风向角 $\alpha = 0°$、$\beta = 0°$ 下的脉动风压，导致风向角 $\alpha = 180°$、$\beta = 0°$ 下的镜面板峰值风阻力要比风向角 $\alpha = 0°$、$\beta = 0°$ 下的峰值风阻力更大一些。

4.7.1.6 结论

本节对定日镜结构的风载荷进行了详细分析，得到以下结论。

① 本节得到的分力和分力矩的变化规律和提取的最不利风向角下的数值是准确的；在今后的定日镜结构设计中，建议对风向角 $\alpha = 150°$、$\beta = 60°$ 下的升力和风向角 $\alpha = 120°$、$\beta = 0°$ 下的侧向力进行相应的验算。

② 镜面四个角部和四周边缘位置处的峰值负压较大，本节建议在设计中采取必要的构造措施，加强四个角部和四周边缘位置处的刚度，防止这些薄弱位置处的局部风振破坏。

③ 定日镜的转动轴是风振破坏的薄弱位置，铰接力矩 M_0 的最大值发生在风向角 $\alpha = 150°$、$\beta = 60°$ 和 $\alpha = 180°$、$\beta = 60°$ 的工况，建议对这两个风向角下的风荷载和风振响应进行验算分析。

④ 风向角 $\alpha = 0°$、$\beta = 0°$ 下的平均风阻力最大，但是由于脉动风压的影响，风向角 $\alpha = 180°$、$\beta = 0°$ 下的峰值风阻力要比风向角 $\alpha = 0°$、$\beta = 0°$ 下的峰值风阻力更大一些，所以在计算最大等效风阻力时，应选定为风向角 $\alpha = 180°$、$\beta = 0°$，即在定日镜垂直地面放置时，风从定日镜背面吹向定日镜时的工况是风载最大的。

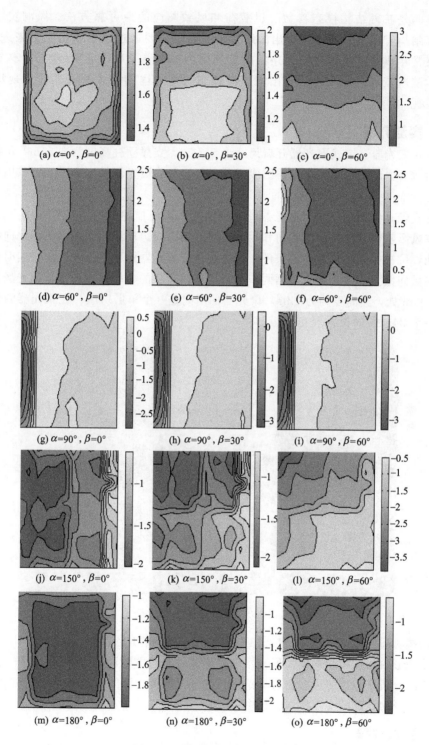

(a) $\alpha=0°$, $\beta=0°$ (b) $\alpha=0°$, $\beta=30°$ (c) $\alpha=0°$, $\beta=60°$

(d) $\alpha=60°$, $\beta=0°$ (e) $\alpha=60°$, $\beta=30°$ (f) $\alpha=60°$, $\beta=60°$

(g) $\alpha=90°$, $\beta=0°$ (h) $\alpha=90°$, $\beta=30°$ (i) $\alpha=90°$, $\beta=60°$

(j) $\alpha=150°$, $\beta=0°$ (k) $\alpha=150°$, $\beta=30°$ (l) $\alpha=150°$, $\beta=60°$

(m) $\alpha=180°$, $\beta=0°$ (n) $\alpha=180°$, $\beta=30°$ (o) $\alpha=180°$, $\beta=60°$

图 4-42　镜面峰值风压系数分布

4.7.2　外场测量——槽式聚光器风载

　　本节通过中国科学院电工研究所八达岭太阳能热发电实验基地槽式聚光器的风压和风振的现场实测数据及分析来说明现场实际测量聚光器的方法[37]。外场测试内容包括：

现场原型实测是获得结构模态参数、风载荷和风致响应的最可靠方法。风洞实验、流场数值模拟和结构有限元数值模拟得出的结果，最终还是要通过现场原型实测来进行检验。因此，开展常年风场实时监测和聚光器的现场原型实测具有很重要的意义。本节介绍利用中国科学院电工研究所八达岭太阳能热发电实验基地内的槽式聚光器开展现场原型实测工作的情况。

4.7.2.1　实测介绍

（1）槽式聚光器　槽式聚光器开口尺寸为 5.76m，支撑立柱高度为 3.55m。单排聚光器的总长度为 96m，由 8 组单跨聚光器组成，其中每组单跨聚光器长度为 12m，采用扭矩管支撑形式。

（2）槽式聚光器周边环境　聚光器周边的照片和场地描述如图 4-43 所示，聚光器所在位置受冬季风影响，风向主要为西向和西偏北向。俯瞰周边场地，西向和西偏北向种植大片低矮庄稼地，可视作空旷平整场地条件。风速塔位于聚光器的西北方向，用来实时监测聚光场的风速和风向数据，并且所采数据同步于聚光器风荷载的采样数据。定日聚光场位于聚光器东向的 100m 处，其高度约为 12m。聚光器的南向是一个单层房屋。在聚光器的正西向建造了另外一个 24m 长的槽式聚光器。

图 4-43　被测聚光器周边情况

实验测试时间为 2011 年 3 月和 2011 年 11 月～2012 年 1 月，测试过程中，风速、风向、风压、风致变形数据被同步采集。聚光器原型测试研究的主要目的：测试分析聚光场边界层风特性，测试分析聚光器的风载荷边界条件，测试分析聚光器的风致变形及其规律特征，把分析结论应用到聚光器的实际抗风设计中。

4.7.2.2　测试仪器

实测包括四类测试仪器。

第一类为机械式风速仪 09101，共四个，分别安装在风速塔的 1.7m、4.7m、8.0m 和 9.5m 高度处，如图 4-44 所示，用于测试不同高度处的两维风速和风向数据。

第二类为风压传感器 CY2000，用于测试聚光器的镜面板局部风压，测试量程为 ±1500Pa，测试精度为 ±0.2%。30 个风压传感器被均匀布置在两跨镜面板处，如图 4-45

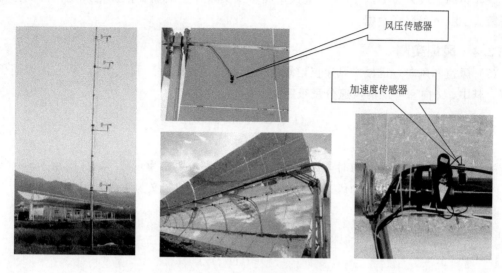

图 4-44   测试仪器

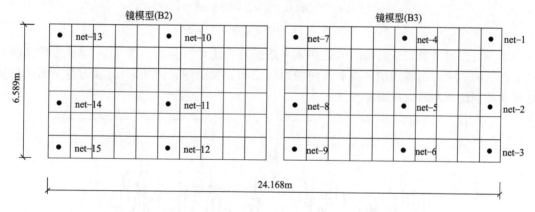

图 4-45   风压测点布置

所示，其中的 15 个风压传感器被用于测试聚光器前表面的局部风压，另外的 15 个风压传感器被用于测试对应背面位置的局部风压，每一个风压传感器均被安装在曲面镜面板的中心位置处。

第三类为加速度传感器 MSI4000，用于测试聚光器真空吸热管的振动。8 个加速度传感器被布置在 B3 处的真空吸热管的跨中和端部位置，采用高强度胶黏结在真空吸热管的玻璃外壁上。8 个加速度传感器正交布置在 4 个测点处，其中的 4 个传感器用于测试 F_x 向振动，另外的 4 个传感器用于测试正交的 F_z 向振动。

4.7.2.3   实测工况

槽式聚光器单轴旋转跟踪太阳，每一个旋转角度都对应着聚光器的一个俯仰角度工况，且作用在聚光器的每一个俯仰角度工况上的风载荷都是不相同的。另外，不同的来流风向也会导致聚光器风载荷的变化。

聚光器所在位置受冬季风影响，风向主要为西向和西偏北向，经过长达数月的测试，认为来流风向波动幅度很小，由此，根据聚光器俯仰角度的不同，本次测试分为 12 个测试工况，采样频率选取为 30Hz，所有通道数据同步采集，并且根据我国规范规定，每次分析的数据段为 10min 的采样数据。

4.7.2.4 风场实测

（1）风速和风向　机械式风速仪记录了采集到的风速 $U(t)$ 和风向角 $\alpha(t)$ 的时间历程数据，其中，x 向和 y 向的风速分量被定义为：

$$u_x(t) = U(t)\cos[\alpha(t)]$$
$$u_y(t) = U(t)\sin[\alpha(t)]$$

式中，当来流风向为北向时，风向角 $\alpha(t) = 0°$；来流风向为东向时，风向角 $\alpha(t) = 90°$。在单位时间间隔内，平均风速 $\overline{U}(t)$ 和平均风向角 α 的定义为：

$$\overline{U}(t) = \sqrt{\overline{u}_x^2(t) + \overline{u}_y^2(t)}$$

$$\alpha = \arccos\left[\frac{\overline{u}_x(t)}{\overline{U}(t)}\right]$$

在单位时间间隔内，顺风向风速 $u(t)$ 和横风向风速 $v(t)$ 的时间历程数据被定义为：

$$u(t) = u_x(t)\cos(\alpha) + u_y(t)\sin(\alpha) - \overline{U}(t)$$
$$v(t) = -u_x(t)\sin(\alpha) + u_y(t)\cos(\alpha)$$

本节对被测量槽式聚光器的风速和风向数据进行统计和分析。图 4-46 所示为聚光场大风条件下的 30min 过程内的风速和风向的时间历程真实曲线。图 4-47 所示为整个测试期间的风速范围统计和风向范围统计。

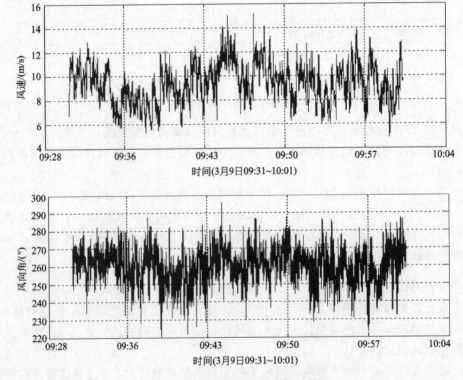

图 4-46　风速和风向的时间历程

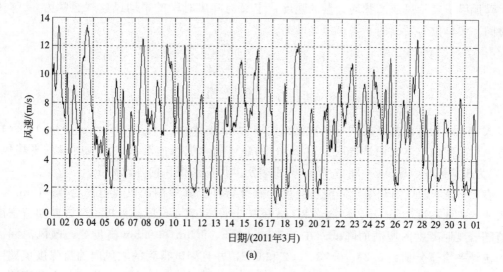

(a)

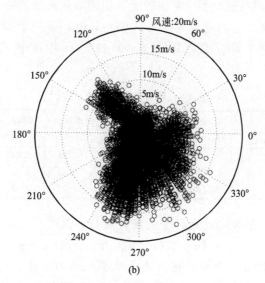

(b)

图 4-47　风速和风向的统计（2011 年 3 月）

（2）湍流强度和阵风因子　近地面的大气边界层是高湍流风场。由此，近地面的低矮建筑物和构筑物受到了较大的脉动风影响。湍流风场参数主要包括湍流强度和阵风因子，这里分别对测试期间近地面 1.7m、4.7m、8.0m 和 9.5m 高度的湍流风场参数进行了分析和研究。

湍流强度是脉动风速的标准差和平均风速之间的比值，它表示脉动风速的强度，计算公式如下：

$$I_u = \frac{\sigma_u}{\overline{U}(t)}$$

$$I_v = \frac{\sigma_v}{\overline{U}(t)}$$

式中，σ_u 和 σ_v 为顺风向和横风向的脉动风速的标准差；$\overline{U}(t)$ 为平均风速；I_u 和 I_v 分别表示顺风向和横风向湍流强度。

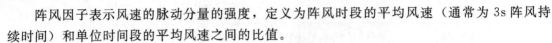

阵风因子表示风速的脉动分量的强度，定义为阵风时段的平均风速（通常为 3s 阵风持续时间）和单位时间段的平均风速之间的比值。

$$G_u(t_g) = 1 + \frac{\max[\bar{u}(t_g)]}{\bar{U}(t)}$$

$$G_v(t_g) = \frac{\max[\bar{v}(t_g)]}{\bar{U}(t)}$$

式中，t_g 为阵风持续时间（本次测试选取为 3s）；$\max[\bar{u}(t_g)]$ 和 $\max[\bar{v}(t_g)]$ 分别表示在单位时间内（本次测试选取为 10min）的顺风向和横风向的最大阵风时段的平均风速；$\bar{U}(t)$ 为平均风速；$G_u(t_g)$ 和 $G_v(t_g)$ 分别表示顺风向和横风向阵风因子。

表 4-6 表示顺风向和横风向湍流强度的统计特征。其中测试风速范围为 $4\sim15\text{m/s}$，测试风速的离地高度为 1.7m、4.7m、8.0m 和 9.5m。对表 4-6 进行分析，两方向湍流强度的数值随着离地高度的增高而降低。在 1.7m、4.7m、8.0m 和 9.5m 高度处，顺风向湍流强度的统计平均值分别为 0.27、0.23、0.2 和 0.2，并且测试得到的顺风向湍流强度值要明显大于 Hosoya 和 Peterka 进行聚光器风洞实验所采用的顺风向湍流强度值。四个高度测试的横风向和顺风向湍流强度之间的比值范围为 $0.95\sim1.06$，不同于 Solari 和 Piccardo 的测试结果 $I_v : I_u = 0.75$，这种不同的可能原因是 Solari 和 Piccardo 的测试高度要明显高于本次测试高度。

表 4-6 湍流强度的统计特征

项目 \ 采样时间(2011 年 3 月 8 日)	顺风向 (9.5m)	顺风向 (8.0m)	顺风向 (4.7m)	顺风向 (1.7m)	横风向 (9.5m)	横风向 (8.0m)	横风向 (4.7m)	横风向 (1.7m)
最大值	0.30	0.31	0.33	0.35	0.24	0.26	0.27	0.35
最小值	0.14	0.15	0.18	0.21	0.15	0.16	0.17	0.19
平均值	0.20	0.20	0.23	0.27	0.19	0.20	0.22	0.27

表 4-7 表示顺风向和横风向阵风因子的统计特征，其中，测试风速范围为 $4\sim15\text{m/s}$，测试风速的离地高度为 1.7m、4.7m、8.0m 和 9.5m。对表 4-7 进行分析，两方向阵风因子的数值随着离地高度的增高而降低。在 1.7m、4.7m、8.0m 和 9.5m 高度处，顺风向阵风因子的统计平均值分别为 1.7、1.54、1.47 和 1.46，分析认为测试得到的顺风向阵风因子值基本吻合于美国结构载荷规范的顺风向阵风因子规定值 1.53。

表 4-7 阵风因子的统计特征

项目 \ 采样时间(2011 年 3 月 8 日)	顺风向 (9.5m)	顺风向 (8.0m)	顺风向 (4.7m)	顺风向 (1.7m)	横风向 (9.5m)	横风向 (8.0m)	横风向 (4.7m)	横风向 (1.7m)
最大值	1.66	1.66	1.68	1.94	0.71	0.71	0.75	0.84
最小值	1.33	1.33	1.34	1.49	0.25	0.26	0.27	0.33
平均值	1.46	1.47	1.54	1.70	0.42	0.43	0.45	0.53

（3）风速和湍流强度剖面 大气边界层风速剖面和湍流强度剖面是风工程研究中的重要参数，很多专家学者进行了卓有成效的分析研究，得到了对数律模型、指数律模型和 Deaves-Harris 模型，用于描述风速剖面。由于指数律的简单有效性，它被得到了广泛的应用，并且被国内外主要结构荷载规范所采用。指数律风速剖面的计算公式如下：

$$V_Z / V_0 = (Z / Z_0)^\alpha$$

式中，V_Z 表示离地高度 Z 处的平均风速；V_0 表示参考高度 Z_0 处的平均风速；α 表示地面粗糙度指数。

现场测试得到的风速剖面如图 4-48 所示，基本吻合于地面粗糙度指数为 $\alpha=0.22$ 的指数律风速剖面公式。

根据美国结构荷载规范，顺风向湍流强度剖面理论公式如下[38]：

$$I_u = c(Z/10)^{-d}$$

式中，根据 ASCE（美国土木工程师学会）规范规定，对于空旷平整场地，系数 c 和 d 的取值分别为 0.2 和 0.167。

现场测试得到的湍流强度剖面如图 4-48 所示，基本吻合于规范给定的空旷平整场地下的剖面公式和系数取值。聚光器的高度通常在 10m 以内，测试得到的风场参数可以很好地描述聚光器高度范围内的大气风场。

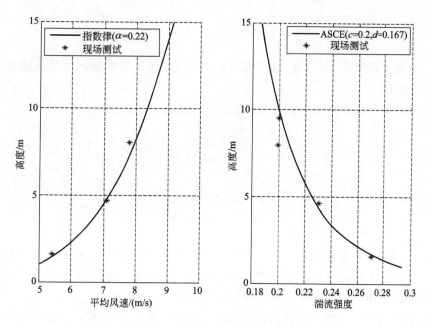

图 4-48　风速和湍流强度剖面

4.7.2.5　聚光器风载荷

（1）公式定义　聚光器风载荷主要是聚光器反射镜正面和背面的共同风压作用，在此以净风压系数的时间历程值进行定义，表示为反射镜上作用的净风压值和大气来流风压的比值，为无量纲量，计算公式如下：

$$\Delta C_{p_i}(t) = \frac{p_i^{\mathrm{f}}(t) - p_i^{\mathrm{b}}(t)}{\frac{1}{2}\rho V_0^2}$$

式中，$\Delta C_{p_i}(t)$ 表示反射镜测点 i 的净风压系数的时间历程值；$p_i^{\mathrm{f}}(t)$ 和 $p_i^{\mathrm{b}}(t)$ 分别表示反射镜测点 i 的正面风压和背面风压的时间历程值；ρ 表示空气密度值；V_0 表示参考高度处风速的时间历程值（本节参考高度为风速仪所在的 9.5m 高度处）。

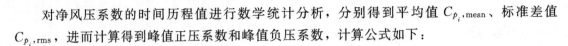

对净风压系数的时间历程值进行数学统计分析，分别得到平均值 $C_{p_i,\mathrm{mean}}$、标准差值 $C_{p_i,\mathrm{rms}}$，进而计算得到峰值正压系数和峰值负压系数，计算公式如下：

$$C_{p_i,\max}=C_{p_i,\mathrm{mean}}+gC_{p_i,\mathrm{rms}}$$

$$C_{p_i,\min}=C_{p_i,\mathrm{mean}}-gC_{p_i,\mathrm{rms}}$$

式中，$C_{p_i,\max}$ 和 $C_{p_i,\min}$ 分别表示峰值正压系数值和峰值负压系数值；$C_{p_i,\mathrm{mean}}$ 和 $C_{p_i,\mathrm{rms}}$ 分别表示平均风压系数（即净风压系数的平均值）和脉动风压系数（即净风压系数的标准差值）；g 表示峰值因子。

本节对风压数据进行分析，认为脉动风压的概率密度分布基本吻合于高斯分布特征，当峰值因子取值为 2.5 时，保证率达到 99%，满足要求（本节取值 $g=2.5$）。

通过积分反射镜表面各个测点的风压，计算得到作用在聚光器上的风载荷合力（包括风载荷阻力和风载荷升力），计算公式如下：

$$Q=\sum_{i=1}^{N}w_ip_i$$

式中，Q 表示风载荷合力；p_i 表示测点 i 的净风压值；N 表示风压测点数量，w_i 表示测点 i 的加权面积。

风载荷系数包括风载荷阻力系数和风载荷升力系数，计算公式如下：

$$C_{F_x}=\frac{F_x}{\frac{1}{2}\rho V_0^2 LW}$$

$$C_{F_z}=\frac{F_z}{\frac{1}{2}\rho V_0^2 LW}$$

式中，F_x 和 F_z 分别表示沿 x 和 z 方向的阻力和升力，其中 x 和 z 的方向如图 4-40 所示；L 表示聚光器单跨长度；W 表示聚光器开口尺寸；ρ 表示空气密度；V_0 表示参考高度处风速的时间历程值（本节参考高度为风速仪所在的 9.5m 高度处）。

（2）阻力和升力　槽式聚光器的运行姿态：单轴旋转，跟踪太阳，旋转角度自东而西，旋转范围约为 180°。本节对聚光器各个运行姿态角度下的风载荷进行测试分析。图 4-49 分别表示聚光器风荷载阻力系数和升力系数随俯仰旋转角度的变化曲线；其中，俯仰角度的测试范围为 5°~180°。

对图 4-49 进行分析，本节得到的最大阻力发生在俯仰角度 45°，最小阻力发生在俯仰角度 75°；Hosoya 的风洞实验结果得到的最大阻力发生在俯仰角度 30°，最小阻力发生在俯仰角度 90°。本节得到的最大升力发生在俯仰角度 60°，最小升力发生在俯仰角度 5°；Hosoya 的风洞实验结果得到的最大升力同样发生在俯仰角度 60°，最小升力发生在俯仰角度 0°和 180°。

（3）风压分布和风压谱特征　槽式聚光器为抛物面型，在不同俯仰角度下，聚光器表面的气流流动机理和由此导致的风压分布规律会产生比较大的变化。测试分别在聚光器前表面和背表面布置 15 个风压测点，测试并分析不同俯仰角度的聚光器的风压分布规律，对气流流动机理进行科学探讨。

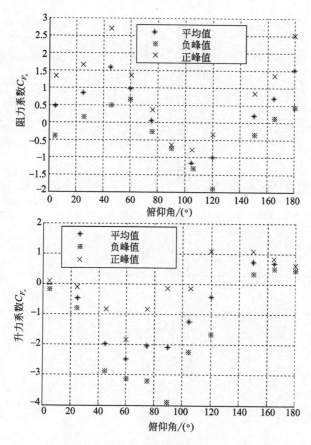

图 4-49　阻力系数和升力系数变化曲线

聚光器表面的风压分布规律如图 4-50 所示，为用聚光器前后表面作用的风压叠加得到的净风压系数的平均值分布。

当俯仰角在 $0°\sim60°$ 的区间范围（即聚光器开口指向来流方向），反射镜前表面受到来流风压的正向作用，背表面受到气流涡旋的负压作用，净风压系数的平均值在 $0\sim5$ 的区间范围。其中，MDD 区域的风压较小，系数值在 $0\sim2.5$ 之间；MUU 区域的风压较大，系数值在 $3\sim5$ 之间；整个聚光器反射镜面的风压呈现从 MDD 区域到 MUU 区域逐渐增大的变化规律，呈现明显的层次分布。以真空管所在平面为中心，MUU 代表反射镜上半部的上部区域，MDU 代表反射镜下半部的下部区域。

当俯仰角位于 $75°\sim150°$ 的区间范围（即聚光器开口指向上方或斜上方），反射镜迎风的来流前边缘产生气流分离，处于较大的负压区域；后边缘气流附着，处于较大的正压区域。其中，前边缘各个测点（包括测点 1、测点 4、测点 7、测点 10 和测点 13）的净风压系数的平均值达到 $-5\sim-3$ 的区间范围，后边缘的各个测点（包括测点 6、测点 9 和测点 12）的净风压系数的平均值达到 $5\sim7$ 的区间范围。同样，整个聚光器反射镜面的风压呈现从负风压的 MDD 区域到正风压的 MUU 区域逐渐增大的变化规律，呈现明显的层次分布。

当俯仰角度在 $165°\sim180°$ 的区间范围（即聚光器开口背向来流方向），反射镜背表面受到来流风压的正向作用，前表面受到气流涡旋的负压作用，所以大部分反射镜区域为叠加后的负压区域，系数值在 $-5\sim-3$ 的区间范围；但是其中的 MUU 区域为叠加后的正压区域，系数值在 $0\sim2$ 的区间范围，本节推断原因是 MUU 区域受到了地面的气动干扰效应，MUU

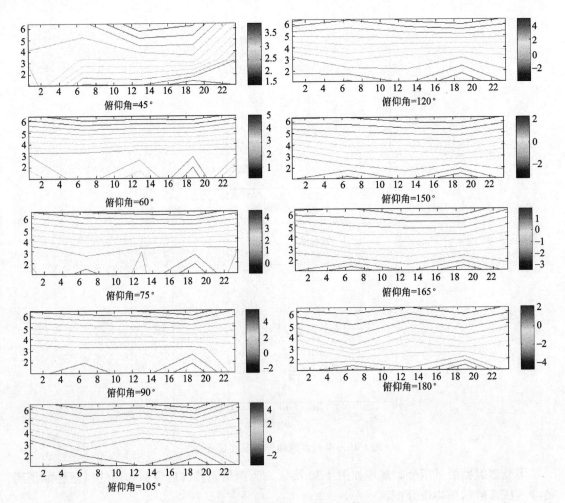

图 4-50　聚光器表面净风压系数的平均值分布

区域的前表面的气流涡旋对前表面有一个正压的作用。

对反射镜中间位置的作用风压进行分析，认为中间位置两侧的风压梯度变化较大，表明来流风流过时，在聚光器中间位置的扭矩管上发生了绕圆柱体的气流分离。本节认为峰值风压分布规律和平均风压分布规律是一致的，峰值风压系数值作为设计荷载参数取值，能更好地保证聚光器结构的使用可靠度。

谱分析是一种有效的方法，用于分析不同频率范围的能量分布。本节使用谱分析方法，对脉动风压功率谱密度展开分析，用于研究聚光器表面脉动风压的特征。功率谱密度是随机信号在频域内的概率统计参数，可用于描述风压随机信号功率在频率域上的分布状况，反映了单位频段上信号功率的大小。由于随机信号是时域无限信号，不具备可积分条件，它本身的傅里叶变换是不存在的，所以只能用统计方法进行表示，而不能用数学表达式精确描述。本节对每个测点风压信号的功率谱密度函数使用 Welch 功率谱估计方法。

$$S(n) = \frac{1}{MUL} \sum_{i=1}^{L} \left| \sum_{n=0}^{M-1} X_N^i(n)\omega(n)W_N^{-kn} \right|$$

式中，$S(n)$ 为随机风压信号的功率谱密度函数；L 为随机风压信号的数据段数；M 为每段数据的数据样本数；$U = \dfrac{1}{M}\displaystyle\sum_{n=0}^{M-1}\omega^2(n)$ 为归一化因子，它保证由 Welch 方法得到的功率谱估计是无偏估计；$X_N^i(n)$ 为随机风压信号的时间历程序列；$\omega(n)$ 为窗函数，用于减小信号的"频谱泄露"和提高频谱的分辨率；W_N^{-kn} 为对信号序列的傅里叶变换。

图 4-51 所示为本节分析得到的脉动风压功率谱，采用双对数坐标，其中横坐标为无量纲缩减频率 nB/U_z；n 为观测频率；B 为结构的特征长度；U_z 为参考风速。纵坐标为无量纲化的功率谱密度函数 $nS(n)/\sigma^2$；n 为观测频率；$S(n)$ 为随机风压信号的功率谱密度函数；σ^2 为对应测点风压的方差。

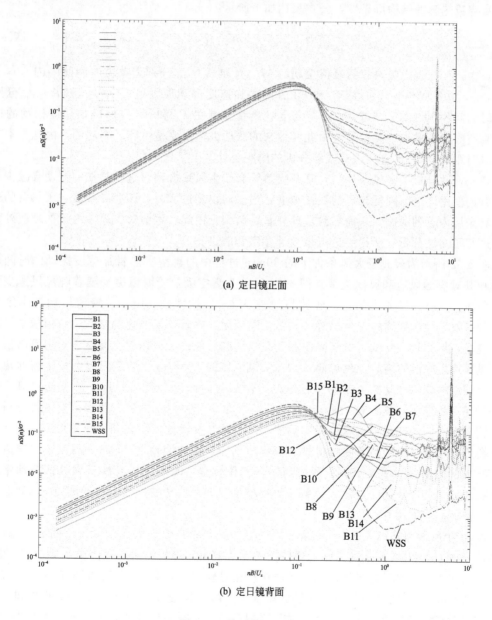

(a) 定日镜正面

(b) 定日镜背面

图 4-51 脉动风压功率谱

对图 4-51 进行分析，在低频区间（即低于无量纲缩减频率 0.1 的区间），来流风速谱和脉动风压谱是基本吻合的。在中频到高频区间（即无量纲缩减频率为 0.1～10 的区间），随着缩减频率的增大，来流风速谱和脉动风压谱呈现减小的趋势，其中在这区间范围内，脉动风压谱要明显高于来流风速谱。在高频区间（即无量纲缩减频率为 1～10 的区间），脉动风压谱呈现数个小尖峰和一个较大的尖锋，表明较高的风压谱能量集中在此处，原因可能是此处的频率吻合于反射镜自振频率，导致反射镜共振，引起能量的激增。

4.7.2.6 真空吸热管的风致振动

（1）公式定义　本节测试分析聚光器真空吸热管的峰值风致振动，用以描述风环境作用下的真空吸热管的结构可靠性，公式表达如下所示：

$$A = \max\left[\sqrt{(A_{F_x,\max})^2 + (A_{F_z,\mathrm{rms}})^2}, \sqrt{(A_{F_z,\max})^2 + (A_{F_x,\mathrm{rms}})^2} \right]$$

式中，A 为真空吸热管的峰值振动；$A_{F_x,\max}$ 和 $A_{F_z,\max}$ 分别为单位时间间隔内（本节选取为 3s），真空吸热管分别在 F_x 和 F_z 方向的加速度振动最大值；$A_{F_z,\mathrm{rms}}$ 和 $A_{F_x,\mathrm{rms}}$ 分别为单位时间间隔内（本节选取为 3s），真空吸热管分别在 F_z 和 F_x 方向的加速度振动的标准差。真空吸热管的加速度振动及由此所带来的振动破坏主要是由阵风引起的，由此，本节选取阵风时距 3s 作为真空吸热管振动分析的时距统计。

（2）振动分析　大风条件下，真空吸热管会产生风致振动，这种长期的振动会减少真空吸热管的使用寿命，降低光斑的聚焦精度，当振动幅度过大时，还会导致真空吸热管的玻璃外管和金属内管的触碰，从而导致玻璃外管的破裂。由此，本节对大风条件下的玻璃外管的振动进行了测试分析，所得结论可供设计参考和改进。

图 4-52 所示为聚光场大风条件下的 30min 过程中的真空吸热管加速度振动的时间历程曲线和其对应的风速和风向关系。图 4-53 所示为真空吸热管峰值振动随着阵风风速变化的关系曲线。分析得到 4 点结论。①阵风风速从 4m/s 增大到 13m/s，峰值振动基本维持不变，没有随之发生规律的变化趋势。本节推断原因：随着阵风风速的增大，峰值振动可能会发生突增，由于 13m/s 低于引起峰值振动突增的临界风速，所以本次测试没有得到峰值振动和阵风风速之间的明显的变化规律。②在阵风风速的 4～13m/s 的区间内，每个俯仰角对应的各个测点的峰值振动数值是基本稳定的，例如对俯仰角 180°，测点 1 的振动数值集中在 0.4～0.6，测点 2、测点 3 和测点 4 的数值集中在 0.2～0.4。由此，可以据此统计分析得到各个测点在不同俯仰角下的峰值振动数值，并总结其规律性。③相同风速条件下，不同的俯仰角会严重影响真空吸热管的峰值振动幅度，例如，在俯仰角度 25°时，测点 3 的峰值振动比 180°时的数值分别增大 45%。④针对不同的俯仰角，真空吸热管的最大峰值振动幅度的所在位置点是各不相同的，例如，俯仰角较小时，最大幅度的位置点位于测点 3，俯仰角较大时，最大幅度的位置点位于测点 1。

图 4-54 所示为阵风风速 8m/s 条件下，不同测点的峰值振动和俯仰角之间的关系曲线。当俯仰角在 45°～120°的范围区间，峰值振动相对较小，峰值加速度数值在 0.2～0.35 之间；当俯仰角在 150°～180°的区间范围，峰值振动相对较大，峰值加速度数值在 0.3～0.5 之间；当俯仰角在 0°～25°的区间范围，峰值振动最大，峰值加速度数值在 0.35～0.6 之间，原因是来流风对真空吸热管的直接作用，并且反射镜位于真空吸热管的背风方向，也会进一步导致作用在真空吸热管上的风力的增大。

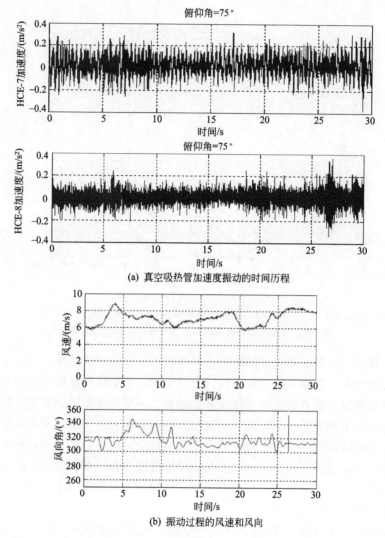

(a) 真空吸热管加速度振动的时间历程

(b) 振动过程的风速和风向

图 4-52 真空吸热管加速振动的时间历程和其对应的风速和风向关系

HCE-7、HCE-8—槽式集热器中真空管的编号

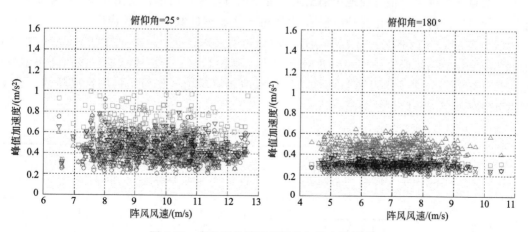

图 4-53 真空吸热管峰值振动与风速的关系

△加速度测点 1；□加速度测点 3；○加速度测点 2；▽加速度测点 4

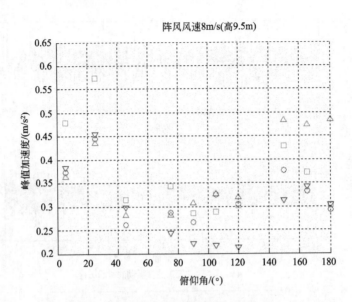

图 4-54　峰值振动和俯仰角的关系曲线

△ 加速度测点 1；□ 加速度测点 3；○ 加速度测点 2；▽ 加速度测点 4

（3）自振频率　模态参数识别的研究，即通过实验振动测试结果，识别结构固有的模态参数，包括自振频率、振型和阻尼比，其目的在于应用识别结果来解决结构动力学中的相关问题，比如振动控制、动力响应分析和故障诊断等。传统的模态识别方法已经在航空、航天和汽车等多个领域中得到了广泛的应用，这些方法需要同时利用激励和响应信号来求得频率响应函数或脉冲响应函数，再根据这些函数推导出系统的频率、振型和阻尼比。但对于大型土木结构来说，激励是很难施加的，因此基于环境激励（即风荷载激励）的模态参数识别技术得到了极大的发展，本节采用功率谱峰值法，对风荷载激励下的振动测试数据进行分析，对真空吸热管的模态参数进行识别。

功率谱峰值法是一种基于环境激励快速识别结构模态参数的频域分析方法。其基本原理是通过随机响应的功率谱峰值来获取结构的自振频率，对于具有低阻尼和离散性自振频率的结构，其自振频率可以很方便地识别出来。由于该方法操作简单、使用方便（只需要利用傅里叶变换将时间历数据转化为功率谱），从而在土木工程领域得到广泛应用。

图 4-55 给出 F_x 和 F_z 方向的加速度功率谱密度，并且分别对俯仰角为 5° 和 165° 的工况进行比较分析，用以研究不同俯仰角对真空吸热管模态参数的影响效应。采用功率谱峰值法，针对如图 4-55 所示的功率谱峰值，提取对应的频率值，作为结构的自振频率，表 4-8 列出真空吸热管前 5 阶的自振频率值。

表 4-8　真空吸热管自振频率

工况（俯仰角）		一阶模态 /Hz	二阶模态 /Hz	三阶模态 /Hz	四阶模态 /Hz	五阶模态 /Hz
F_z	5°	4.7	12.9	19.7	29.1	32.4
	165°	4.7	14.9	20.3	28.9	33.5
F_x	5°	4.8	9.1	20.2	29.6	33.6
	165°	4.6	8.8	20.2	29.5	32.8

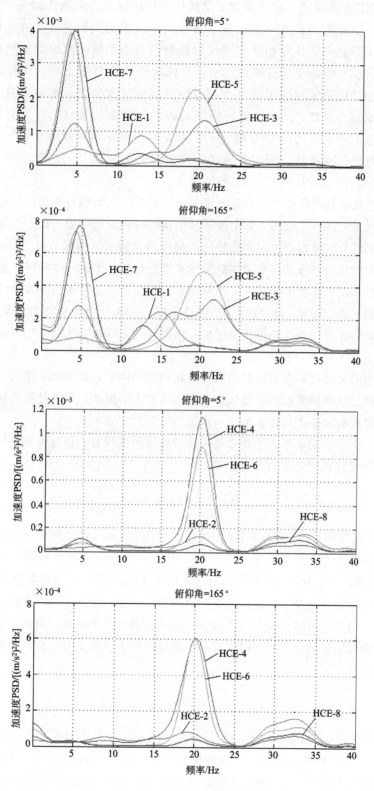

图 4-55 加速度功率谱密度

PSD—功率谱密度

（4）集热器真空管振动模式 对于两端支撑的杆件结构设备，风致振动分三类：颤振、抖振和涡激振动。颤振是一种在一定风速下发生的空气动力失稳现象，在此过程中，空气动力同振动结构形成一个具有相互作用反馈机制的动力系统，这时的空气动力主要表现为一种自激力。在不断的相互反馈作用中，当结构同产生自激气动力的绕流气流所形成的振动系统的阻尼由正值趋向于负值时，振动系统所吸收的能量超越了自身的耗能能力而造成振动系统运动发散，从而导致杆件结构破坏。抖振是指结构在自然风脉动成分作用下的随机性强迫振动，是一种限幅振动，不像颤振那样具有发散性质，一般不会引起结构发生灾难性的失稳破坏，现有杆件类结构抖振分析主要针对大气边界层特征湍流引起的结构抖振。

杆件类涡激振动是低风速下很容易出现的一种重要的气动弹性现象。当钝体结构受到气流作用时，将在其尾部产生漩涡，如果漩涡从结构的两侧周期性脱落即产生卡门涡，这时周期性脱落的漩涡就会对结构产生一种交变的周期性的激振力（涡激力），引起结构的周期性振动，这种振动称为涡激振动，当漩涡脱落频率接近自振频率时，结构将产生较大振幅的振动，且涡激共振常发生在桥梁构件上，如斜拉索。涡激振动主要有五个方面的特征：一种较低风速下发生的有限振幅振动；只在某一风速区间内发生；最大振幅对阻尼有很大的依赖性；涡激响应对断面形状的微小变化很敏感；涡激振动可以激起弯曲振动，也可以激起扭转振动。

分析真空管的风振破坏和真空管的截面形状和物理性质，抖振和涡激振动是真空管风致振动的两大来源，其中涡激振动是低风速下常容易发生的振动，影响结构的强度和疲劳，本节对真空管涡激振动做一些探讨，为下一步工作展开奠定基础。

在流动中，对流体质点起着主要作用的是惯性力和黏性力，惯性力和黏性力的比值称为雷诺数，对于空气的表达公式为：

$$Re = \frac{\rho v l}{\mu} = 69000 v l$$

式中，ρ 为空气密度；v 为风速；l 为结构特征尺寸；μ 为动力黏度。

按照雷诺数的大小划分了三个临界范围，即亚临界范围，通常取值 $3 \times 10^2 < Re < 3 \times 10^5$；超临界范围，通常取值 $3 \times 10^5 \leqslant Re < 3 \times 10^6$；跨临界范围，通常取值 $Re \geqslant 3 \times 10^6$。

在亚临界和跨临界范围，漩涡以一个相当明确的频率周期性脱落，在超临界范围漩涡脱落凌乱无规则，由此，只对亚临界和跨临界范围进行涡激共振验算。漩涡脱落频率表示每秒时间从流动中脱落的漩涡数，当漩涡脱落频率接近结构自振频率时，结构将产生大振幅的振动，其公式表达如下：

$$n_s = \frac{v Sr}{l}$$

式中，v 为风速；l 为结构特征尺寸，即真空管直径，表示垂直于流速方向物体截面的最大尺度；Sr 表示斯特劳哈尔数，它是物体几何形状和雷诺数的函数，选取真空管这种圆柱结构的斯特劳哈尔数为 0.2。表 4-9 所示为不同风速条件下的真空管对应的漩涡脱落频率，真空管的一阶频率约为 5Hz，二阶频率约为 10Hz，都处在亚临界范围，推断存在低风速下的涡激共振条件。

表 4-9 真空吸热管对应的漩涡脱落频率

风速/(m/s)	$l=0.12\text{m}$	
	Re	n_s/Hz
1	8.28×10^3	1.67
5	4.14×10^4	8.33
10	8.28×10^4	16.7
15	1.242×10^5	25.0
20	1.656×10^5	33.4

吸热器系统设计

吸热体及相应的传热流体动力源（泵或风机）、流量测量、温度测量、流体压力测量和安全监测设备等构成了吸热器系统。本章所述吸热器包括塔式水/水蒸气吸热器、熔融盐吸热器、空气吸热器，槽式的真空管吸热器，线性菲涅耳吸热器等。

5.1 系统总体描述

吸热系统的功能是将聚光场集聚的太阳光能转换为一定参数的热能，热能以高温流体的形式被安全输送到下一工序的储热单元及汽轮机。

5.1.1 吸热器系统配置

（1）吸热器系统部件　包括吸热器、泵或风机、传热流体管路阀门、温度压力流量测量和数据采集设备、回路流体防冻解冻安全性设备、回路流体阻力测量设备、吸热器系统控制设备、安全报警及保护设备等。

（2）吸热回路驱动泵　吸热器使用传热流体循环泵（水、油、盐、液态金属等）驱动传热流体在吸热器内循环流动，一般应备有 2 台，以保证吸热器连续工作。由于流体温度从启动到停机在不断变化且有近 400℃ 的温差，泵或风机的选取应考虑到流体在不同温度时的黏度和阻力。对于用风机驱动的空气吸热器，要考虑空气在高温下黏性变化引起的阻力增大。

（3）吸热器回路热工参数测量装置　被测量参数包括流体进出口温度、管路压力和流量。温度测量点包括吸热体表面或背面，按照每 2m×2m 一个温度测点布置。流体进口温度和出口温度如低于 500℃ 最好使用铂电阻测量，每个测试位置按照 2 个点布置。管路上流量的测量最好使用 2 台串联工作的流量计。所有测量点的电压、电流或电阻信号连入控制室的数据采集系统。

（4）系统设备选型原则　吸热器的选型首先依据发电机组的工作参数（温度、压力、功率）、聚光器的聚光比、聚光器聚光的能流分布和传热介质种类等。

流体泵或风机的选型依据是扬程、介质温度、介质压力、管路口径、持续工作时间、是否频繁启停等。

传热介质的选择应考虑到环境温度、工作温度，介质的凝固点、闪点、饱和温度和毒性等。对于导热油应侧重考虑其凝固点与环境温度的关系，应考虑冬季防冻。导热油的饱和温度和回路压力及安全系统设计是相互联系的，对于冬季温度低于导热油的地域，导热油和回路各种仪器的防冻设计应充分考虑。

对于导热油的管路，应按照导热油厂家的要求使用热源做管路和容器防冻和解冻。一般油回路禁用电加热。

对于熔融盐介质，传热回路中管路温度保护特别重要，温度的设置应使管路壁面温度高于熔融盐凝固点 50℃，管路材料应考虑熔融盐的腐蚀。管路对热应力循环疲劳应特别注意。对熔融盐工质吸热器需要考虑排盐方便和彻底，防止排盐不净导致冻堵。

吸热器温度和流体流量测量仪器按照吸热器的工作参数选型，流量测量与吸热器的安全性有关，要做冗余设计。

吸热体表面温度测量的信号需远传到控制室，因此应尽量避免干扰或选用可屏蔽干扰或中继方式。

(5) 吸热器系统与储热的联系　对于传热和储热工质不同的系统，吸热器通过充热换热器与储热单元连接，吸热器的出口连接到充热换热器进口。在热流体进入充热换热器前应该先预热充热换热器并对储热器暖机，以免高温流体进入带来的热冲击。

如果是浸入式换热器，储热容器中应事先充满储热材料。

5.1.2　吸热器组成及其调控原则

吸热器是吸收太阳辐射并将其转换为热能的装置。塔式电站吸热器可以是腔体式（图5-1）、外置式（图5-2）等；槽式电站的吸热器一般为真空管；FRESNEL 的吸热器（图5-3）是真空或非真空的集热管；碟式的吸热器一般为腔体式。

(a) Abengoa S0ilar PS10　　　　(b) 八达岭电站

图 5-1　腔体式吸热器

5.1.2.1　吸热器组成

吸热器由以下几部分组成：吸热体、太阳能选择性吸收涂层、保温层、外壳、高温防护和消防设施、泵或风机。

对于水工质吸热器，还应带有汽包和温度、压力、流量测量所需一、二次仪表。

对于熔融盐工质吸热器，有气体保护系统、进盐缓冲箱、热盐膨胀箱和温度、压力、流量

图 5-2　外置式吸热器（GemaSolar 电站）

测量所需的一、二次仪表，电伴热系统和吸热器夜间保护门。

对于液态金属为介质的吸热器，还应带有气体渗漏检测系统，以防爆炸，尤其是液态钠回路。

对于非承压空气吸热器，一般带有引风机，对承压式，一般带有鼓风机或压气机以及石英玻璃盖板和二次聚光器。

5.1.2.2　吸热器传热回路构成

吸热器传热回路包括吸热器、泵或风机、管路、温度传感器、流量传感器、控制器、吸热器夜间保护门、吸热体高温保护系统。

5.1.2.3　吸热器调控原则

吸热器的调控主要依据吸热器的热工参数。热工参数测量系统主要测量吸热器传热流体出口温度及流量，以便汽轮机或储热器可正常稳定工作。

对于塔式电站过热型水/水蒸气吸热器，测量参数

图 5-3　FRESNEL 吸热器（皇明太阳能公司，中国）

一般包括：蒸发段表面温度、蒸发段蒸汽进口温度、蒸发段蒸汽出口温度、蒸发段蒸汽出口压力、汽包压力（远传及就地），汽包水位（远传及就地），汽包内上、中、下三点温度，汽包缸体外表面温度、过热段表面温度、过热段蒸汽进口温度、过热段蒸汽出口温度、过热段蒸汽出口压力、主蒸汽管路蒸汽温度、主蒸汽管路蒸汽压力、主蒸汽管路蒸汽流量、主管路壁面温度、吸热器采光口四周外壁温度。

对于塔式电站饱和型水/水蒸气吸热器，测量参数一般包括：蒸发段表面温度、蒸发段蒸汽进口温度、蒸发段蒸汽出口温度、蒸发段蒸汽出口压力、汽包压力（远传及就地）、汽包水位（远传及就地），汽包内上、中、下三点温度，汽包缸体外表面温度、主蒸汽管路蒸汽温度、主蒸汽管路蒸汽压力、主蒸汽管路蒸汽流量、主管路壁面温度、吸热器采光口四周外壁温度。

对于塔式电站熔融盐吸热器，测量参数一般包括：吸热体表面温度、吸热器熔融盐进口温度、吸热器熔融盐出口温度、吸热体熔融盐出口压力、熔融盐出口主管路温度、熔融盐出口主管路压力、出口主管路壁面温度、吸热器采光口四周外壁温度、吸热器进口熔融盐流量、熔融盐气体保护系统压力。

吸热器温度测点数量视投射到吸热体表面能流空间分布情况，在不少于 1 个/2m×2m的情况下酌情加密，如温度超过额定值，必须切除聚光场。流体流量是控制吸热器和泵的主要参数。

对于槽式真空管，不可能测量吸热体表面温度，得通过测量集热管流体出口温度来判断吸热体表面的温度，以控制泵的流量。可采用红外热像仪等非接触测量方法粗略测量吸热管表面温度分布。

对于空气吸热器，吸热体表面温度的测量由于温度接近 1000℃ 而变得异常困难，可测量其出口空气温度来推断吸热体表面温度，不允许吸热器表面温度超过其氧化温度，也可以采用红外热像仪等非接触测量方法粗略测量吸热器表面温度分布。

5.1.2.4　吸热器保护系统

吸热器的保护首先是保护吸热体。一般采用在吸热体表面测量温度的方法，但由于有些吸热体受光表面不好固定热电偶或热电阻，因此可采用红外热像仪结合热电偶校验的方法对吸热体表面进行温度分布评估。吸热器中传热流体的断流问题是吸热器损坏的最大因素。图 5-4 所示为吸热器和塔的红外监测图像，可以看到在吸热体表面温度最高。吸热塔上的高温点在吸热器的左侧的中部，吸热塔右侧中部温度也比较高，但高温区域的面积并不大。

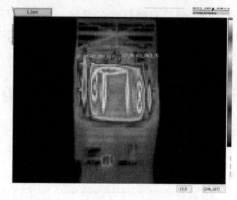

图 5-4　吸热器和塔的红外监测图像[20]

5.1.3　吸热器额定功率的确定原则

本节主要讨论塔式电站。吸热器的功率包含有物理内涵和化学内涵，物理内涵是指吸热器输出温度和压力，化学内涵是指流体的化学能品位。高品位的物理能量可直接转换发电。化学能可以提供后段的化学能的释放过程发电，例如甲烷重整、太阳能热法制氢等。本节主要指物理方面。化学能转化目前也显得越来越重要，主要在成本方面。

吸热器是塔式太阳能热发电系统的最关键的部件，它将聚光场聚焦的能量用来加热布置在吸热器内壁上吸热器管内的传热工质，使之产生高能量品位的流体（温度、压力），以此来吸收和转换聚光场聚焦过来的太阳能光能。由于聚焦过来的能量在时间和空间分布的高度不均匀性，有可能会致使吸热器内局部聚光温度能达到 1000℃ 以上，而导致吸热器爆管或融化引起严重的事故。对于塔式太阳能热发电而言，吸热器能量的来源是来自聚光场，依据吸热器局部受热不均的情况的特点，如果没有与聚光场的配合和一定的控制逻辑，就极有可能导致吸热器由于受热不均或热震而损坏。吸热器的启动更加重要，须遵循一定的控制逻辑次序，才能使吸热器启动起来。不仅如此，在电站运行中也经常会受到天气情况的影响，比如云遮情况的出现、云遮时间的长短，都对整个系统的控制逻辑提出严格要求。吸热器系统的设计除确定额定功率外，必须考虑吸热器启动、正常运行，待机、停机和事故等多种正常和非正常工况下各种不同运行情况。

　　吸热器内传热过程具有以下特点：能量分布的不稳定和空间上的不均匀、非稳定和非均匀的工作温度和热流密度、辐射-传导-对流相互耦合的能量传递过程。进行吸热器系统设计时，结合聚光场的聚焦能量，建立整个吸热器的计算模型，一般包括预热段模型、蒸发段模型、过热段模型、汽包模型以及循环泵、蒸发器等。然后按照系统的逻辑连接次序搭建起来整个吸热器系统的流程。在此基础上，还要研究吸热器对流损失模型、辐射损失以及传导损失模型，以此来研究整个吸热器效率的变化规律，而且对整个吸热器吸热段表面的金属温度的变化进行监控。为吸热器、聚光场和聚光器的控制逻辑提供帮助，以保证吸热器尽量在额定工况下稳定工作。

　　凝汽式发电站吸热器额定功率和台数的选择，应符合下列要求：

　　（1）吸热器功率　以设计点为准，在设计点时应与汽轮机最大工况时的进汽量相匹配。如果热力系统中有储热，还应加大容量，以满足储热和汽轮机的要求。设计点的确定是非常重要的，设计点不合理会导致汽轮机长期处于非额定的低效率状况下工作或浪费能量。

　　（2）吸热器数量　对于塔式电站，一台汽轮发电机可配置数台吸热器。对于槽式电站，一台汽轮发电机可对应相应的蒸发器数量，但应充分考虑变工况时的流体阻力平衡问题。

　　（3）蒸汽管路　当发电站扩建且主蒸汽管道采用母管制系统时，新增吸热器容量的选择，应连同原有吸热器容量统一计算。母管上各吸热器的接口位置应仔细考虑，各个接点处的压力应当平衡，否则会出现流体倒灌，尤其是在由于环境变化和太阳辐照变化引起的变温情况下。

5.2　吸热器系统的材料选用

5.2.1　传热介质

　　传热流体是将太阳能转变为热能的关键。目前常用的传热介质一般为流体，主要有水/水蒸气、导热油、熔融盐、空气等几种。另外，陶瓷固体颗粒也是流化床吸热器的传热介质。传热介质除应具有高温下的化学稳定性外，还应考虑以下几点。

　　（1）具有高热导率，低黏度和高密度　特别是在高温段；对于非承压工作的流体，耐温限要高于工作温度50℃以上，凝固点应尽量低。常用的有水、水蒸气、空气、导热油、熔融盐和液态金属等。

　　（2）好的低温性能　低温时流体的黏性变化尽量高，这样的流体在冬季清晨回路启动时易于传热及降低泵阻力。

　　（3）好的安全性　闪点高，无毒，非易爆品，易于更换，泄漏时容易降解和清洗。

5.2.2　吸热体材料

　　吸热体材料的选择取决于吸热器表面热流密度、吸热面温度和吸热体内压力以及一些化学性能。

　　由于热功转换的需要，一般吸热器的出口流体温度是已经给定的。在材料选取中难度较大的工作是确定吸热面的热负荷（W/m^2）。聚光场聚集到吸热器的功率除以吸热器采光口面积即为吸热器平均热负荷。对于腔体式吸热器，采光口面积与吸热体面积有较大的差异。因此吸热面上的平均热负荷与吸热器平均热负荷有较大差别。吸热面的热边界条件一般是热辐射。热辐射有峰值热负荷与平均热负荷，由于太阳位置时刻变化，聚光场余弦值也随之变化，聚光器的误差也是时间的函数。这两个量的叠加使得能流分布是时间的函数，并且非常复杂。这两个值随时间变化的规律非常复杂。

对于塔式水工质吸热器，吸热器平均热负荷的设计值一般为 $400kW/m^2$，水冷壁和过热面的平均热负荷为 $200 \sim 300kW/m^2$。对于塔式熔融盐工质吸热器，其平均热负荷为 $500kW/m^2$。液体工质吸热体耐受的极限热负荷应高于 $1000kW/m^2$，空气吸热器吸热体耐受的极限热负荷应高于 $1200kW/m^2$。

对于槽式，由于吸热器采光口与吸热面为同一表面，吸热器热负荷与吸热面的平均热负荷是一致的。如果用油、水或熔融盐为传热介质，其平均吸热器热负荷一般为 $70kW/m^2$。目前大焦比的槽式集热器也已经出现，其聚光比达到 90 以上。

吸热体材料可根据吸热体极限热负荷、吸热器传热系数设计和汽轮机工作参数选择。

塔式吸热器的吸热体材料应具有良好的抗氧化和抗热震性能。保温材料依照吸热体的工作温度定，但要求属耐火材料，且在高温烘烤下不自燃。槽式真空管吸热体要求耐温要高于管内流体工作温度100℃，再综合考虑到真空问题，一般吸热管材料应选316不锈钢。

吸热体材料耐温性要求比较高，吸热体材料的长期工作耐温至少比传热流体正常出口温度高100℃。

对于熔融盐吸热器，其管材应考虑到高温腐蚀。硝酸盐在360℃以下工作时，化学腐蚀性微弱，可以选用碳钢材料的管路和容器。氯盐具有较强的腐蚀性，一般宜选耐腐蚀性较强的钛合金。对于硫酸盐和碳酸盐，应特别考虑其高温特性。

对于液态金属，管材的处理要特别注意防止材料中氢气的溢出、泄漏进入液态金属中引起爆炸。

吸热体材料在承压和每天启动停机的热循环状态下的耐温性能是考虑寿命时应着重分析和考虑的。

5.2.3　吸热体表面涂层

对塔式吸热器，要求太阳能选择性涂层具有耐候性和高温抗氧化性。对于真空管，要求吸热涂层具有高温下低的发射比和高的吸收比。

涂层材料与基底的结合力也是考察涂层性能的重点。

5.2.4　塔式吸热器保温材料

为减少热损，腔式吸热体的四周和上下面均有保温材料。该保温材料的耐火性和耐高温性能应较高，燃点不应低于900℃，并且在高温时不分解和散发有毒气体。

紧贴吸热体的保温材料应选用耐火类型保温材料，在耐火保温材料后部再加其它类型绝热性能好的保温材料，保温材料一般由吸热器厂家提供。

对于外置式吸热器，一般不选用保温材料。但在吸热器的上下部分必须设置耐火及保温材料，防止吸热塔结构受损。该部分可制成白色等高反射比颜色，该部分隔热材料属于吸热塔的一部分。

5.2.5　管材

与传热流体接触管路的材料应符合下列要求：耐高温、耐腐蚀、耐高温应力腐蚀、热导率高。

5.3 吸热器系统的管路和泵选用

（1）给水泵　吸热器传热流体电动给水泵的最大输送能力应按下列要求设计：

① 电动给水泵的台数一般为两台，一开一备，给水泵的控制应考虑就地控制器；

② 电动流体泵的扬程应按最不利温度计算，一般液体的黏性随温度降低而升高，因此泵的扬程应考虑低温黏性；

③ 泵的防爆特性按照流体的闪点和防爆特性设计；

④ 由于太阳辐射的变化，吸热器工况点随时间在变化，因此泵的工况点也在变化，选择的泵应能适应这种变化，包括流量、扬程、耐温和耐压。

（2）吸热器管路和阀门

① 吸热器的阀门应选用具有一定耐温、耐压能力的阀门，阀门的工作温度由系统设计温度确定，最高工作温度设定无需超过吸热器出口流体温度。对于油作为传热介质的管路，注意管路焊接对泵材质的要求。循环泵的流量余量宜为 5%～10%；扬程余量宜为 10%～20%；温度余量宜为 15%。管路中有油时，需要考虑防爆，此时可采用气动阀门。

② 流体传输管路的选择应以压力和温度为核心参数。另外，对壁面材料与管内流体的化学相容性也是考虑的重点。

管路的过温保护采取多点温度监测的方式，测点应该布置在温度危险区和点，例如吸热器出口处等。

由于太阳能热发电站非 24h 连续工作，管路启停次数多，热应力带来的疲劳和破坏较大，应在管路上设置应力监测点，尤其是管路连接处，包括法兰、阀门、取样点、各种仪器仪表接口等。

（3）塔式电站吸热器清洗　除水质好并证明吸热器传热管外壁面没有氧化皮、管内壁不结垢和无悬浮物等以外，在启用前应设置管内壁面化学清洗装置。由于吸热器以及连接管路较长，且还有各种弯头，清洗时应保证所有管路均可得到清洗。清洗检查是必要的环节。

对于管外壁面的清洗可采用化学去氧化膜的方式进行。

5.4 吸热器系统的控制

5.4.1 吸热器控制系统逻辑

① 吸热器的控制设计首先是保障吸热体的安全，安全性的主要参数有管内流体的温度、压力、管壁面温度以及热应力。由于太阳能吸热器长期受热应力冲击，材料易受损伤，因此对材料应力检测和定期检查也是控制中要重点考虑的内容。

② 由于太阳辐照和风速变化较快，吸热面上的能流密度变化快，事故随时发生，吸热器控制系统的层数不宜过多，但必须设置冗余。

③ 吸热器的控制可采用中央计算机直接采集数据及输出控制信息。由于测点不多，运算量不大，吸热器无须自行设计 PLC 的就地控制箱。

④ 采集数据点位：包括吸热体内表面多点温度、吸热体外表面温度及温度分布、吸热体内压力、吸热器进口流体温度、吸热器泵、电机、吸热器内流体流量。

⑤ 控制联锁：吸热体表面温度、温度分布和吸热体内压力等是吸热体运行安全性的关

键。该部分测点应与吸热器的流体泵形成联锁，控制参数在安全范围内。吸热体表面温度分布的采集一般使用红外摄像仪。该部分图像的信息应有合适的处理方式，可以及时将信息传递到主控 DCS。DCS 中设置算法对红外图像进行采集和分析，提取出危险温度区域的信息，然后将该信息发送给聚光场控制单元，该单元的处理器定点吸热器高温点的几何位置，并结合当时太阳角度推算出引起高温定日镜的编号。聚光场控制器引导该部分定日镜移出。该部分应设置反馈环节，直到危险高温区域消除为止。在该过程中，应注意尽量少地移动定日镜，避免吸热体温度下降过快。定日镜移动过快时各点的温度和压力波动都会比较大。图 5-5 中 12:00～14:20 间管内水蒸气的 9 次压力波动均是由于定日镜调整引起的。

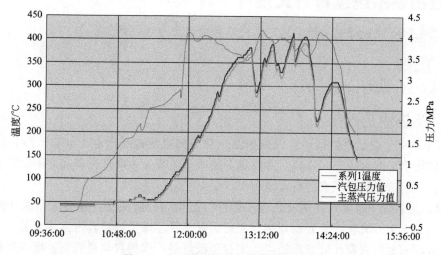

图 5-5　定日镜调整引起的压力波动[20]

5.4.2　控制设计范围

（1）控制物理层　聚光场、吸热器、辅助锅炉及其辅助系统与设备。

（2）水系统　包括发电机组凝结水处理系统，包括制水、化学加药、除氧三个方面。

（3）化学水处理系统　主要包括取样、加药。对于塔式电站，由于塔高度大，取样的难度比较大，因此可考虑设计现场自动采样或分析。

（4）综合泵房　该泵房是热发电站的核心，根据介质其中的泵主要包括水泵、油泵、盐泵等。泵的主要任务是防冻和抗冻，一般应在地面冻土层以下。

（5）全厂火灾检测报警与消防控制系统　全厂区域闭路电视监控系统主控制层由上位机和数据采集模块组成。聚光场的火灾与导热油介质泄漏和电缆外皮着火等有关，一般由于聚光场面积大，一般不推荐使用阻燃型电缆。

5.4.3　控制方式

实行控制功能分散、信息集中管理的设计原则。

① 一般采用分散控制系统（DCS）组成的自动化网络。

② 一般用聚光器、吸热器、储热器、汽轮发电机组及辅助车间集中控制方式。全厂设一个集中控制室，对聚光器应设一台单独的上位计算机监控。该上位计算机与全厂主控计算机相连，运行人员在集中控制室内通过 LCD 操作员站及大屏幕液晶显示器监视机组启/停运

行的控制、正常运行的监视和调整以及机组运行异常与事故工况的处理。

塔式电站的定日镜控制上位机可与 DCS 连接或不连接，尤其在初始时，一般不采用 DCS 与定日镜直接连接的模式。但两个操作员之间的距离应尽量靠近，以保障通信畅通和安全，以保障较大的安全性。但应设置定日镜的一键归位模式。在该模式下，吸热器出现问题时可一键切掉所有的定日镜。

③ 网控纳入机组 DCS 监视与控制，不设独立的网控楼和网络监控系统（NCS）。集中控制室内可不设后备监控设备和常规显示仪表，仅保留少数独立于 DCS 的用于事故紧急处理的硬接线控制开关、按钮。设置 2 台显示器以及重要无人值班区域的闭路电视监视系统。

5.5　吸热器系统运行方式设计

吸热器的运行模式特别依赖于其工作介质和聚光比及天气条件。

5.5.1　总则

各种吸热器的运行以安全为核心，以效率为目标。

5.5.2　吸热器启动

① 对于塔式熔融盐吸热器，首先预热整个管路到熔融盐凝固点＋50℃，然后启动熔融盐泵，从储罐中将熔融盐充入管路，形成稳定的闭路循环。移动聚光器将太阳能辐射聚集到吸热体上。应参考吸热器厂家的启动说明书。

② 槽式熔融盐介质吸热器在聚光器不运行时连续运行熔融盐，使得管路温度高于熔融盐熔点＋50℃。工作时转动聚光器，移动光斑到吸热管。逐步调整管内流体流量，以控制流体温度与太阳辐射和气象环境等相适应，应参考吸热器厂家的启动说明书。槽式吸热管内如发生熔融盐的冻结将可能导致系统毁灭性破坏，是绝对要避免的。而该过程一般发生在系统启动和夜间长时间停机过程中，因此熔融盐槽式系统的温度探测和预防是熔融盐集热系统的核心问题。

③ 水/水蒸气、油介质吸热器在工作前应将吸热体管路预热到高于水的冰点，然后将水充入吸热体。运行稳定后，移动聚光器将太阳辐射聚集到吸热体上。逐步调整管内流体流量，以控制流体温度与太阳辐射和气象环境等相适应。应参考吸热器厂家的启动说明书。该种介质吸热器与熔融盐吸热器一样，防冻也是一个非常重要的方面。导热油管路的防冻一般不使用电加热模式，管路启动预热模式一般采用蒸汽管外预热模式。

5.5.3　吸热器工作模式

吸热器的基本吸热过程是由泵/风机驱动传热流体，将聚集到吸热体表面的太阳能变为热能。吸热体表面温度高于传热流体温度，但目前表面测温困难，因此控制吸热体表面温度是控制吸热器安全性和效率的关键。

5.5.4　吸热器的技术改进

这种系统技术创新的影响主要来源于对吸热管的改进，提高吸收性涂层和管接口能够提高过程温度和压力水平（减少压降）。吸热器的提高需要循环的创新，例如增加再热段或采用有机朗肯汽轮机等。所有的技术创新（表 5-1）都将提高电力输出的水平。

表 5-1　采用热油做传热介质的槽式系统的技术创新

技术创新途径[32]		潜在的技术效益	潜在的经济效益
吸热管创新	先进的涂层(适应更高温度范围)	提高吸热管的性能和寿命	减少运行维护成本、组装和安装成本、某些部件成本
	去掉波纹管		
	提高工作温度		
	改进管接头		
	提高压力		
	减少压降和管道长度		
	改进工质		
循环创新	提高过热蒸汽温度	提高系统效率	减少系统安装成本和均化成本(LEC)
	增加再热段		
	采用有机朗肯循环(小型系统)		

　　对于采用水/蒸汽做传热介质的槽式系统，前面提及的所有改进与此系统也相关。此外，还需要对吸热管内不对称和不稳定造成的影响进行消除，蒸汽的直接过热能够提高系统的效率。考虑到 PSA 的 DISS 测试平台积累的经验，以及用于 DSG 吸热管的先进选择性涂层的研发，对于直接蒸汽过热，450℃似乎是可行的温度上限。温度更高，热损将会显著提高，而吸热管的耐久性则会大幅降低。采用水/蒸汽做传热介质的槽式系统的技术创新途径见表5-2。

表 5-2　采用水/蒸汽做传热介质的槽式系统的技术创新途径[36]

技术创新途径		潜在的技术效益	潜在的经济效益
吸热管创新	先进的涂层(适应更高温度范围)	提高吸热管的性能和寿命	减少运行维护成本、组装和安装成本、某些部件成本
	去掉波纹管		
	提高工作温度		
	改进管接头		
	提高压力		
	减少压降和管道长度		
	消除 DSG 吸热管的非对称和不稳定的影响		
循环创新	提高工作温度	提高系统效率	减少系统安装成本和均化成本(LEC)

5.6　吸热器的排污系统及其设备

5.6.1　排污范围

　　为了控制以水/水蒸气为传热介质的槽式和塔式吸热器中的水质符合规定的标准，使吸热器水中杂质保持在一定限度以内，需要从吸热器中不断地排除含盐、碱量较大的吸热器水和沉积的水渣、污泥、松散状的沉淀物，这个过程就是吸热器排污。

5.6.2　排污方式

　　吸热器排污分连续排污和定期排污两种。连续排污又称表面排污，要求连续不断地从吸热器盐碱浓度最高部位排出部分循环水，以减少循环水中含盐、碱量，含硅酸量及处于悬浮状态的渣滓物含量，所以连排管设在吸热器正常水位下 80～100mm 处，定期排污主要排除吸热器内水渣及泥污等沉积物，所以其排污口多设置在汽包的下部及联箱底部。定期排污操作过程时间短暂，应当选择在吸热器高水位、低负荷或低负荷出力状态时进行排污。一般在兆瓦（MW）级小型吸热器上只装设定期排污。

5.6.3　排污装置

排污装置指吸热器本体范围内的排污短管、排污阀及汽包内部的排污导管等。排污导管要求有足够长度且水平安装，导管的一端封死。排污管应尽量减少弯头，保证排污畅通并接到安全的地点。排污管和锅筒、集箱、排污阀连接部分要牢靠、无腐蚀。排污阀宜采用闸阀、扇形阀或斜截止阀。排污阀的公称直径为 $\phi20\sim65mm$，额定蒸发量≥1t/h 或工作压力≥0.7MPa 的吸热器，排污管应装两个串联的排污阀。排污时，排污阀承受高温液体的冲刷及污垢的磨损，停止排污后将逐渐冷到室温。为了改善排污阀的频繁承受压差（压降较大）、积垢腐蚀磨损、振动、热冲击等恶劣的工作条件，串联的排污阀有一定的操作顺序，其连接顺序为锅筒（或下集箱）——阀1（慢阀）、阀2（快阀）。

5.6.4　排污原则和方法

（1）原则　吸热器排污的原则是勤排、少排、均匀排。应根据吸热器炉水化验的结果及时进行排污，并保持吸热器水质符合标准的要求。每次排污的时间间隔要大体均衡，且所有的排污阀均应进行排污。由于吸热器位于近百米高的空中，排污时操作应尽量避免大风时段进行。在冬季排污和取样时还应注意采取防冻措施。

（2）正确的操作方法　吸热器排污应在低负荷时进行，因为此时吸热器的水中杂质容易沉淀。在高负荷时不宜进行水冷壁系统的排污，以免破坏水循环，但是吸热器锅筒中的锅水可以进行适量的排污。

排污应短促间断进行，每组排污阀的排污时间一般为 $20\sim30s$ 即可。排污时，排污阀应开后即关，关后即开，重复 $2\sim3$ 次，以便吸引垢渣迅速流向排污口，并使水流形成震荡，强化排污效果。

在排污阀的操作上，应是先开的阀门后关，后开的阀门先关，重点保护先开后关的阀门。

对设有表面排污装置的吸热器应根据炉水水质的化验结果适当调节其排污阀的开度，并根据具体情况进行定期排污，特别要根据循环水 pH 值的数值及时进行排污操作。

采用正确的排污操作方法是十分必要的，也是确保处于高空吸热器运行安全的一个重要手段。为防止事故发生，要严格执行操作规程，以确保吸热器安全、可靠、长期地运行。

5.7　抛物面槽式吸热管真空性能

5.7.1　抛物面槽式吸热管结构概述

抛物面槽式吸热管主要由玻璃外管、金属内管、波纹管、玻璃-金属封接连接件以及吸气剂等元部件组成，如图 5-6 所示。

（1）玻璃外管　由于槽式太阳能热电站一般建于野外戈壁荒漠地区，易受风沙雨水侵蚀，因此，玻璃材料需要有较高的硬度和较强的耐化学腐蚀性。昼夜交替或云层遮挡等因素造成玻璃外管温度波动比较频繁，还要求玻璃材料具有一定热稳定性。一般采用高硼硅玻璃，如 Pyrex 玻璃等。考虑到玻璃与金属的封接匹配性问题，Schott 公司还自己研制了一种膨胀系数为 $5.5\times10^{-6}/K$ 的特种玻璃，可与可伐合金进行匹配封接，硬度、耐腐蚀性及热稳定性均达到使用要求。由于金属内管受热不均匀时会发生弯曲，玻璃外管的直径不能太小，由于生产成本和吸热效率等因素，目前商用的抛物面槽式吸热管其玻璃管外径一般为

115～120mm，壁厚为 3mm。

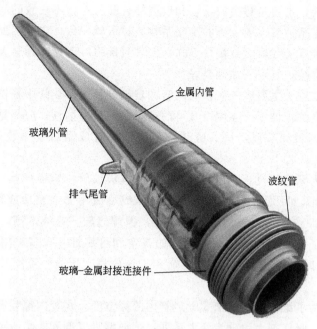

图 5-6　抛物面槽式吸热管（皇明股份公司提供图片，2010 年）

玻璃外管的太阳透光率是光热转换的关键因素之一，硼硅玻璃的透光率一般在 92％左右。为了提高透光率，减少线性菲涅耳反射损失，可使用凝胶-溶胶工艺在玻璃管内外沉积减反射膜，使透光率增加到 97％以上，且具有良好的稳定性。

（2）金属内管　金属内管是抛物面槽式吸热管的吸热部件，它的外径需要同时满足聚光器的光学要求和热学要求，并在此基础上尽可能地减少材料的使用以降低制造成本。金属内管的外径应大于槽式聚光器光斑带的宽度，在理想状态下，零入射角的平行入射光会聚焦到金属内管的轴线上，但由于聚光器的加工精度、跟踪精度及冷热变形等问题，金属内管的截光率一般在 95％左右。

管径越大的金属内管对整个聚光器的光学误差具有更好的适应性，但金属内管的外径越大，散热面积也越大，影响吸热管所能达到的最高温度。同时，增大管径也会增加生产成本。因此，对于开口宽度为 5～6m 的槽式聚光器，金属内管的半径一般为 70mm 左右。

金属内管材料必须具有优越的导热性能。金属内管的导热性能取决于金属材料类型、厚度、管径和导热流体的类型及状态。减小管径和管壁厚度可提高传热效果，但是减小管径会增大聚光光学误差，而减小壁厚则无法承受管内导热流体的高压。选用有机导热油（如 Therminol VP-1 或 Dowtherm A）作为导热流体时，管内承受的压力较小，金属内管的壁厚可为 2～3mm，而当选用水作为导热流体时，金属内管需承受 10MPa 的压力，壁厚需要增加到 6mm。

选用抛物面槽式吸热管的金属内管材料时，还需要考虑到材料结构强度、耐腐蚀性、真空性能、焊接安装方便性以及成本等因素，常用的有 321H、316L 和 304L 等。

在抛物面槽式吸热管的金属内管外表面镀有选择性吸收涂层，以提高吸热管的吸热效率。选择性吸收涂层的优劣直接影响着槽式太阳能热发电的效率，在高温下要有高吸收率和低发射率。

（3）玻璃-金属封接连接件　玻璃-金属封接连接件一端与玻璃外管通过熔封方式连接，另一端与波纹管焊接，主要是解决波纹管和玻璃外管膨胀系数不一致的问题而选择的一种封接合金，因此其膨胀系数与玻璃外管的膨胀系数应尽可能一致，进行匹配封接，否则需使用非匹配豪斯基伯封接（又称薄边封接）方式，但其封接强度和可靠性会大大减弱。连接件需易于与波纹管进行焊接，且耐腐蚀性要好。

（4）波纹管　波纹管主要用于对金属内管和玻璃外管进行热膨胀补偿，因此波纹管需有较好的柔韧性、较高的拉伸疲劳强度以及可耐高温和酸碱腐蚀性。应尽量减小波纹管的使用长度以增加吸热管的聚光长度，提高吸热效率。波纹管成型后壁厚较薄，一般在 0.3mm左右。

波纹管一般分为无缝波纹管和焊接波纹管。无缝波纹管按截面形状可分为 U 形、C 形、Ω 形、V 形和阶梯形。U 形和 C 形波纹管在液压成型后不需要整形或稍加整形就可使用，刚度较大，灵敏度高[27]。焊接波纹管柔韧性好，但焊缝较多，成本高，在抛物面槽式吸热管中应用很少。为了保证抛物面槽式吸热管的真空和可靠性，大多采用耐高温和耐腐蚀的316L 不锈钢液压成型波纹管。波纹管的寿命和工作位移、压力、温度及冲击震动等使用条件有关。

（5）吸气剂　为了维持抛物面槽式吸热管内的真空度，在管内都装有可以吸收吸热管内残余气体的吸气剂。吸气剂大致分为两大系列：蒸散型吸气剂和非蒸散型吸气剂。蒸散型吸气剂是一种在蒸散时和蒸散成膜后能吸气的吸气金属材料，以钡、锶、镁、钙为主体材料，常用的有钡铝镍吸气剂和掺氮吸气剂等。非蒸散型吸气剂是不需要把吸气金属蒸散出来，通过对吸气金属表面激活使其具有吸气能力的吸气剂，其成分主要由锆、钛、钍以及它们的铝合金所组成，常用的有锆铝 16、锆钒铁和锆石墨等。

在抛物面槽式吸热管内，一般既装有非蒸散型吸气剂，也装有蒸散型吸气剂。其中，非蒸散型吸气剂的安装量比较多，主要用来吸收吸热管内的残余气体，而蒸散型吸气剂的量比较少，主要作用是通过观察蒸散膜的颜色，判断吸热管的真空是否失效，当蒸散膜由银色变为白色之后，说明吸热管的真空已经失效。

5.7.2　抛物面槽式吸热管真空可靠性研究现状

目前，商业化运行的槽式太阳能热电站中主要采用有机导热油作为传热工质。美国国家能源部可再生能源实验室（NREL）的 Moens 和 Blake 等人对槽式电站中有机导热油的热分解情况进行了分析研究。有机导热油一般由 73.5% 的二苯醚（biphenyl ether）和 26.5% 的二苯（biphenyl）组成，目前常用的有陶氏公司的 Dowtherm A 和首诺公司的 Therminol VP-1。此类导热油在低于 400℃ 时热分解速率很低，可以长期使用，但超过 400℃，导热油就会加速分解。以 Dowtherm A 为例，当在 425℃ 加热 120h，约有 8% 的导热油会发生热分解，产物包括氢气、小分子碳氢化合物以及芳香族化合物，其中氢气约占总气体量的 44%。

研究还发现，导热油内的有机杂质能加速催化导热油的热分解，产生高活性的氢原子，这些杂质可能是在导热油生产过程中引入的。不锈钢管内表面的氧化层也可能加速催化导热油的热分解，但需要进一步的研究证实。由于二苯醚和二苯内部化学键的不稳定性，无法使用化学手段阻止氢气的产生。目前，在美国 SEGS 电站采用的方法是通过周期性地对管路进行放气去除高沸点物质。

导热油分解产生的氢气可以渗入到抛物面槽式吸热管内，若吸热管内没有放置足够多的吸气剂，则氢气会在吸热管内累积。根据 Forristall 提出的吸热管热性能计算模型可知，即使是少量的氢气，也会显著增大吸热管的热损失，如图 5-7 所示。

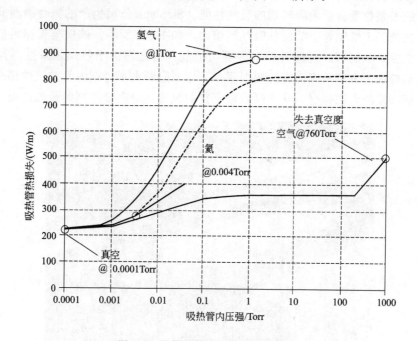

图 5-7 抛物面槽式吸热管的热损失

运行条件：LS-2 集热器；Solel UVAC 吸热管；Therminol VP-1 导热油，350℃，140gal/min；

DNI 950W/m²；风速 1m/s；环境温度 35℃

1Torr＝133.322Pa；1gal（美）＝3.78541dm³

　　为了预测抛物面槽式吸热管内氢气的分压强，并找到解决吸热管渗氢问题的方法，美国国家能源部可再生能源实验室（NREL）的 Gretzmaier 基于一个稳态假设，即假设吸热管内的压强为一定值，此压强使槽式电站中各元部件向大气的渗氢速率等于电站中导热油的分解产氢速率，建立了一个氢气渗透模型。

　　为了验证此模型的计算结果，Gretzmaier 测试了氢气从抛物面槽式吸热管内向外渗透的速率。在此测试中，他首先将没有安装吸气剂的 Schott 公司生产的抛物面槽式吸热管加热抽真空，然后充入一定量的氢气，并使管内的氢气维持在一定的压强（37Pa 和 55600Pa），将吸热管在 400℃下加热 14h，观察管内氢气压强的变化情况是否与模型计算结果相符。但是在测试时间内，管内氢气压强并没有发生变化，与模型计算结果不一致。Gretzmaier 认为出现误差的原因是：实验中不锈钢表面的氧化层或阻氢层可能导致不锈钢内管和波纹管的氢气渗透系数低于纯不锈钢的渗氢系数，而模型中计算时采用的却是纯不锈钢的渗氢参数，从而导致了实验与计算结果不一致。

　　为了降低抛物面槽式吸热管的渗氢速率，有公司对不锈钢管内表面进行了处理，增加了一层阻氢层。该处理工艺是将不锈钢管内管在含有游离氢、温度在 500～700℃ 的水蒸气中氧化，在钢管内表面形成厚度为 0.5～10μm 的富氧化铬层，即阻氢层。阻氢层中氧化铬的质量分数在 20%～60% 之间。该阻氢层可使氢的渗透速率减低 50 倍。

　　Luz 公司为了解决渗氢问题，也曾经设计过由钯或钯合金制成的氢泵，连接到靠近玻璃-金属封接处的金属波纹管上。但是该装置受到聚光太阳辐射时会急剧升温，使得玻璃外管局部变热，应力变大，导致玻璃管破裂。另外，此装置还容易被腐蚀，使得雨水进入吸热管内，造成吸热管失效。因此这种装置并没有继续使用。

吸气剂的安装位置会影响吸气剂的吸气性能。Siemens 公司生产的抛物面槽式吸热管其吸气剂安装在位于不锈钢管上的桥状吸气剂槽内，如图 5-8 所示。该槽与支撑足部之间有轴向的运动自由度，从而可以缓解不锈钢内管与吸气剂槽之间由于热膨胀系数不同产生的应力。在吸气剂槽的下方和两侧还有防辐射罩，可用来阻断由不锈钢内管散发的辐射热量和由聚光器反射而遗漏的太阳辐射，从而降低吸气剂的温度，提高吸气剂的吸气性能。

图 5-8　Siemens 公司抛物面槽式吸热管吸气剂安装位置

Schott 公司将吸气剂安装在金属连接件和波纹管之间的环形空间内，如图 5-9 所示。此安装结构可以避免吸气剂直接受到太阳光的辐照，降低吸气剂的温度，从而提高吸气剂的吸气性能。

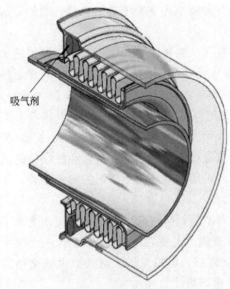

图 5-9　Schott 公司抛物面槽式
吸热管吸气剂安装位置

Schott 公司还对吸气剂的吸气性能进行了测试。测试结果表明吸气剂在降压条件下的吸气能力高于恒压条件下的吸气能力。还测试了吸气剂的吸气能力与温度的关系，如图 5-10 所示，以 200℃ 时吸气剂的吸气能力作为参考点，27℃ 时升高了 40%，400℃ 时降低了 40%。Schott 公司也对吸气剂的温度进行了有限元分析、实验室测试和现场测试，结果都证明其管内安装的吸气剂温度小于 200℃。

Schott 公司为了验证抛物面槽式吸热管的真空寿命，他们在 SEGS V 电站进行了现场测试。他们将装有不同吸气剂量的吸热管安装到油温为 352℃ 的回路端，通过测量吸热管玻璃表面的温度，判断吸热管是否真空失效，然后通过外推测试结果得到吸热管的使用寿命。测试结果表明，在 SEGS V 电站的运行条件下，目前 Schott 公司安装的吸气剂量可维持吸热管 50 年的真空寿命。

　　无论利用阻氢层降低氢气的渗透速率，还是增加放置吸气剂量，目的都是延长抛物面槽式吸热管的真空寿命。但是，由于吸热管内吸气剂安装空间和生产成本的限制，吸气剂的安装量不可能无限增加。近几年来，科研人员和吸热管制造商正在转变思路，对吸热管真空失效后降低热损的方法进行相关研究。

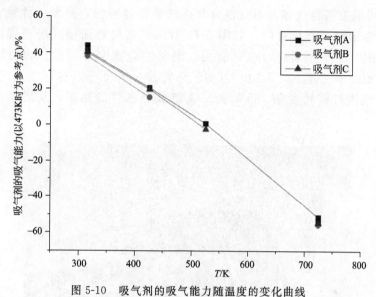

图 5-10　吸气剂的吸气能力随温度的变化曲线

　　美国 NREL 的 Frank Burkholder 等人研究发现，通过向吸热管内充入惰性气体，与渗入吸热管内的氢气混合，可以显著降低吸热管的热损失。他们利用谢尔曼插值公式（Sherman's interpolation formula）和直接模拟蒙托卡洛法（direct simulation Monte Carlo，DSMC）建立了抛物面槽式吸热管气体热传导模型，并利用 NREL 的热损实验平台进行了实验分析。其中，关于氙气和氢气混合气体的热传导实验和模拟结果如图 5-11 所示。

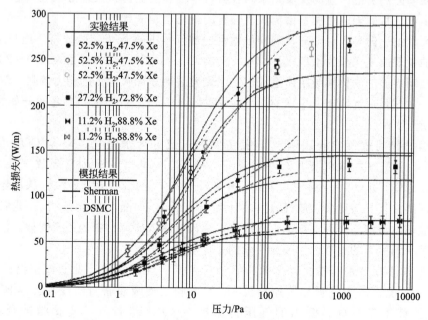

图 5-11　氙气/氢气混合气体热传导实验和模拟结果

由图 5-11 可以看出，随着混合气体中惰性气体比例的增加，吸热管中气体热传导造成的热损失下降加快。根据 Frank Burkholder 的研究结果，当吸热管内管温度为 350℃，管内只有氢气时，由气体热传导产生的额外热损失大于 500W/m，而当氢气与惰性气体的混合气中惰性气体的含量大于 95% 时，由热传导产生的额外热损失只有 50～100W/m。

Schott 公司根据惰性气体与氢气混合气体的热传导特性，开发一种独特的"氙气胶囊"安装在抛物面槽式吸热管内，如图 5-12 所示。当抛物面槽式吸热管内的吸气剂饱和，无法吸气时，由于渗透进入吸热管内的氢气会造成吸热管的热损急剧升高，而玻璃外管的温度也会随之增大，此时，电站的运行维护人员可以打开"氙气胶囊"，放出胶囊内的惰性气体与氢气混合，降低抛物面槽式吸热管的热损，从而延长吸热管的使用寿命。

图 5-12 Schott 公司抛物面槽式吸热管内的"氙气胶囊"

随着太阳能热发电产业的发展，国内各科研单位和企业都积极进行相关关键技术和设备的研究和生产。目前国内对抛物面槽式吸热管的研究也越来越多。

清华大学的王健等人对硼硅玻璃和不锈钢的放气情况进行了实验分析。通过实验发现，硼硅玻璃的主要放气成分为水蒸气、CO_2、N_2 与 CO、H_2 等；出气峰值在 160～230℃ 之间，由吸附在玻璃表面的气体解吸附所造成。由于硼硅玻璃表面吸附水的能力较强，解吸附主要是水蒸气，放气量远远大于其它气体；CO_2 和 N_2 与 CO 在 300～400℃ 之间开始大量放气，如图 5-13 所示[39]。

不锈钢材料的放气实验表明[39]，其主要放气成分为水蒸气、N_2 与 CO、H_2、CO_2；300℃ 以下，水蒸气的放气量比较多，高于 300℃，N_2 与 CO 成为主要放气成分；H_2 在 300～350℃ 之间，水蒸气、N_2 与 CO 和 CO_2 在高于 200℃ 时放气量比较大；从趋势推断继续升温不锈钢的放气可能更多，放气温度估计大于 430℃，如图 5-14 所示[39]。他们的实验虽然测试了玻璃材料和不锈钢材料的出气成分，但没有深入研究材料的放气规律，没有给出两种材料在某一温度下的放气速率或放气量的变化规律。

王健等人还对抛物面槽式吸热管样管进行了真空性能测试，他们模拟槽式太阳能电站实际运行工况，白天将吸热管加热至 450℃，晚上使吸热管自然冷却。这样将吸热管加热冷却持续半年时间，管内的气压仍保持在 10^{-2}Pa 量级，实验测试台如图 5-15 所示。

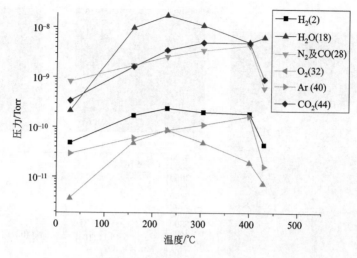

图 5-13 硼硅玻璃放气情况

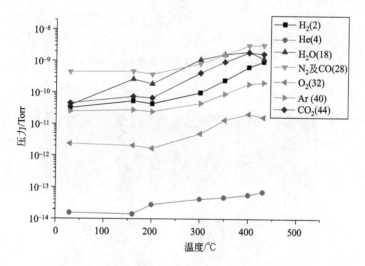

图 5-14 不锈钢放气情况

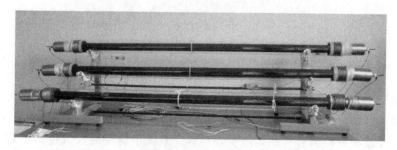

图 5-15 清华大学抛物面槽式吸热管样管真空实验测试台

　　北京有色金属研究总院的郝雷等人对抛物面槽式吸热管不锈钢内管内表面进行选择性氧化，得到致密的富 Cr_2O_3 涂层，起到阻碍氢气向吸热管内渗透的作用，如图 5-16 所示。

　　威海金太阳光热发电设备有限公司将金属排气管安装在抛物面槽式吸热管的玻璃-金属连接件上，当吸热管真空失效时，可打开金属排气管进行重复抽真空，如图 5-17 所示。

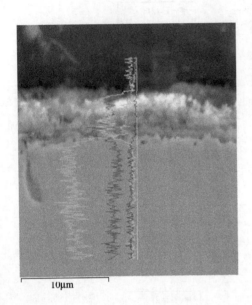
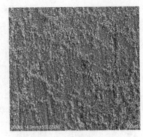
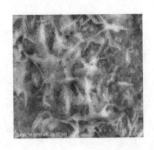
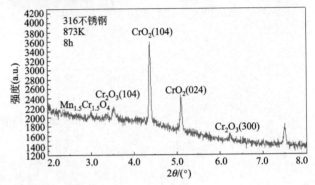

图 5-16   北京有色金属研究总院研制的阻氢层

a. u.—任意单位

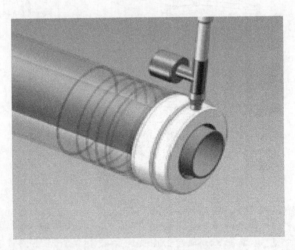

图 5-17   抛物面槽式吸热管

5.7.3   抛物面槽式吸热管放气性能

抛物面槽式吸热管材料的放气是影响其真空可靠性和寿命的关键因素之一,维持吸热管的真空度必须要减小材料的放气。大量学者对真空系统中材料的放气性能进行了研究分析,但是影响材料放气性能的因素很多,不仅与材料种类有关,还与材料的生产加工制作过程、预处理过程和使用环境等多种因素密切相关。这些研究对分析抛物面槽式吸热管材料的放气性能具有重要的参考价值,但是对抛物面槽式吸热管的放气规律进行定量研究分析是很困难的,必须具体问题具体分析,通过实验测量来解决。这里在分析材料放气理论分析的基础上,通过对抛物面槽式吸热管的放气速率和放气成分进行测试,找到吸热管材料的放气规律，为制定排气工艺提供理论指导，提高抛物面槽式吸热管的真空可靠性。

材料的放气包括材料内部溶解气体的扩散解溶和表面吸附气体的脱附。Calder 和 Lewin 在文章中指出，气体在材料内部的扩散过程是影响材料放气速率的关键步骤，提出了计算材料放气速率的扩散模型（diffusion limited model，DLM），即当气体扩散至材料表面时，立即脱附至真空中，材料的放气速率等于气体的扩散速率。气体在材料内部的扩散遵循 Fick 定律：

$$q = -D\,\mathrm{grad}C \tag{5-1}$$

$$\frac{\partial C}{\partial t} = \mathrm{div}(D\,\mathrm{grad}C) \tag{5-2}$$

式中，q 为材料的放气速率，$Pa \cdot m^3/(s \cdot m^2)$；$D$ 为扩散系数，m^2/s；C 为材料内部的气体浓度，m^3/m^3。

以厚度为 l 的平板为例，其放气速率可以通过一维扩散方程求得：

$$\frac{\partial C}{\partial t} = D\frac{\partial^2 C}{\partial x^2} \tag{5-3}$$

假设整个平板内部的初始气体浓度为 C_0，在 $t=0$ 时，将其置于真空环境中时，则初始和边界条件为：

当 $t=0$ 时，$0 < x < l$ 处，$C = C_0$；

当 $t > 0$ 时，$x=0$ 和 $x=l$ 处，$C=0$。

解得：

$$C(x,t) = C_0\frac{4}{\pi}\sum_{0}^{\infty}(2n+1)^{-1}\sin\frac{\pi(2n+1)x}{l}\exp\left\{-\left[\frac{\pi(2n+1)}{l}\right]^2 Dt\right\} \tag{5-4}$$

因此，平板的放气速率为：

$$q = -D\frac{\partial C}{\partial x} = \frac{4C_0 D}{l}\sum_{0}^{\infty}\exp\left\{-\left[\frac{\pi(2n+1)}{l}\right]^2 Dt\right\} \tag{5-5}$$

在很多实际应用中，平板的放气速率可以近似为：

$$q = \frac{4C_0 D}{d}\exp\left(-\frac{\pi^2 D\tau}{d^2}\right) \tag{5-6}$$

式中，d 为放气平板材料的厚度，m；τ 为放气时间，s。

当材料的放气速率较大时，扩散模型（DLM）的分析结果比较准确。但是，在分析材料放气速率低时误差较大，扩散模型忽略了材料表面状态对放气的影响，一般将材料表面的气体原子浓度假设为零，材料的放气速率直接等于气体从材料内部扩散到表面的速率。但是，与气体溶解于材料时相反，材料内部的气体原子必须在材料表面复合成分子，才能进入真空环境中。气体原子复合成分子是二级动力学过程[40,41]，在低压和低温下，气体的复合动力由气体在材料表面下的气体原子浓度的平方值确定，气体原子的复合速率低于扩散速率。据此，又有学者提出了计算材料放气速率的复合模型（recombination limited model，RLM)[42]，即材料的放气速率由气体原子在材料表面的复合速率确定：

$$q = K_L C^2(x,t)\big|_{x\to l} \tag{5-7}$$

式中，K_L 为气体原子的复合系数，$cm^4/(mol \cdot s)$。

也有学者对氢在金属表面的动力学过程进行了研究[41,43,44]。氢原子在金属表面的覆盖度由四个氢流量确定，如图 5-18 所示。

① 氢分子在金属表面离解吸附产生的氢流量：

$$f_1 = 2pvs(\theta) \tag{5-8}$$

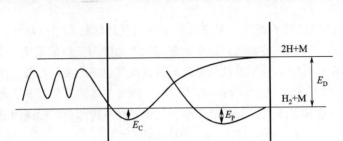

图 5-18   金属表面氢原子、分子势能

E_D—H_2 的热分解能，$E_D = 218kJ/(mol \cdot K) = 4.746eV$；$E_P$—物理吸附热，$E_P = 10kJ/$
$(mol \cdot K) = 0.2eV$；E_C—化学吸附热（化学吸附能），$E_C \approx 50kJ/(mol \cdot K)$

式中，p 为气体压强；v 为氢分子在单位压强下到达单位金属面积的速率；$s(\theta)$ 为吸附概率（是表面覆盖度 θ 的函数）。

② 氢分子脱附解吸产生的氢流量

$$f_2 = -K\theta^2 \tag{5-9}$$

③ 氢原子从表面跃迁至材料内部的氢流量：

$$f_3 = -\alpha\theta(1-x) \tag{5-10}$$

式中，α 为氢原子从材料表面到内部的跳变频率；x 为氢原子在材料内部的原子分数。

④ 氢原子由材料内部跃迁至表面的氢流量：

$$f_4 = \beta(1-\theta)x \tag{5-11}$$

式中，β 为氢原子从材料内部跃迁至表面的跳变频率。

当金属表面处于高真空环境中时，氢原子从材料表面跃迁至内部及其反过程的速率要比真空中的氢分子到达金属表面的速率高几个数量级，因此，在真空中的气体与金属表面达到平衡之前，金属表面与内部之间已经达到平衡状态。当两个氢原子复合成氢分子，离开金属表面时，留下的空位会立即被来自材料内部的氢原子占据。f_2 的过程速率即金属材料的放气速率，包括氢原子的复合速率，成为限制金属材料解吸脱附的关键过程。

Malev 综合考虑气体的扩散过程、解吸过程以及吸附过程，提出了吸附-扩散模型。该模型考虑了在材料表面和真空空间气体运动的平衡过程，如图 5-19 所示，此过程可以表示为：

$$kT\frac{dN_{ads}}{dt} = I_{diff} + I_{ads} - I_{des} \tag{5-12}$$

式中，k 为玻尔兹曼常数；T 为热力学温度；N_{ads} 为材料表面吸附的气体粒子数；I_{diff} 为材料内部气体的扩散速率；I_{ads} 为材料表面气体的吸附速率；I_{des} 为材料表面气体的解吸速率。

材料的放气速率为在单位时间内，材料表面脱

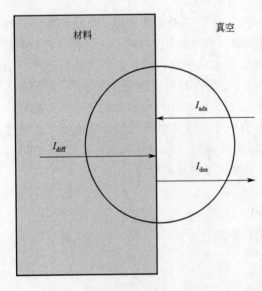

图 5-19   气体在材料表面的平衡过程

附（解吸）的气体数量与吸附的气体数量之差：

$$q = I_{des} - I_{ads} \tag{5-13}$$

以上所有理论模型，包括扩散模型和复合模型，都是假设气体原子在材料内部只处在一个能级状态，具有单一的活化能。但是，研究人员通过一些实验发现[45]，气体原子在大多数金属材料内部具有多个扩散能级状态。当金属材料处于某一恒温下时，材料的内部出气绝大部分来自于材料内部处于最低能级状态的气体原子，因此单一能级状态理论仍然适用。但是，当金属材料在不同温度之间变化时，单一能级状态理论就不再适用，必须考虑不同能级状态的气体原子对材料出气的影响。

由以上分析可以发现，目前对于材料的放气规律没有一个统一的理论，通常，分析低真空或高真空环境中材料的放气规律时，多采用扩散模型（DLM）；分析超高真空或极高真空环境中材料的放气规律时，可采用复合模型（RLM）。由于影响材料放气性能的因素很多，无法只通过理论进行研究分析，须对抛物面槽式吸热管的放气性能进行实验测试，在此基础上，利用合理的理论模型对实验测试结果进行研究分析。

5.7.4 抛物面槽式吸热管放气性能测试

为了测试抛物面槽式吸热管整管放气性能，这里建立了一套抛物面槽式吸热管放气性能测试方法，并搭建了测试平台，如图 5-20 所示。首先将抛物面槽式吸热管在常温下抽真空，达到要求后将吸热管置于电加热炉受热放气，利用抽气尾管将集热管连接到真空系统的真空室上，当吸热管受热放气时，由吸热管释出的一部分气体会通过起限流作用的尾管被真空机组抽走，另一部分气体则会造成吸热管内压强的变化（若瞬间从吸热管放出的气体量大于通过尾管被抽走的气体量，吸热管内的压强便会升高；反之，吸热管内的压强则会降低）。分别同时测定抛物面槽式吸热管和真空室的压强，计算吸热管内的气体的增量以及被抽走的量，从而求出抛物面槽式吸热管的放气速率以及放气量。

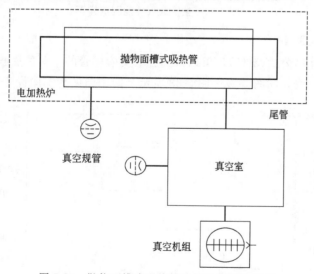

图 5-20　抛物面槽式吸热管放气性能测试原理

抛物面槽式吸热管整管放气性能测试装置主要包括吸热管加热系统（图 5-21）、抽真空系统和真空测量系统等部分。

抛物面槽式吸热管测试样管，在玻璃外管一侧接有抽气尾管，另一侧接有热阴极电离规管。此测试样管除了不进行排气处理外，完全按照抛物面槽式吸热管标准的制作工艺生产，如图 5-22 所示。

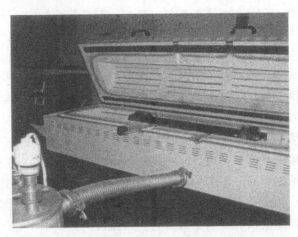

图 5-21 抛物面槽式吸热管加热系统

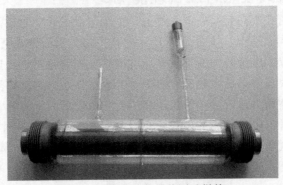

图 5-22 整管放气性能测试样管

5.7.4.1 放气速率

根据放气速率计算公式(5-13)，可以得到各个实验样管的（单位面积）放气速率与温度和时间的变化规律曲线，如图 5-23～图 5-33 所示（图中温度为实验设定值）[39]。

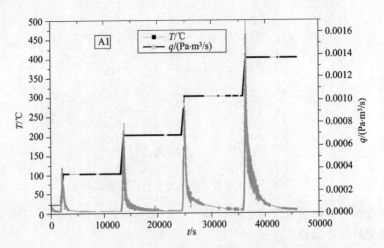

图 5-23 样管 A1 的放气速率变化曲线

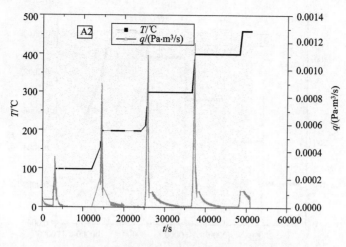

图 5-24　样管 A2 的放气速率变化曲线

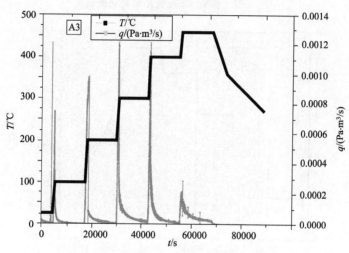

图 5-25　样管 A3 的放气速率变化曲线

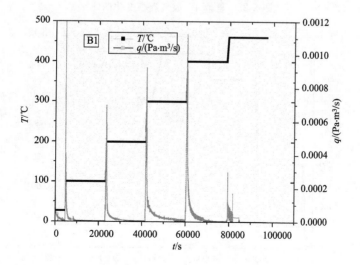

图 5-26　样管 B1 放气速率变化曲线

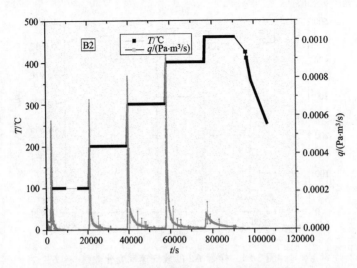

图 5-27　样管 B2 放气速率变化曲线

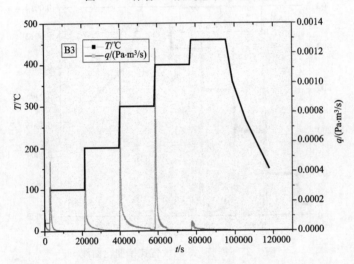

图 5-28　样管 B3 放气速率变化曲线

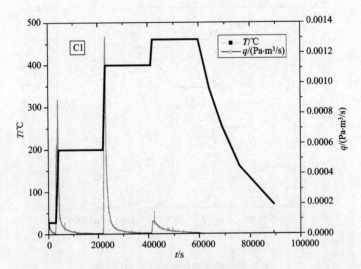

图 5-29　样管 C1 放气速率变化曲线

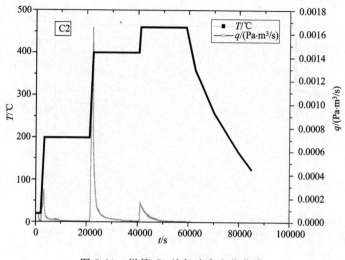

图 5-30 样管 C2 放气速率变化曲线

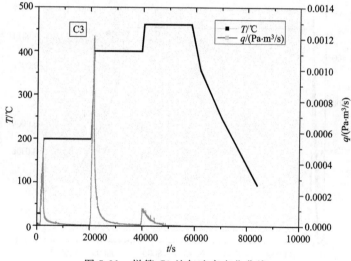

图 5-31 样管 C3 放气速率变化曲线

从图 5-23～图 5-33 的测试结果可以看出，样管的放气速率随温度的升高而急剧增大，而当温度恒定时，放气速率则呈指数规律衰减，但是当温度再次升高时，放气速率仍会急剧增大。用扩散模型（DLM）或复合模型（RLM）都很难解释这些现象。因为如果气体原子在材料内部处于一个能级状态，且附着力较小，则在一定温度下，材料的放气速率开始时很高，但一段时间之后，放气速率会降低到测量极限，材料内部大多数的气体原子会在这个过程中被除去，如果升高温度，放气速率也会增加，但是只有剩余一小部分气体会放出，并且放气速率也会下降得更快，而在实验中发现，温度升高后仍有大量的气体放出；如果气体原子在材料内部的附着力较大，则气体原子的迁移扩散速率较低，虽然放气速率仍会随着温度升高而增大，但是当温度恒定时，放气速率会接近常数，这是因为材料内部仍有大量气体原子还没放出。所以用单一能级理论无法解释这些实验现象。

这些实验现象可用多能级理论来解释，气体在抛物面槽式吸热管材料内部处于不同的能级状态，在低温下，只有处于较低能级的气体原子才能从材料内部通过扩散解溶释放出来，并且放气速率也会随着时间的延长而逐渐降低，较高能级的气体原子由于具有较高的活化

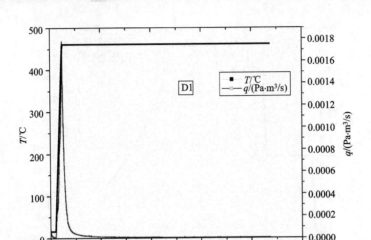

图 5-32 样管 D1 放气速率变化曲线

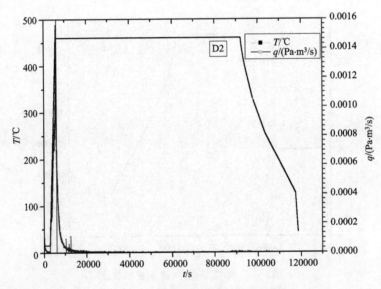

图 5-33 样管 D2 放气速率变化曲线

能，在低温下不能跃迁扩散；当温度升高时，达到气体跃迁所需的活化能后，较高能级的气体原子就会从材料内部通过扩散解溶，复合成气体分子进入真空中，增加了吸热管的放气速率。因此，低温长时间的烘烤排气不能有效降低材料在高温下的放气速率。

由实验结果可以发现，抛物面槽式吸热管在某一温度下的放气速率按指数规律衰减，据此，本文提出了一个抛物面槽式吸热管在恒温下的放气速率方程，如式(5-14) 所示：

$$q(t) = q_0 + q_1 \exp(-\tau_1 t) + q_2 \exp(-\tau_2 t) \tag{5-14}$$

其中 $q_1 = \dfrac{4C_1 D_1}{d_1}$，$q_2 = \dfrac{4C_2 D_2}{d_2}$，$\tau_1 = \dfrac{\pi^2 D_1}{d_1^2}$，$\tau_2 = \dfrac{\pi^2 D_2}{d_2^2}$

式中，q_0 为吸热管放气速率常数；D_1、D_2 分别为气体在玻璃材料和不锈钢材料内的扩散系数；d_1、d_2 分别为玻璃管和不锈钢管的厚度；C_1、C_2 分别为气体在玻璃管和不锈钢管内的初始浓度。

利用式(5-14) 对样管在各个温度下的单位长度放气速率进行拟合分析，其中，样管 B3 放气速率的拟合结果见图 5-34～图 5-38[39]。

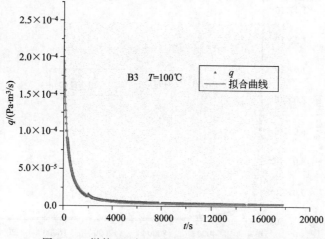

图 5-34　样管 B3 在 100℃下放气速率拟合曲线

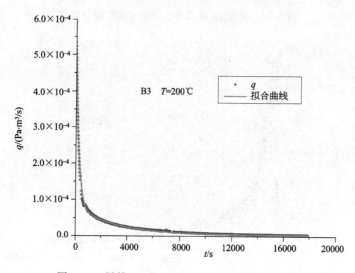

图 5-35　样管 B3 在 200℃下放气速率拟合曲线

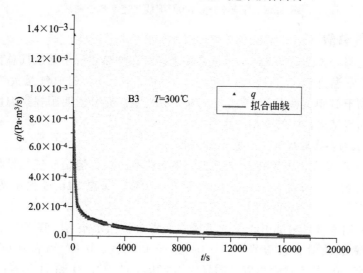

图 5-36　样管 B3 在 300℃下放气速率拟合曲线

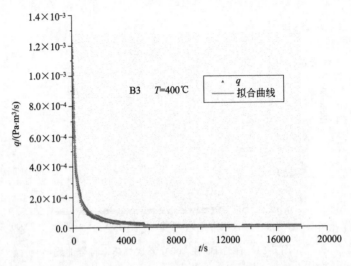

图 5-37　样管 B3 在 400℃下放气速率拟合曲线

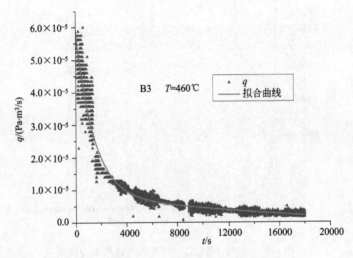

图 5-38　样管 B3 在 460℃下放气速率拟合曲线

5.7.4.2　放气总量

根据放气速率计算公式(5-14)，可算得每个样管在加热过程中的放气总量。

D 组样管从室温升至 460℃加热过程中，只用了 50min，但放气量大约占总放气量的 55%以上，相当于 B 组从室温到 300℃、10h 的放气量。充分说明了提高温度可以加快材料的放气速率，温度越高，放气速率越大。

图 5-39 所示为各实验样管放气总量的对比。

由图 5-39 可以发现，虽然每组样管的加热参数不一致，但是放气总量都在 3Pa·m³左右，由此可以得到 4m 长抛物面槽式吸热管在 460℃、保温 24h 过程中的放气总量约为 20Pa·m³ （20℃）。

根据在国家钢铁材料测试中心做的不锈钢元素含量测定报告，在 SS304 不锈钢中，C、O、N 和 H 元素的质量含量分别为：0.04%、0.0039%、0.074%和 0.00028%。对长为 4.06m，壁厚为 3mm 的不锈钢内管，质量约为 20kg，C、O、N 和 H 元素的质量分别为 8g (0.67mol)、0.78g (0.049mol)、14.8g (1.06mol)、0.056g (0.056mol)，C 在向外扩散过

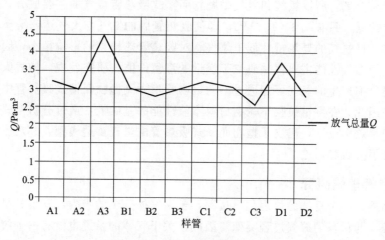

图 5-39 各实验样管放气总量

程中，可与金属表面的 O 结合形成 CO 或 CO_2，释放到真空室内。根据理想气体状态方程，不锈钢内的 N、H 元素全部扩散解溶到真空中转化为 N_2、H_2 的量分别为：$1291Pa \cdot m^3$（20℃）和 $68Pa \cdot m^3$（20℃）。由此可见，仅不锈钢内部所含的气体量就远远大于在 460℃ 下，保温 24h 的放气量。因此，在加热过程中吸热管的放气主要来自材料表面吸附的气体以及材料表层溶解的部分气体，吸热管材料内部的气体并没有完全释放出来。若想进一步降低吸热管的放气速率，需要延长烘烤时间，或提高烘烤温度。

总之，通过抛物面槽式吸热管的放气性能实验可以得到，虽然四组实验的实验参数不同，但是实验期间总的放气量基本一致，说明这四组实验对吸热管的除气效果相同。但是也发现，吸热管内部的气体原子处于不同能级状态，在低温时的除气无法降低高温状态下的放气速率，且在恒温下，放气速率按指数规律衰减，起始阶段速率下降很快，因此，对抛物面槽式吸热管进行烘烤除气时，烘烤温度应大于吸热管的使用温度，且温度越高，除气效率越高。

材料的放气性能目前有扩散模型（DLM）、复合模型（RLM）、吸附-扩散模型和多能级理论等多种模型理论，但由于放气过程的复杂性，目前还没有统一的理论模型可解释所有的放气规律，只能根据具体情况，在实验的基础上利用理论模型进行研究分析。

通过实验发现，气体原子在吸热管材料内部处于不同的能级状态，低温下只有处于低能级的气体才会放出，而处于高能级状态的气体需要在较高的温度下才能从材料内部扩散至表面进行解吸脱附；且在恒温下，材料的放气速率按指数规律衰减，在起始阶段，衰减速率很快。4m 抛物面槽式吸热管在 460℃，保温 24h 过程中的放气总量约为 $20Pa \cdot m^3$（20℃）。因此，在制定抛物面槽式吸热管的烘烤排气方案时，烘烤温度应大于吸热管的使用温度；为了提高排气效率，应尽量提高烘烤温度，且在最初的几个小时的烘烤阶段，除气效率最高。

测试了镀膜不锈钢材料的放气成分，并与纯不锈钢材料的放气成分进行了对比，发现两种材料最主要的放气成分是 H_2，含量都在 90% 以上，镀膜不锈钢材料由于镀膜的影响，放气成分中还包括 N_2 和 Ar，而吸气剂对这两种气体的吸收作用很弱，不利于吸热管内真空度的维持。

5.7.5 抛物面槽式吸热管渗气性能

管壁材料的渗气也是影响抛物面槽式吸热管真空可靠性和寿命的关键因素之一。玻璃易渗氢,不锈钢易渗氢,所以氩气和氢气是抛物面槽式吸热管渗气的主要成分。由于大气中氩气的分压强非常低,只有 $5.3 \times 10^{-1} Pa$,即使吸热管内的氩气与大气达到平衡,对吸热管的影响也非常低,且氩气的导热特性低于氢气,对吸热管热损失的影响很小,因此,研究抛物面槽式吸热管的渗气性能主要就是研究不锈钢的渗氢性能。研究发现,槽式太阳能电站中有机导热油高温分解产生的氢气可能通过不锈钢内管渗入到抛物面槽式吸热管中,但还没有进行深入分析。因此,在测试镀膜不锈钢材料渗氢性能的基础上,通过分析槽式太阳能电站中氢气的产生和渗透等过程,建立了抛物面槽式吸热管的氢气渗透模型,并对影响渗氢过程的各个因素进行了分析和讨论。

5.7.5.1 渗气理论研究

气体的渗透是一个复杂的物理化学过程,包括气体分子的吸附、离解、扩散、复合及解吸脱附等过程,与材料的放气过程类似。因此,关于气体的渗透也没有一个统一的理论。大多数学者认为,扩散过程是决定渗气速率的关键过程。与出气理论的扩散模型(DLM)一样,此扩散过程同样遵循 Fick 定律。渗气过程中不考虑材料内部气体的出气,在金属材料的两端会存在气体浓度差,利用扩散理论计算渗气速率时,真空吸热管的不锈钢内管由于厚度远小于内径,可以近似为一维平板。在研究渗气时,若材料内部的气体已经完全除去,且一侧为真空,则气体通过金属材料的渗气速率为:

$$J(x=l,t) = -D\left(\frac{\partial C}{\partial x}\right)_{x=d} = \frac{DSP_0^{0.5}}{l}\left[1 + 2\sum_{n=1}^{\infty}(-1)^n \exp\left(-\frac{Dn^2\pi^2 t}{l^2}\right)\right] \qquad (5-15)$$

当渗气过程达到稳态时,

$$J(x=l,t\to\infty) = \frac{DSP_0^{0.5}}{l} = \frac{\Phi P_0^{0.5}}{l} \qquad (5-16)$$

式中,l 为真空管吸热体材料厚度;S 为气体在材料内的溶解度;P_0 为金属材料高压侧的气体压强;$\Phi = DS$,称为渗透系数,是表示气体-固体配组渗透性能的基本参量,在分子态渗透的情况下,Φ 与扩散系数 D 的单位一致,即 m^2/s。

5.7.5.2 选择性吸收膜层的渗氢性能测试

研究抛物面槽式吸热管的渗氢过程,首先要知道不锈钢内管的渗氢系数,虽然很多学者已经对各种纯不锈钢材料的渗氢系数进行了实验研究,但关于不锈钢管外表面的选择性吸收膜层的渗氢性能,还是未知的。因此,本实验的目的是通过测试选择性吸收膜层的渗氢性能,得到不锈钢内管的渗氢系数,从而为研究抛物面槽式吸热管的渗氢过程提供重要的参数数据。

测量氢扩散系数可以采用电化学方法或气相渗透方法。电化学方法是采用双电解池和恒电压(流)源、参比电极等装置,其原理是在薄片样品一侧用电化学方法产生高浓度氢离子,在另一侧测量渗出电流。气相渗透测试方法是在样品的一侧充入一定压力的纯净氢气,在样品另一侧测量氢气渗出量或渗出流,当氢气的渗出流达到稳态时,计算得到氢气的渗透系数。

由于气相渗透方法可以在较宽的温度范围内进行测试,且抛物面槽式吸热管工作温度较高,因此,本测试采用气相渗透方法对镀膜不锈钢材料的渗氢性能进行测试。

气相渗透法测定氢渗透系数根据测量方式不同又分为动态方法和静态方法。动态方法是指氢气逸出端或检测端为动态真空环境,用四极质谱计检测并记录氢渗透流-时间曲线。静态方法是在氢气逸出端连接封闭的集气室，测试开始后由于氢的渗透和积累，集气室的压力逐渐增加，由压力传感器记录集气室内氢气压力-时间曲线，因此，静态方法也称为压升法。

在本实验中，采用动态方法进行测试，图5-40所示为测试原理图，图5-41所示为测试装置。

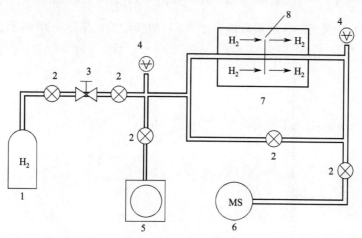

图 5-40　渗氢测试原理

1—氢气罐；2—阀门；3—压力控制阀；4—压力表；5—真空机组；6—四极质谱仪；7—加热炉；8—样片

图 5-41　渗氢测试装置

数据处理和实验结果：

因为样片的渗透面积远大于样片的厚度，渗氢过程可看作一维渗氢过程。根据 Fick 定律和 Sievert 定律，稳态时渗氢通量和压强的关系如下：

$$J_\infty = \frac{A\Phi(P_1^{0.5} - P_2^{0.5})}{l} \qquad (5\text{-}17)$$

式中，J_∞ 为稳态时氢气的渗透通量，mol/s；A 为氢渗透面积，m^2；P_1、P_2 为测试样片两侧的气体压强，MPa；Φ 为氢气的渗透系数（即渗氢系数），$mol/(m \cdot s \cdot MPa^{0.5})$；$l$ 为测试样片的厚度，m。

氢气渗透是一个热动力过程，与温度符合 Arrhenius 关系式：

$$\Phi = \Phi_0 \exp\left(-\frac{E_p}{RT}\right) \qquad (5\text{-}18)$$

根据测试结果，对式（5-18）进行拟合，可以得到渗透常数 $\Phi_0 = 5.9 \times 10^{-6} \text{mol}/(\text{m} \cdot \text{s} \cdot \text{MPa}^{0.5})$ 和渗透活化能 $E_p = 57.5 \text{kJ/mol}$，即

$$\Phi = 5.9 \times 10^{-6} \exp\left(-\frac{57500}{RT}\right) \tag{5-19}$$

根据式（5-19），氢气的渗透系数随温度（T）的变化关系如图 5-42 所示。

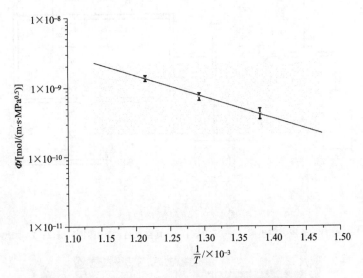

图 5-42 渗氢系数随温度（T）的变化关系

5.7.6 抛物面槽式吸热管渗氢量预测

在槽式太阳能电站中，氢气的渗透是一个复杂的过程，包括氢气的产生、不锈钢内管的渗透、波纹管的渗透以及吸气剂对氢气的吸收等。

5.7.6.1 导热油中氢气的产生速率

根据研究发现，槽式太阳能电站中氢气的产生主要是由于有机导热油在高温下的分解。此类有机导热油由 73.5％ 的联苯醚（$C_{12}H_{10}O$）和 26.5％ 的联苯（$C_{12}H_{10}$）构成，在此选择某导热油产品作为示例对象进行分析。此导热油的凝点为 12℃，分解速率随温度的升高而升高，但在 400℃以下分解速率很低，其热分解速率如图 5-43 所示。

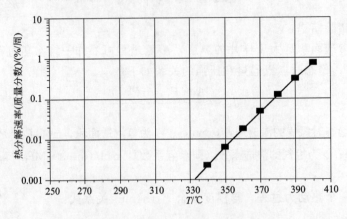

图 5-43 某有机导热油热分解速率

可以得到某有机导热油的热分解关系式：

$$\ln k_f = 54.4 - \frac{40208}{T} \qquad (5\text{-}20)$$

式中，k_f 为导热油热分解速率，%/h；T 为温度，K。

根据 Arnold 和 Moens 给出的导热油分解化学方程式（见图 5-44），根据质量守恒定律，联立各化学方程式，可以得到大约 16mol 导热油可以分解产生 1molH_2。据此，可以得到氢气的产生速率：

$$k_H = \frac{n_f k_f}{16} \qquad (5\text{-}21)$$

$$\ln k_H = \ln n_f + 47 - \frac{40208}{T} \qquad (5\text{-}22)$$

式中，k_H 为氢气产生速率，mol/h；n_f 为导热油的物质的量，mol。

初始反应
$$Ph-O-Ph \longrightarrow Ph^* + Ph^*$$
$$Ph-Ph \longrightarrow 2Ph^*$$

中间过程
$$Ph^* + Ph-O-Ph \longrightarrow PhH + Ph-O-C_6H_4^*$$
$$Ph^* + Ph-Ph \longrightarrow PhH + Ph-C_6H_4^*$$
$$Ph^* + Ph-O-Ph \longrightarrow Ph-C_6H_4-O-Ph + H^*$$
$$PhO^* + Ph-O-Ph \longrightarrow PhOH + Ph-O-C_6H_4^*$$
$$H^* + Ph-O-Ph \longrightarrow PhH + PhO^*$$
$$H^* + Ph-Ph \longrightarrow PhH + Ph^*$$

最终产物
$$2Ph-O-C_6H_4^* \longrightarrow Ph-O-C_6H_4-C_6H_4-O-Ph$$
$$2C_6H_5^* \longrightarrow Ph-Ph$$
$$Ph^* + H^* \longrightarrow PhH$$
$$2H^* \longrightarrow H_2$$

图 5-44　有机导热油分解化学方程式

其中 $Ph-O-Ph = DPO$（联苯醚）；$Ph-Ph = $ 联苯；$Ph^* = C_6H_5^* = $ 苯基

由于导热油的平均分子量为 166，所以导热油的物质的量可以通过下式求得：

$$n_f = \frac{V_f \rho_f}{166} \qquad (5\text{-}23)$$

式中，V_f 为导热油的体积，m^3；ρ_f 为导热油的密度，kg/m^3。

5.7.6.2　氢气的溶解

由于导热油的分解速率较低，在初始阶段产生氢气的量较少，而这部分氢气也会先溶解在导热油内。由于目前还没有氢气在此类有机导热油内溶解度的数据，而苯和有机导热油都属于芳香族类碳氢化合物，因此，在本节中采用氢气在苯内的溶解度数据来代替。

在槽式太阳能电站中，管道内的压强必须大于导热油的蒸气压，而导热油在集热器单元吸热管循环管路内的压强差约为 0.9MPa，根据导热油的物理性能参数，其在 390℃时的蒸气压约为 1MPa，因此，在本节中设定吸热管循环管路内导热油入口端压强为 2MPa（290℃），出口端压强为 1.1MPa（390℃）。基于氢气在苯内的溶解度数据，氢气在此温度和压强变化范围内的溶解度数据变化较小，故在本节中将氢气的溶解度数据视为常数，且选取 0.00325mol/mol 作为氢气在导热油内的溶解度数据。

5.7.6.3 氢气的渗透面积

当溶解在导热油内的氢气达到饱和时，氢气就会逸出，吸附在吸热管内壁。为了探索氢气逸出后在金属壁面的形成规律及其形态，进行了电解水实验，通过观察发现在电解水实验中，电解产生的气体以半球形气泡形式吸附在电解槽内壁。据此可以推得，饱和逸出的氢气以半球形气泡吸附在吸热管内壁，如图 5-45 所示。

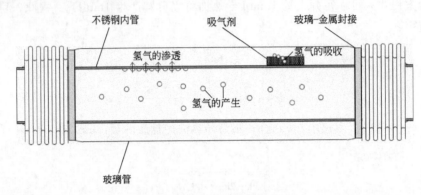

图 5-45　氢气渗透过程示意图

在槽式太阳能电站中，氢气随导热油在一个闭合循环管路内流动，当氢气从一个吸热管内流出时，同时又有氢气从其它吸热管内流入。因此，在本节中假定氢气在吸热管内不随导热油流动，全部以半球形气泡的形式吸附在吸热管内壁。根据力学平衡，气泡内氢气的压力应等于导热油的压力。因此，氢气通过不锈钢内管的渗透面积等于所有吸附气泡与吸热管内壁的接触面积。吸热管内壁吸附的气泡个数为：

$$N_{bub}=\frac{n_{H}}{n_{bub-H}}=\frac{3n_{H}RT}{2\pi P_{bub}r_{bub}^{3}} \tag{5-24}$$

$$n_{H}=k_{H}-3600\times J_{f-ann} \tag{5-25}$$

式中，N_{bub} 为氢气吸附气泡的个数；n_{H} 为管路内氢气的物质的量，mol；n_{bub-H} 为气泡内氢气的物质的量，mol；P_{bub} 为气泡内氢气的压强，Pa；r_{bub} 为气泡的半径，m；R 为理想气体常数；T 为温度，K；J_{f-ann} 为氢气从导热油管路渗入吸热管内的速率，mol/s。

因此，氢气通过不锈钢内管的渗透面积为：

$$A_{f-ann}=N_{bub}\times\pi r_{bub}^{2} \tag{5-26}$$

5.7.6.4 不锈钢内管的渗氢

当气泡吸附在吸热管内壁上时，氢气会通过不锈钢内管渗入到吸热管真空层中，渗透速率为：

$$J_{f-ann}=A_{f-ann}\Phi_{ab}(P_{bub}^{0.5}-P_{ann}^{0.5})/l_{ab} \tag{5-27}$$

式中，A_{f-ann} 为氢气通过不锈钢内管的渗透面积，m^2；Φ_{ab} 为不锈钢内管的氢渗透系数，$mol/(m\cdot s\cdot MPa^{0.5})$；$P_{bub}$ 为导热油内的氢气分压强，MPa；P_{ann} 为吸热管内氢气的分压强，MPa；l_{ab} 为不锈钢吸热管的壁面厚度，m。

对于抛物面槽式吸热管的不锈钢内管，可以看作由纯不锈钢层和镀有选择性吸收膜层的不锈钢层组成（如渗氢测试样片）。对于多层材料的渗透系数，有以下关系式：

$$\frac{1}{\Phi}=\frac{1}{\Phi_1}+\frac{1}{\Phi_2}+\cdots+\frac{1}{\Phi_n} \tag{5-28}$$

纯不锈钢材料 SS304 的氢渗透系数为：

$$\Phi_s = 2.85 \times 10^{-4} \exp\left(-\frac{62430}{RT}\right) \tag{5-29}$$

当抛物面槽式吸热管内的吸气剂被激活时，渗入到吸热管内的氢气会被吸气剂吸收，因此，吸热管内的氢气分压强 $P_{ann}=0$；当吸热管内的吸气剂饱和时，P_{ann} 会随氢气的渗入量的增加而变化。

在时间段 τ 内，渗入到吸热管真空夹层内氢气的量为：

$$Q = \int J_{f\text{-}ann} d\tau \tag{5-30}$$

5.7.6.5　波纹管的渗氢

当抛物面槽式吸热管内的吸气剂饱和时，渗入到吸热管的氢气就会在吸热管内累积，其中也会有部分氢气通过波纹管渗出到大气中。因为大气中氢气的分压强很小，因此，在本节中将大气中的分压强近似为零。氢气通过波纹管的渗透速率为：

$$J_{ann\text{-}air} = A_{bel} \Phi_{bel} P_{ann}^{0.5} / l_{bel} \tag{5-31}$$

式中，$J_{ann\text{-}air}$ 为氢气通过波纹管渗出到大气中的速率，mol/s；A_{bel} 为氢气通过波纹管的渗透面积，m^2；Φ_{bel} 为波纹管的渗氢系数，$mol/(m \cdot s \cdot MPa^{0.5})$；$l_{bel}$ 为波纹管的厚度，m。

在本节中采用吸热管的波纹管内径为 0.08m，外径为 0.12m，每个波纹管有 5 个波，波纹管管壁的厚度为 0.2mm。因此，抛物面槽式吸热管波纹管的总的渗透面积为 $0.1256m^2$。在本节中，波纹管渗氢系数与纯不锈钢材料 SS304 的渗氢系数相同，即 $\Phi_{bel}=\Phi_s$。

当吸热管内的吸气剂饱和时，氢气在吸热管内的累积量为：

$$Q = \int (J_{f\text{-}ann} - J_{ann\text{-}air}) dt \tag{5-32}$$

5.7.6.6　模型的计算

假设槽式太阳能电站每年运行 2000h，由于导热油在夜晚的温度很低，氢气的产生速率和渗透速率也很低，因此在本节中不考虑电站夜晚的运行情况。此模型在 Matlab 上进行计算，计算逻辑关系如图 5-46 所示。

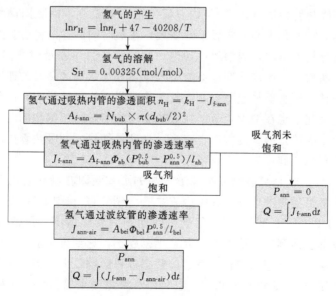

图 5-46　渗氢模型计算逻辑关系示意图

5.7.6.7　结果及分析

（1）吸气剂未饱和时　当抛物面槽式吸热管内的吸气剂被激活，还未达到饱和时，渗入吸热管内的氢气会被吸气剂吸收，吸热管内氢气的分压强为零。根据渗氢模型的计算结果，在吸热管的使用寿命25年内渗入到吸热管内的氢气总量如图5-47所示。由图可知，在355℃以下，渗入的氢气量为零，之后随着导热油温度的升高而增加，到390℃时为4.4mol，这是因为氢气的产生速率和渗透速率都是温度的函数，随温度的升高而增大。导热油的分解速率符合Arrhenius方程，低于355℃时，分解产生的氢气全部溶解于导热油内，没有氢气通过不锈钢内管渗入到吸热管内。高于355℃时，氢气的产生速率增加，氢气的浓度超过了导热油的溶解度，逸出的氢气开始以半球形气泡的形式吸附在吸热管内壁，渗入到吸热管内，并且随着温度的升高，渗入量也在增大。所以，处于循环管路低温端的抛物面槽式吸热管需要的吸气剂量要比高温端的少，循环管路不同位置的吸热管需要的吸气剂量也不相同，为了保证抛物面槽式吸热管的真空寿命，吸热管内吸气剂的安装量要根据安装位置的不同有所变化。

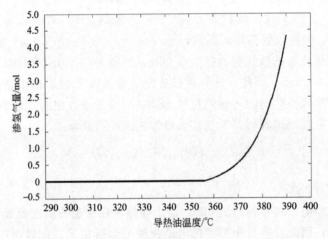

图5-47　吸热管内氢气的渗入量随温度的变化曲线

在抛物面槽式吸热管使用寿命25年内，氢气在不同温度下的吸附面积如图5-48所示。在初始状态氢气的吸附面积为零，之后不断增大，在短时间内达到稳态。这是因为开始时所有的氢气都溶解在导热流体内，当溶解达到饱和时，吸热管内壁吸附气泡的面积开始增加，从而渗透面积也不断增大，渗透速率也不断增大。当氢气渗入吸热管的速率等于氢气的产生速率，或吸热管内壁全部被氢气泡覆盖时，氢气的吸附面积不再增大，达到稳态。随着温度的升高，氢气的产生速率也在增大，氢气在导热油内的溶解达到饱和的时间也在缩短，产生的氢气越多，吸附在吸热管内壁的气泡也越多，直到氢气渗入到吸热管内的速率等于氢气的产生速率，吸附面积也达到稳态，不再增大。

在渗氢模型中，氢气是被假设以半球形气泡的形式吸附在吸热管内壁的，因此，吸附气泡的半径是影响渗氢模型准确性的关键因素之一。图5-49和图5-50表示的是吸附气泡半径（r）不同时，在290℃和390℃下，氢气吸附面积的变化情况。虽然吸附气泡的半径不同，但是吸附面积都会达到同一稳态值，并且半径越小，达到稳态值所用的时间越少，特别是在高温下。在低温下，气泡的半径对渗透的暂态过程影响较大，但是暂态时间远小于抛物面槽式吸热管的使用寿命25年，因此，气泡半径对渗氢模型的精度影响较小，半球形气泡的吸附形式假设是合理的。但是，根据实际工程经验，氢气在导热油内的气泡应该是较小

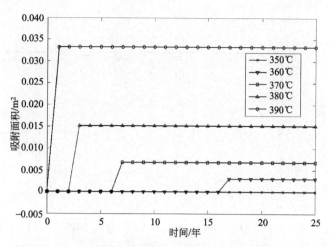

图 5-48 氢气的吸附面积在不同温度下的变化曲线

的，因此在本计算模型中推荐氢气吸附气泡的半径为 0.1mm。

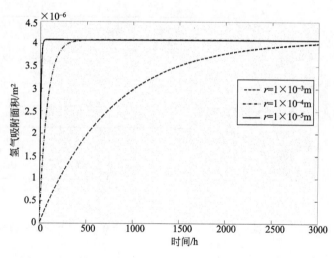

图 5-49 气泡半径不同时，氢气吸附面积在 290℃下的变化曲线

在槽式太阳能电站中，导热油的分解产物不仅包括氢气，还有 CO 和碳氢化合物气体[46]。例如，当 Dowtherm A 被加热到 425℃并保温 120h 时，导热油会分解产生部分气体的混合物，其中氢气约占总气体体积的 44%[47]。因此，导热油内的氢气会和其它分解气体一起形成气泡吸附在吸热管的内壁，气泡中总的压强等于管道内导热油压强，而气泡内氢气的分压强只是导热油压强的一部分。当气泡内氢气分压强（P_H）为导热油压强（P_f）的 10%、50%和 100%时，氢气在 390℃下的吸附面积和渗透速率变化曲线如图 5-51 和图 5-52 所示。当氢气分压强降低时，氢气的吸附面积在增大，但是氢气在稳态下的渗透速率是相同的。这是因为在开始阶段，氢气的产生速率大于氢气的渗透速率，吸附在吸热管内壁上的气泡不断增加，氢气的渗透面积也在不断扩大，直到氢气的渗透速率等于氢气的产生速率。由于氢气的渗透速率由氢气的压强和渗透面积决定，如式(5-27) 所示。当气泡内的氢气分压强降低时，氢气的渗透面积就会增加以使得氢气的渗透速率等于氢气的产生速率。因此，循环管路内氢气分压强的变化只会影响暂态过程中的氢气渗入量，对稳态时的氢气渗入量没有

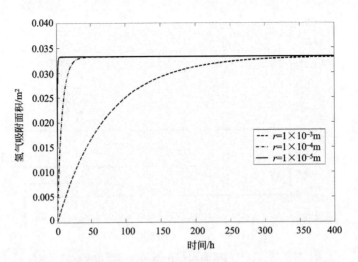

图 5-50　气泡半径不同时，氢气吸附面积在 390℃下的变化曲线

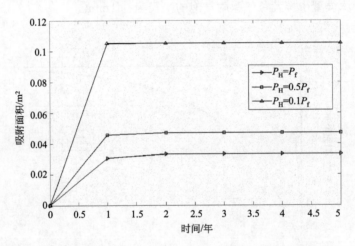

图 5-51　不同氢气分压强下，氢气吸附面积在 390℃下的变化曲线

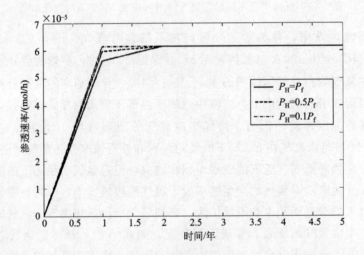

图 5-52　不同氢气分压强下，氢气渗透速率在 390℃下的变化曲线

影响，氢气分压强的变化对吸热管内氢气总的渗入量的影响很小。

导热油内的有机杂质和不锈钢管表面的氧化层可能会催化导热油的分解，加速氢气的产生[46]。图 5-53 显示了不同氢气产生速率（k_H 为速率常数）下，氢气的吸附面积在 390℃下的变化曲线。当氢气的产生速率增加时，吸附面积和渗透速率都会增加直至氢气的渗透速率等于氢气的产生速率，或吸热管内表面全部被氢气气泡所覆盖。

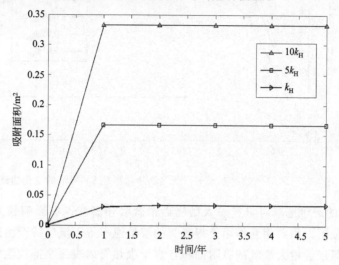

图 5-53　不同氢气产生速率下，氢气吸附面积在 390℃下的变化曲线

为了延长抛物面槽式吸热管的真空寿命，阻氢层常被用来限制氢气的渗透。在本节中利用渗氢模型研究了 3 个不同阻氢系数的阻氢层对氢渗透的影响，如图 5-54 和图 5-55 所示。当抛物面槽式吸热管的氢气渗透系数被阻氢层降低到原来的 10％或 5％时，氢气的吸附面积会增大，但稳态时的氢气渗透速率不变。当氢气的渗透系数被降低到原来的 1％时，氢气的吸附面积增大到最大值，等于吸热管的内表面积，稳态时的氢气渗透速率降低到原来的 25％。这是因为氢气的渗透速率总是向接近或等于氢气产生速率的方向发展，所以当氢气的渗透系数降低时，氢气的吸附面积就会不断增大直至达到最大表面积。当吸附面积等于吸热

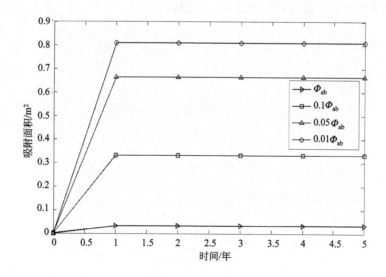

图 5-54　不同氢渗透系数下，氢气的吸附面积在 390℃下的变化曲线

管的内表面积时，氢气的渗透速率才开始随着氢渗透系数的降低而减小。

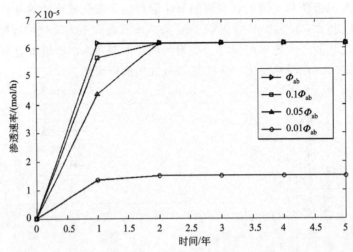

图 5-55 不同氢渗透系数下，氢气渗透速率在 390℃下的变化曲线

　　总之，氢气的产生速率对氢气渗入抛物面槽式吸热管的速率影响较大，而氢气的分压强、渗透系数和吸附面积则相互作用使得氢气的渗透速率等于氢气的产生速率。减小氢气的分压强或增加阻氢层会增大氢气的吸附面积，直至吸热管内表面全部被氢气覆盖，氢气的渗透速率才开始降低。

　　（2）吸气剂达到饱和时　　当抛物面槽式吸热管内的吸气剂饱和时，氢气在导热油内的溶解早已过饱和，因此，在利用渗氢模型计算吸气剂饱和时的吸热管渗氢性能时，不考虑氢气在导热油内的溶解度的影响。

　　当吸气剂达到饱和状态时，氢气无法再被吸气剂吸收，氢气在吸热管内的压强也会不断升高。图 5-56 显示了真空管内吸气剂饱和了 36 个月后真空夹层内氢气压强随导热油温度的变化曲线。由于氢气的产生速率和渗透速率都随温度的升高而增大，因此当温度上升时，吸热管内氢气的压强升高很快，其中 350℃是一个转折点。当吸气剂饱和后，循环管路低温端的抛物面槽式吸热管真空维持时间要比高温端的长。

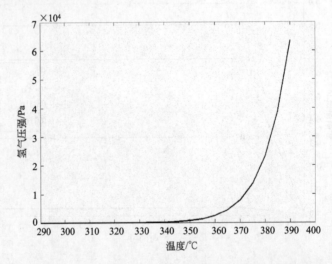

图 5-56 吸气剂饱和后 36 个月时，吸热管内的氢气压强随导热油温度的变化曲线

图 5-57 和图 5-58 显示了吸气剂饱和后 36 个月时，在不同氢气分压强和渗透系数下，吸热管内的氢气压强随导热油温度的变化曲线。降低管路内的氢气分压强或渗透系数在低温下对吸热管内氢气的累积影响较小，这是由于低温下氢气的产生速率和渗透速率都很小，氢气的吸附面积也很小，当降低管路内的氢气分压强或渗透系数时，氢气的吸附面积会增大，但稳态时氢气的渗透速率不变，与氢气的产生速率相等。在高温下，氢气在吸热管内壁的吸附面积较大，当管路内的氢气分压强或渗透系数降低时，吸附面积很容易达到最大值，之后氢气的渗透速率开始减小。因此，高温下，降低管路内的氢气分压强或渗透系数对减缓吸热管内氢气的累积有明显作用。

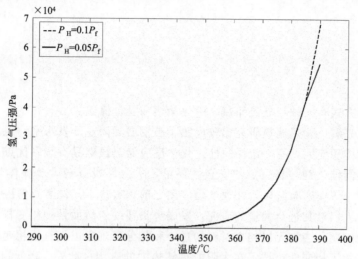

图 5-57　吸气剂饱和后 36 个月时，不同氢气分压强下吸热管内
的氢气压强随导热油温度的变化曲线

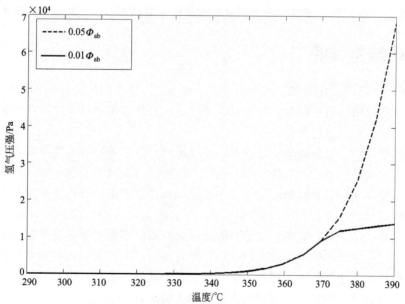

图 5-58　吸气剂饱和后 36 个月时，不同渗透系数下吸热管内
的氢气压强随导热油温度的变化曲线

储热系统

常见的储热方式有三种：显热储热、潜热储热和复合储热。

从现有研究来看，显热储热研究比较成熟，已发展到商业开发水平，但由于显热储能密度低，储热装置体积庞大，有一定局限性。化学反应储热虽然具有很多优点，但化学反应过程复杂，有时还需催化剂，有一定的安全性要求，一次性投资较大及整体效率仍较低等困难，目前只处于小规模实验阶段，在大规模应用之前仍有许多问题需要解决。相变储热凭借其优越性吸引着人们对其进行大量的研究，发展势头强劲。然而常规相变材料在实际应用过程中存在的种种问题，诸如无机相变材料的过冷和相分离现象以及有机相变材料的热导率低等问题，严重制约了相变储热技术在太阳能热储热中的应用。此外，降低相变储热的应用成本亦是将相变储热技术大规模应用于太阳能热储存前必须解决的一个现实问题。近年来，随着复合相变储热材料、定形相变材料和功能热流体等新型相变材料的出现，上述问题有望得到解决。新型相变材料研究的出现将在很大程度上推动相变储热技术在太阳能热储存中的应用。

6.1 系统总体描述

6.1.1 储热系统的作用

储热系统的作用包括：在天气条件发生变化时，为热电站提供缓冲；转移发电时间；增加年利用率；使发电量均匀分布。

(1) 提供缓冲 当太阳能电站上方有云层经过时，由于云层的遮挡，输入到系统中的太阳辐射能量会发生瞬时变化。这种瞬时的变化会严重影响发电设备的工作，因为随着太阳光照的变化，汽轮发电机组会频繁地工作在半负载和瞬变模式下，这样系统的发电效率会大大降低，甚至出现被迫停机的情况。储热系统可以消除这种瞬时的变化，为发电系统提供缓冲。作为缓冲的储热系统，其储热容量一般较小，可以供汽轮机组满负荷运行 1h。

(2) 转移发电时间 储热系统可以在白天的时候将部分收集的太阳能量储存起来，在之后的用电高峰期将热量释放出来用于发电。这种类型的储热系统一般不需要额外增加太阳能聚光面积，其热容量一般较大，可以供汽轮机满负荷运行 3～6h。

(3) 增加年利用率 用于增加电站年利用率的储热系统的热容量可以供汽轮机组满负荷工作 5～16h，这种储热系统主要是用于延长电站利用太阳能发电的时间，增加太阳能的利用率。但是由于加入了储热系统，电站需要更大的聚光面积。

太阳能高温储热的发展动向是：

① 材料在生命周期中环境友好；

② 储热材料热性能稳定，腐蚀性低；

③ 液态或固态无机非金属材料显热储热和直接法化学储热技术有很好的前景；

④ 高分子材料储热和相变储热难度大，处于基础研究阶段。

太阳能热发电储热成本：

目前在商业化太阳能热发电站中使用的储热系统有使用熔融盐为储热介质的双罐储热系统和直接进行水蒸气蓄取的蒸汽蓄热器。扩大蒸汽蓄热器储热容量时可能带来储热容器成本的急剧增长，因此蒸汽蓄热器不适用于长时间、大容量的低成本储热。

使用熔融盐为储热介质的双罐储热系统是目前技术最成熟、应用最广泛的储热方式。目前其应用主要是在以导热油为吸热传热流体的槽式电站的间接储热系统、以熔融盐为吸热传热流体的塔式的直接储热系统。其中储热介质都为熔融盐。目前熔融盐双罐间接储热系统的成本为 50～80 美元/(kW·h)（热量），而双罐直接储热系统的成本为 30～50 美元/(kW·h)（热量）。随着技术的不断进步，储热成本有望在将来实现较大幅度的下降。根据预测，在 2020 年储热系统成本有望降至 20～25 美元/(kW·h)，美国能源局 SunShot 计划的目标是在 2020 年储热成本降至 15 美元/(kW·h)。

储热系统主要包括储热材料、储热容器、容器基础、泵、管路以及保温、防冻、控制和电气等设备。文献中以西班牙 50MW 槽式间接储热系统（储热时间 7.5h）为例，预测总储热成本约 3840 万美元，其中储热材料——熔融盐成本约占一半。储热罐的成本主要是罐体用钢，材料费可以占到罐体总成本的 75% 左右。

6.1.2　储热系统分类

储热系统按材料可分为显热储热、潜热储热、复合储热、化学储热四类。

（1）显热储热　可以是无机非金属材料、油类等液体、油与无机非金属混合的储热材料。显热储热当对储热介质加热时，其温度升高，从而将热能蓄存起来。显热式储热原理十分简单，实际使用也很普遍。利用显热储热时，储热材料在储存和释放热能时，材料自身只是发生温度的变化，而不发生其它任何变化。这种储热方式简单，成本低，但在释放能量时，由于材料热导率低，因此放热功率低。并且该类材料储能密度低，从而使相应的装置体积庞大，因此它的工业应用价值有待提高。常用的显热储热介质有水、水蒸气、沙石等。显热储热主要用来储存温度较低的热能，液态水和岩石等常被用作这种系统的储存物质。为使储热器具有较高的容积储热密度，则要求储热介质有高的比热容和密度。目前，应用最多的储热介质是水及沙石。水的比热容大约是石料比热容的 4.8 倍，而沙石的密度只是水的 2.5～3.5 倍，因此水的储热容积密度要比沙石的大。沙石的优点是不像水那样有漏损和腐蚀等问题，但热导率较低，充放热系统比水复杂。通常，石块床与太阳能空气加热系统联合使用。石块床既是储热器，又是换热器。当需要蓄存温度较高时，以水作储热介质就不合适了，因高压容器的费用昂贵。

（2）潜热储热　利用相变材料储热，可以是水、盐类、金属合金等。潜热储存是系统中的一种物质被加热，然后熔化、蒸发或者在一定的恒温条件下产生其它某种状态变化，这种材料不仅能量密度较高，而且所用装置简单、体积小、设计灵活、使用方便且易于管理。另外，它还有一个很大的优点是这类材料在相变储能过程中材料近似恒温，可以以此来控制体系的温度。利用固液相变潜热储热的储热介质常称为相变材料，潜热储存系统利用了高温相变的特性。当储存介质的温度达到熔点时，出现吸收物质熔化潜能的相变化。然而，当从储存系统中吸收热能时，通过倒相这股热可以释放出来，这一方法与显热系统相比，一个很大的优点是在必要的恒温下能够获取热能。能量高、潜热大是潜热储存系统的潜在优点。当前可用于固液潜热储存系统的原料有氟化物、氯化物、磷酸盐、硫酸盐、硝酸盐、Al-Si 合金体系和 Pb-Bi 合金体系、氢氧化合物的低共熔混合物。材料特征包括熔解热、热量、导热性以及热分解率。在目前，实验过的材料基本都具有腐蚀性，并且大部分趋向高温下分解。

（3）复合储热　复合材料是指有两种或两种以上不同化学性质的组分所组成的材料，可以是相变材料与无机非金属材料的复合，如液态盐与陶瓷的复合，液态金属与陶瓷的复合，各种硝酸盐的复合。蓄热材料复合的目的在于充分利用各类储热材料的优点，克服一种材料的不足。比如采用一定的复合工艺，将熔融盐与合适的基体材料复合，熔融盐具有很大的相变潜热和化学稳定性等优点，基体材料能够强化蓄放热过程的传热，并解决蓄热材料液相的泄漏和腐蚀问题。

（4）化学储热　略。

6.1.3　储热方式选择

① 当储热温度低于 500℃时，可以选用各种储热方式。当温度高于 500℃时，可以采用碳酸类无机盐、陶瓷和金属以及化学储热方式。

② 选用各种储热材料及方式时应当充分考虑材料与容器在高温下的相容性。

③ 陶瓷高温储热要在充热过程控制手段上保证储热体中没有热震现象。

④ 采用化学储热时，要考虑有毒污染气体和液体的泄漏和排放。

⑤ 储热材料的选择也可以选用当地的原料，如沙漠电站的当地所具有的沙石等。

6.1.4　储热材料存放

当采用熔融盐储热时，熔融盐原料的堆放宜在室内，并密封，防止原料粉尘等随风飘散污染空气以及现场的金属和玻璃反射镜等。对于硝酸盐类的化学物品，堆放地必须有防爆措施，且宜远离主厂房和吸热塔。

采用油作为储热工质时，必须考虑油容器、管路及阀门等不同程度泄漏事故中的处理方法，以及污染防止措施。高温输油的管路当量长度小于 200m 时，可采用负压气力清洗系统；等于或大于 200m 时，宜采用正压气力清洗系统。

储热系统应具备高压空气或高压水清洗设备，作为容器和管路的清洗手段，同时该高压系统也可作为消防手段。管路直径和长度的设计应考虑管内腐蚀或污垢清洗的方便。

6.2　储热系统的技术要求

在选择合适的固体储热系统时，需要综合考虑系统的成本效益和技术标准。

（1）储热系统成本主要取决于以下几个方面

① 储热材料本身的成本。

② 用于充放热的换热器的成本。

③ 储热系统的用地和其它辅助设备的成本。

④ 储热系统运行和维护的成本，对于熔融盐系统，这部分成本比较高。

（2）从技术的角度出发，储热系统需要满足以下标准

① 储热材料的热容量应该尽量高，这样可以减小储热系统的体积。

② 传热流体和储热介质之间要有良好的换热，这样可以提高系统的换热效率。

③ 储热材料必须要有良好的机械和化学稳定性，这样才能保证储热系统在经过大量的充放热循环后仍然具有完全的可逆性，使储热系统可以具有较长的使用寿命。

④ 储热材料要有良好的热导率，这样可以增加系统的动态性能。

⑤ 储热材料的热膨胀系数要和嵌入到储热介质中的金属换热器的热膨胀系数相匹配，这样才能保证传热流体与储热介质之间始终保持良好的换热特性。

6.3　储热材料和模式

6.3.1　熔融盐储热和室温离子流体材料

熔融盐储热在美国 Solar Two、法国 THEMIS、西班牙 Gemasolar、Asola、意大利 ENEL 等电站中已进行了实验或商业化运行，目前熔融盐储热一般采用双罐技术。

对于塔式电站，熔融盐一般也是吸热流体，这样冷盐经过吸热器加热进入热盐罐。从热罐中出来的盐进入蒸发器换热，变为冷盐后进入冷罐，完成一个循环。

对于槽式电站，考虑到安全性和可靠性，储热流体一般为导热油。储热体为盐时需要有一个油/盐换热器，用于油到盐之间的传热。

新发展的技术主要包括熔融盐单罐温跃层储热。Pacheco 等曾对在槽式系统中使用带有一种填料的温跃层熔融盐储热技术进行了理论和实验分析。大体的思想就是通过便宜材料替代昂贵的盐，从而降低成本。和传统的双罐熔融盐储热相比，这种技术可以将成本降低约 1/3。单罐温跃层储热技术中，耐久性填料的选择和充放热方法和设备的优化都是主要的研究项目。

此外，也可以采用新型的储热材料，即离子流体（RTIL）。该材料可以克服熔融盐的缺点，即使在很低的温度下仍是流体状态。离子流体材料是一种有机盐，在相关的温度范围内蒸气压可以忽略不计，而熔点在 25℃ 以下。目前该材料用于高温后的稳定性和成本，都还存在着不确定性。

6.3.2　混凝土储热材料

在固体显热储热材料中，可浇注陶瓷和高温混凝土是两种较有应用前景的储热材料。德国宇航中心（DLR）对这两种材料在温度为 350℃ 时的物理性能进行了分析。其基本参数为：导热系数 1.2W/(m·K)，密度 2250kg/m³，比热容 1100J/(kg·K)。

图 6-1 所示为在两种材料中嵌入了换热钢管之后的剖面图。剪切应力分析表明，在环境温度为 350℃ 时，换热管与材料的接触非常好。

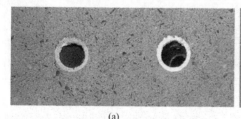

(a)　　　　　　　　　　　　　　(b)

图 6-1　嵌入换热钢管的高温混凝土（a）和可浇注陶瓷（b）的剖面图

总的来说，高温混凝土似乎是更适合的材料，因为它具有更低的成本，更高的材料强度，而且是更容易控制的预拌材料。但是，可浇注陶瓷有比高温混凝土高 20％ 的储热容量，高 35％ 的热导率，同时也有成本进一步降低的潜力。图 6-2 所示为高温混凝土材料的热循环和强度测试实验。这是储热混凝土必须进行的测试项目。

(a) 热循环测试　　　　　　　　　　　(b) 强度测试

图 6-2　高温混凝土材料的热循环和强度测试实验

提高高温混凝土材料热导率的方法包括，在混凝土材料中加入热导率高的金属或者石墨碎片来提高混凝土材料的热导率。膨胀石墨材料具有非常高的热导率，可以达到 150W/(m·K)。但是由于混凝土材料在铸造时的限制，石墨碎片的最高添加含量为 10％。加入石墨碎片后，可以使混凝土材料的热导率提高 15％ 左右。武汉理工大学也对添加石墨碎片后对混凝土材料热导率的影响进行了实验研究，实验结果如图 6-3 所示。从图中可以看出，随着石墨含量的增加，混凝土材料的热导率显著增加。在石墨含量为 5％ 的时候，混凝土材料的热导率可以达到 2.34W/(m·K)，这比其它相关文献中提到的混凝土材料的热导率都高。

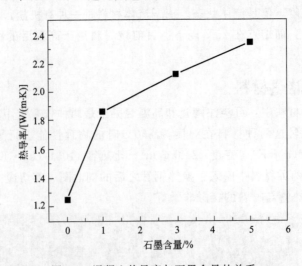

图 6-3　混凝土热导率与石墨含量的关系

6.3.3　混凝土储热器的换热设计

（1）无钢管的直通式换热器　在这种设计中，预制的混凝土储热块直接与传热流体接触。这种设计成本低，可以直接传热。但是，由于混凝土具有一定的渗透性，导热油在管道中流动时会出现泄漏的情况。此外，管道-储热块的分界面的连接具有一定的技术难度，而且成本较高。基于以上两种原因，这种无钢管的直通式换热器的设计需要进一步研究。

（2）最优化管状换热器 储热材料的热导率对于管状换热器的设计具有很重要的影响。随着热导率的增加，换热管的间距就会增加，同时换热管的数量也会随之减少。对于一个储热容量为950MW·h的混凝土储热单元，假设吸热过程中导热油的入口温度为390℃，放热过程中导热油的出口温度为290℃。当热导率从1W/(m·K)增加到1.8W/(m·K)时，总的换热管的长度将会减少46%（图6-4）。因此，提高材料的热导率对于整个储热单元的设计非常重要。

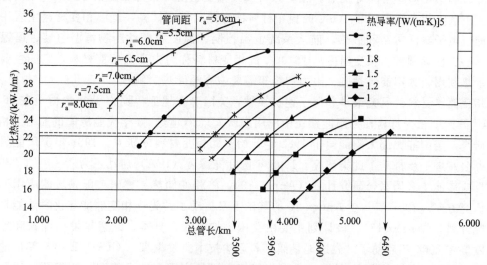

图6-4 不同热导率和管间距下的总管长与比热容的关系

另外一种增加与储热材料换热的方式是在换热管上增加高热导率的结构，这种结构是在换热管的轴向加装散热翅片，如图6-5所示。

对具有相同管间距的两个管状换热器温度分布的有限元分析结果如图6-6所示，图中左侧是没有散热翅片的换热器，右边是具有轴向散热翅片的换热器。图6-6中显示了储热块通入390℃的导热油1h后的温度分布，两种结构的初始温度均为350℃。从图6-6可见，增加的翅片有效地改善了储热模块的温度分布，加装翅片之后会增加材料的成本，而且换热器的制造也相对困难，因此加装换热结构并没有明显的优势，建议仍然使用传统的换热管道[48]。

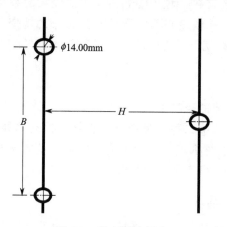

图6-5 轴向散热翅片

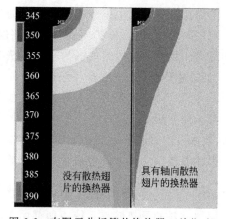

图6-6 有限元分析管状换热器（单位：℃）

6.3.4　相变材料储热

利用相变材料（PCM）在相变过程中吸热和放热的特性进行热能存储/释放和温度控制是近年来太阳能热利用和材料领域中活跃的研究方向。相变材料在其相变过程中通过与环境交换热量，控制环境的温度。目前研究较多的相变材料包括多元醇、烷烃、酯、脂肪酸等有机物和结晶水合盐、熔融盐、金属合金等无机物以及有机和无机共熔混合物。相变材料具有吸热密度高、温度控制恒定、体积小巧、节能效果显著、相变温度选择范围广（-20～1000℃）和结构简单可靠等优点。相变材料按其相变温度可分为低温相变材料和中高温相变材料。一般将相变温度低于100℃的相变材料称为低温相变材料，低温相变材料主要用于建筑节能、电子器件封装和散热、航天系统恒温控制、温度敏感性药物恒温包装、恒温运动服、军事工程等领域。相变温度高于100℃的相变材料称为中高温相变材料，它们主要用于工业余热利用、太阳能热发电、电力调峰等需要中高温储热的领域。

相变储热材料的研究最早起源于建筑领域，美国麻省理工学院的Telkes博士在20世纪50年代开始了相变材料在太阳能建筑中应用的研究。20世纪70年代能源危机推动了相变材料的研究，美国能源部太阳能司于1982年开始资助相变材料的研究，1988年美国能量储存分配办公室进一步推动了此类研究。1998年国际能源署（IEA）启动了为期3年的"相变和化学反应储能"多国联合研究计划（Annex 10），将相变储热在建筑节能领域的应用列为主要的研究方向。2001年，在Annex 10的基础上又启动了"先进相变储能和化学储能材料技术研究计划"（Annex 17）。该计划主要由美国、加拿大、日本、欧盟等发达国家和地区参与。欧盟在2004年启动了"先进能量储存和运输技术研发框架"（ESTNET），其目的在于推进相变储能材料在太阳能利用、建筑节能等方面的应用，涉及德国、西班牙、法国、瑞典、丹麦和荷兰6个欧洲国家，在该框架中不仅包括在大学中进行的研究内容，还包括相变材料的应用推广内容。而在此之前，德国自己组织了包括大学（如斯图加特大学）、大型企业（如BASF以及一些建筑和材料公司）和研究机构（如德国航空航天中心、FRAUN-HOFER太阳能技术研究所、巴伐利亚应用能源研究中心等）在内的研究开发计划：Innovative PCM-Technology（创新相变材料技术）。我国一些高校和科研院所在863计划、国家自然科学基金以及一些地方性科研计划的支持下也进行了大量的相变材料用于高温和建筑节能等领域的研究工作。

相变材料（PCM）是潜热储热技术的潜在候选材料，对于潜热占比重比较大的系统而言，例如直接蒸汽发生系统，重要性尤为显著。PCM储热并不局限于固态-液态的转变，而可以采用固态-固态或液态-气态的转变，但和其它相变形式比较而言，固态-液态的转变有一定的优点。目前正在研究的两种理论方法为：

① 少量PCM成囊技术（密封）；

② 将PCM嵌入由其它高导热性的固体材料组成的矩阵中。

第一种方法基于减少PCM内部的距离考虑的，第二种则是通过其它材料提高热导率。PCM技术目前处在研发的初期阶段，许多建议的系统都还只是理论或实验室规模的实验工作，因此很难预测成本，但目标成本应该在20欧元/(kW·h)以下。

6.3.5　固体材料储热用于空气吸热器系统

固体材料的显热储热系统一般都用于容积式空气或压缩空气系统。其中，热需要传给另一种介质，而这种介质可以是高密度、高热容的任何固体。固体材料储热的其它参数还包括尺寸和固体的形状，目的是将压力损失最小化（压力损失大，自耗能就高）。

除了采用固定固体材料作为储热介质外，DLR研发了一种新的概念，即采用硅砂作为中间传热介质，从而避免在采用开式容积式空气吸热器技术的塔式系统中由于储热容器场因填满固定的固体材料而产生的不利因素。

采用固定的固体材料的储热技术在未来5年内可以实现，而移动的固体材料储热技术则短期内无法实现。此外，不确定性和风险性方面，固体材料介质处于中等范围，而移动固体介质材料则处于高度范围。

另外一种技术创新就是研发用于压缩闭式空气吸热器系统的储热容器，这种储热容器必须能够耐1.6～2.0MPa的压力，具体的压力值取决于燃气轮机的压力比。而在这样的系统中，吸热器和聚光场必须在太阳辐照很好的时候产出多于燃气轮机需要的能量。多出的能量通过一个外加的鼓风机进行储热系统的充热。在放热模式中，在没有太阳的时候，吸热器被旁路，通过储热系统的流向被反向。此外，在太阳辐照不好的时候，为了使用从吸热器和储热系统出来的热能，也可以将压缩机的空气流向分开来。这种技术情况的研发和实现时间大概在5～10年，不确定性和风险性都处于中等范围。

6.3.6 饱和水 蒸汽储热

在理论上，汽包也是一种储热，因为汽包里面含有一定的加压水。通过降低压力即可产出蒸汽。这种储热方式已经在工业中应用很多，较为成熟。目前的主要问题是大储热容量的蒸汽容器成本问题，以及放热过程中蒸汽品质降低的问题。这种储热类型储热简单，放热速度快，作为短时段缓冲型热存储是非常理想化的，可以补偿由于快速飘过的小云彩而造成的聚光场遮挡损失。

对于短期内的研发和商业化的应用，成本降低的潜力在30%～60%，而且不确定性和风险性都很低。

6.3.7 合金相变储热材料

目前能够应用于太阳能热发电高温储热系统中的合金相变储热材料主要是富含 Al、Si、Cu、Mg、Zn 的二元或多元合金，这些合金元素都为常规轻金属元素，甚至为人体必需微量元素。因此，相比于其它储热材料，合金相变储热材料对环境的直接不利影响可能甚微。

表 6-1 所列为几种技术的比较。

表 6-1 储热系统技术创新[32]

分类	类型	电站类型	所需时间	成本降低幅度	不确定性
熔融盐	双罐	塔/槽式	5 年内	30%以内	低
	单罐温跃层	槽式	5～10 年	30%～60%	中
	双罐	槽式	5 年内	30%以内	中
室温离子液体(RTIL)	管式	槽式	10 年以上	30%～60%	高
混凝土	无钢管	槽式	5～10 年	60%以上	中
	先进的充放热	槽式	5～10 年	30%～60%	中
相变材料	所有类型	塔/槽式	10 年以上	30%～60%	中
固体材料	固定的固体	塔式	5 年内	30%～60%	低
	移动的固体	塔式	5～10 年	30%～60%	高
	固定的固体和压力容器	塔式	10 年以上	30%～60%	高
汽包	饱和水	塔/槽式	5 年内	30%～60%	低

6.4 储热系统分类与组成

太阳能热发电站中的储热系统可分为主动型和被动型系统（如图 6-7 所示）。

主动型储热系统所用的储热介质通常为流体。储热介质在太阳能吸热器、蒸汽发生器等换热设备中进行强迫对流换热。根据储热介质参与换热

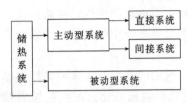

图 6-7　太阳能热发电站中的储热系统分类

过程的不同，主动型储热系统又分为主动型直接储热系统和主动型间接储热系统。主动型直接储热系统中的储热介质为电站中的传热流体，主动型间接储热系统中的储热介质仅进行热量存储和释放，而不具有吸热器中传热流体的功能。被动型储热系统通常为双介质系统，储热介质自身不在换热设备中进行强迫对流换热，而是通过传热流体的热量传递实现充热和放热。

储热系统包括储热容器、储热材料、充放热单元及控制系统。储热单元的评价指标是在满足性能条件下的低成本（图 6-8）。对于需要提供发电用能的储热系统，放热环节是非常重要的。固体储热的系统放热功率和放热温度随着时间而下降。

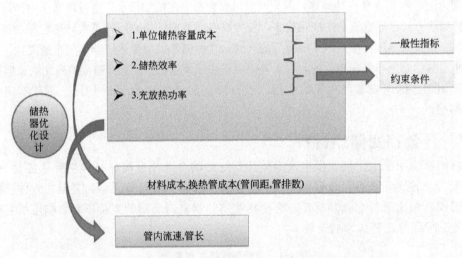

图 6-8　太阳能热发电站的储热系统评价指标示意图

6.4.1 主动型直接储热系统

主动型直接储热系统目前有直接蒸汽储热系统和双罐直接储热系统。

直接蒸汽储热系统中，水蒸气既是传热流体也是储热介质，整个系统的工作原理如图 6-9 所示。水经过太阳能聚光场后被加热为过热蒸汽，部分多余的过热蒸汽经过加压变为液态水，进入蒸汽蓄热器中储存。当需要时，蒸汽蓄热器中的高温液态水减压变为饱和蒸汽，可以供汽轮机发电。西班牙 PS10 电站（图 6-9）的储热系统属于直接蒸汽储热系统。该电站的发电功率为 11MW，它的储热容量为 20MW·h，可以供 50% 的汽轮机工作 50min。参数为（250℃，4MPa）的饱和蒸汽存储在蒸汽蓄热器中。

储热系统的效率为 92.4%。该储热系统的优点是不需要中间的传热流体和换热设备。

双罐直接储热系统是一种典型的主动型直接储热系统，在现有的电站中也是应用较多的

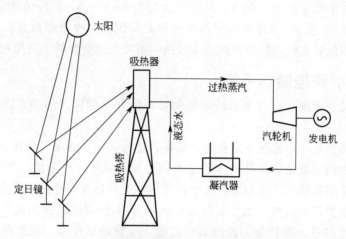

图 6-9　直接蒸汽储热工作原理（PS10 电站）

一种储热形式。它将热的传热流体直接存储到高温储存罐（热罐）中以便在云遮和夜间使用，将温度较低的传热流体放置于一低温储存罐（冷罐）中存储，其工作原理如图 6-10 所示。

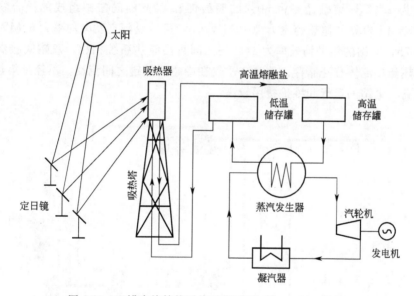

图 6-10　双罐直接储热系统工作原理（Gemasolar 电站）

美国的 SEGSⅠ和 Solar Two 电站都是采用的双罐直接储热系统。SEGSⅠ电站的储热介质和传热流体都是矿物油，冷热罐中矿物油的温度分别为 240℃和 307℃。SEGSⅠ电站的发电功率为 14MW，储热容量为 120MW·h，可以供汽轮机满负荷工作 3h，该储热系统的最大缺点是成本偏高，仅矿物油的成本就占到总投资的 42％。Solar Two 电站的传热流体和储热介质均是熔融盐，冷热罐中熔融盐的温度分别为 290℃和 565℃。该熔融盐为由 60％的硝酸钠和 40％的硝酸钾组成的混合物，熔点为 207℃，在 600℃时仍具有较好的热稳定性。Solar Two 电站的发电功率为 10MW，储热容量为 105MW·h，可以供汽轮机满负荷工作 3h，储热效率为 97％。西班牙的 Gemasolar 电站（图 6-10）采用的也是双罐直接储热系统，它的传热流体和储热介质同样也是熔融盐。Gemasolar 电站是第一座利用熔融盐储热的商业化的塔式电站,发电功率为19.9MW,储热容量为600MW·h,可以供汽轮机工作15h,系统的储能利用因子为74%。双罐直接储热系统的主要优点是冷热储热介质分开存储,便于控制,相比于单罐储热系统,缺点是其成本较高,电站的运行和维护费用较高。

6.4.2 主动型间接储热系统

主动型间接储热系统可以分为双罐间接储热系统和单罐间接储热系统(又叫斜温层系统)。

双罐间接储热系统中,能量不是直接存储在传热流体中,而是有另外一种流体作为储热介质。储热系统中的能量是靠传热流体通过换热器传到储热介质中的。图6-11所示为槽式电站中双罐间接储热系统的工作原理,图中传热流体为导热油,储热介质为熔融盐。在充热过程中,来自集热器聚光场的一部分导热油进入到导热油-熔融盐换热器中。同时冷罐中的熔融盐从相反的方向进入换热器。经过这一过程,导热油被冷却,温度降低;熔融盐被加热,温度升高,然后存储到热罐中。在放热过程中,导热油和熔融盐进入换热器的方向与充热过程正好相反。此时,热量从熔融盐传递给导热油,进而为汽轮机提供热能。

西班牙的Andasol I 电站是基于槽式聚光技术的太阳能热发电站,它采用的就是双罐间接储热系统,储热介质是熔融盐,传热流体为导热油。储热系统中,热罐的温度为384℃,冷罐的温度为291℃,熔融盐是由60%的硝酸钾和40%的硝酸钠组成的混合物,熔点为221℃。Andasol I 电站的储热容量为1010MW·h,可以供额定发电功率为50MW的汽轮机满负荷工作7h,电站的年平均效率为14.7%。同直接储热系统相比,双罐间接储热系统的优点是:冷热传热流体分开储存;储热介质仅在冷罐和热罐之间流动,不经过集热器。缺点是其成本较高,电站的运行和维护费用较高。

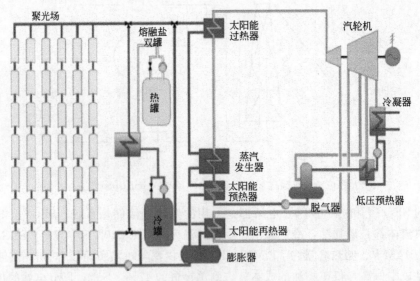

图6-11 双罐间接储热系统工作原理

单罐间接储热系统中,冷热流体储存在同一个储热罐中,热的传热流体流过换热器,加热单罐中的储热流体介质(图6-12)。由于温度分层,冷热流体可以被分开,热流体在储热罐上层,冷流体在储热罐下层。冷热流体的分层区被称为斜温层,通常需要填充材料来帮助斜温层的形成。实验研究表明,填充材料是单罐储热系统中的主要储热介质。因此,可以用成本低廉的填充材料（例如石英岩和沙子）来代替大部分的储热介质。

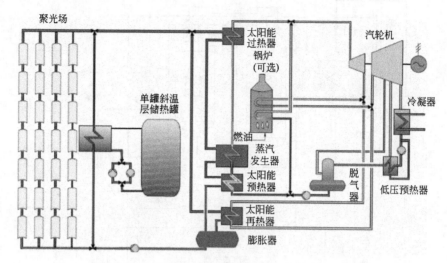

图 6-12　基于槽式电站的单罐间接储热系统工作原理

美国的 Solar One 电站采用的就是单罐间接储热（斜温层）系统。Solar One 是在 1982～1988 年之间运行的电站，它的储热介质为岩石和砂子，以矿物油作为传热流体。Solar One 的发电功率为 10MW，加入储热系统后，电站可以在夏天运行 8h，冬天运行 4h。该储热系统的主要优点是：减少了一个储热罐的成本；使用成本低廉的填充材料（岩石和砂子）作为储热介质。因此，斜温层系统的成本要比双罐系统低 35%。斜温层储热系统的主要缺点是：冷热流体的分离较为困难；要想保持储热罐内的温度分层，必须有严格的吸放热步骤和适当的方法或者设备来防止冷热流体的混合，因此储热系统的设计非常复杂。

位于北京市延庆县的大汉塔式太阳能热发电实验电站的汽轮发电机功率为 1MW，采用主动型直接蒸汽储热与双罐间接储热相结合的储热系统，储热介质为导热油和高温水蒸气，该储热系统的工作原理如图 6-13 所示。

充热过程：冷罐（低温油罐）中的导热油在油泵的输送下，在左侧的充热换热器中与来自吸热器或锅炉的高温过热蒸汽进行热交换，吸热后的高温导热油储存在热罐（高温油罐）中，在云遮、夜晚和阴雨的情况下使用。在充热换热器内放热后的过热蒸汽变成饱和蒸汽进入低温蒸汽蓄热器储存。

放热过程：饱和蒸汽从低温蒸汽蓄热器闪蒸出来，进入右侧的放热换热器中吸热转变成高温过热蒸汽，然后进入汽轮机发电。与此同时，高温导热油从高温油罐经导热油泵泵出进入放热换热器加热蒸汽，放热后温度降低的导热油进入低温油罐储存。

6.4.3　被动型储热系统

被动型储热系统中，储热材料本身并不循环，对系统的充放热主要是靠传热流体的循环来完成。被动型储热系统主要是固体储热系统，它的储热介质通常为混凝土，可浇注材料和相变材料（PCM）。图 6-14 所示为被动型储热系统的工作原理图，其中储热介质为混凝土，传热流体为熔融盐。

传热流体通过一个管状的换热器将热能传递给固体的储热材料。管状的换热器是集成到储热材料中，它的成本占储热系统成本的很大一部分。换热器的几何参数的设计（例如管道

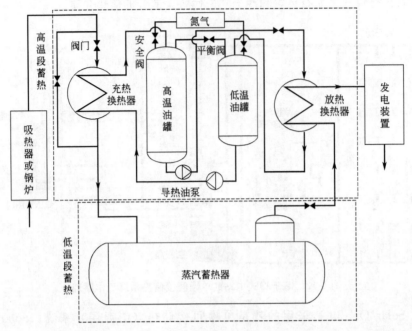

图 6-13 直接蒸汽储热与双罐间接储热相结合的储热系统工作原理（大汉塔式电站）

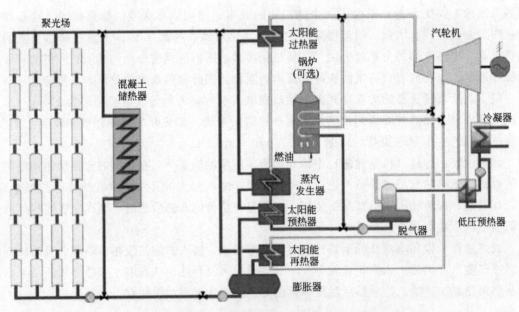

图 6-14 基于混凝土储热介质的被动型储热系统工作原理

的直径和数量）对于换热器的性能非常重要。基于固体储热材料的间接储热系统的优点是：储热材料的成本非常低；由于固体储热材料与换热管道的良好接触，储热系统的换热速率很高；储热材料和换热器之间的换热梯度较低。不足之处是：换热器的成本较高；储热系统长期运行过程中可能存在不稳定性。

对于固体储热材料的选择，需要综合考虑以下因素：储热材料的成本要低，这样可以减少储热系统的总投资；储热材料的单位体积热容量应该尽量高，这样可以减小储热系统的体积；传热流体和储热介质之间要有良好的换热，这样可以提高系统的换热效率；储热材料必须要有良好的机械和化学的稳定性，这样才能保证储热系统在经过大量的充放热循环后，仍然具有完全的可逆性，使储热系统可以具有较长的使用寿命；储热材料要有良好的热导率，这样可以提高系统的动态性能；储热材料的热膨胀系数要和嵌入到储热介质中的金属换热器的热膨胀系数相匹配，这样才能保证传热流体与储热介质之间始终保持良好的换热特性。混凝土由于其低廉的材料成本，较高的体积热容量，可以接受的热导率以及稳定的机械和化学性质，是较有应用前景的固体储热材料。

6.4.4　储热系统的组成

（1）高温储热容器　包括容器本体、容器支撑和保护体系、压力释放、温度探测、材料过温保护、低温保护、泄漏探测系统，内置燃料或电加热器、流体搅拌器、储热容器内材料填放和排泄系统等。图 6-15 所示为北京延庆大汉塔式电站使用高温导热油作为储热介质的储热系统。高温储热容器的温度可达 385℃。

图 6-15　使用高温导热油储热的系统（北京延庆大汉塔式电站）

（2）低温储热容器　包括容器本体、容器支撑和保护体系，压力释放、温度探测、材料过温保护、低温保护、泄漏探测系统，内置燃料或电加热器、储热容器内材料填放和排泄系统等。

（3）储热容器连接管路　包括管路、阀门、泵体、压力释放器、过温保护器、材料泄漏探测系统、报警系统、管路加热器，管路保温、管路预热及温度控制系统。

（4）容器排污清洗系统　容器中的污垢主要包括流体高温化学分解后的各种化学物质，管路的铁锈等。包括压缩气体吹扫系统，对于油品等材料，需吹入氮气等惰性气体，而不是空气。对于熔融盐，可通入空气进行吹扫。清污后的容器应尽快按照设备的要求进行密封处理。

（5）充放热单元以及控制系统　充热换热器一侧通入的是高温流体，另外一侧通入的是低温流体。对于非相变式充热换热器，可以采用管式换热器，该换热器的管内可以是高压蒸汽，管外的壳侧则是高温流体通道，例如熔融盐等。对于采用相变材料的充热换热器，它是与放热换热器集成的。其换热器内有充放热两条管路。

6.5　储热材料和容器的选用

（1）储热材料的选取原则

① 储热材料一般有导热油、熔融盐、饱和水、无机非金属材料、合金相变材料、化学储热材料等。注意应是无毒、非易爆物品，不易燃的工业品。

② 沸点高，凝固点低，闪点高，高温无结炭。

③ 热物理性质好，高的热导率，一般固体的要求大于2W/(m·K)，高的比热容和高的密度，在高温时流体黏度低。

④ 储热材料与容器和管路及阀门具有相容性。

（2）储热容器选取原则

① 设计一般容器的技术特性表包括：容器类别、设计压力、设计温度、介质、几何容积、腐蚀裕度、焊缝系数、主要受压元件材质等项。

② 容器材料应力屈服点高于储热工作温度100℃。

③ 压力容器的设计按照国家质量技术监督局所颁发的《压力容器安全技术监察规程》规定执行。

④ 容器上开孔要符合GB 150第8.2节的规定，一般都要进行补强计算，除非满足GB 150第8.3节的条件，则可不必再计算补强。

选择接管时应尽量满足GB 150第8.3节的条件，其安全性和经济性都最好，避免增加补强圈。

（3）储热容器布置　为便于排废，应满足下列要求。

① 储热容器底面应设有废液排孔，容器底面应设有坡度，坡度不应小于1%。

② 灰污沟的布置力求短而直，其布置走向和标高不应影响扩建。该沟道主要处理传热储热流体的结焦以及老化后的废弃物排放等问题。对于带有油污的废物应考虑油污处理措施。高温油或熔融盐在高温时的排污挥发物毒性较大，要注意人身防护。

③ 电站内任何污水、废水以及厂区雨水均不得排入储热排废沟，以免发生化学反应，放出有害气体。

6.6　储热容器的充放热设备及流程设计

（1）设备选择原则　储热容器的充放热依靠换热器进行，可按下列原则选择。

① 热负荷及流量，流体性质，温度、压力和压降允许范围，对清洗和维修的要求，设备本体结构、尺寸、重量、价格、使用安全性和寿命。

② 常用换热器性能如下：管壳式压力从高真空到41.5MPa，温度可从-100～1000℃。管壳式换热器设计的国家标准为GB 151—2011。其它换热器形式主要包括板式、空冷式、螺旋板式、多管式、折流式、板翅式、蛇管式和热管式等。

（2）固体换热器　对于固体储热材料，换热器可置于储热体内。例如，对于陶瓷和混凝土换热材料，低温端的温差不宜小于20℃。

由于太阳辐照的非连续性，储热材料内的换热器应充分考虑到热膨胀系数不匹配和多次热冲击带来的换热器与固体材料分离的问题。

（3）蒸发器　对蒸发器，设计时应侧重考虑充放热流体的设计压力、温差、污垢系数和沸点范围等。对于高压力的蒸发器，选用釜式或内置式的比较好。对于油水换热器，设计时应充分考虑热态下流体间的压差。

（4）干冷式换热器　干冷式换热器设计所遵循的标准为 GB/T 15386—1994。

6.7　储热系统控制

6.7.1　控制系统组成

控制的目的是给储热器充热和放热。储热系统控制由以下部分组成。

① 温度测量，包括储热材料的温度、容器壁面温度、换热器流体进出口温度等。

② 流量测量，传热流体的流量。

③ 压力测量，传热流阻。

④ 泵或风机的电机。

⑤ 换热器阀门。

⑥ 储热系统 DCS。

6.7.2　储热系统控制逻辑

主要是控制储热充热和放热过程。

（1）充热过程　首先检查管路、泵、阀门、换热器、容器等部分的温度是否达到流体凝固点以上的设定值。如果没有，需要事先预热。流体进入充热换热器或容器中进行充热过程。监视温度和液位，使之在设定值内。充热完毕后关闭充热管路流体泵或阀门。充热过程如遇到由于辐照和气象条件变化带来充热流体非稳态变化时，同时要联锁换热器另一侧流体的流量控制装置，以保证换热的安全正常进行。

充热过程完毕。

（2）放热过程　首先检查管路、泵、阀门、换热器、容器等部分的温度是否达到流体凝固点以上的设定值。如果没有，需要事先预热。放热一般为水蒸发过程，因此放热换热器一般也称为蒸发器。打开储热器放热换热器的泵，将水加热或蒸发。监视储热容器的储热剩余容量，及时调整放热换热器的流体泵等的工作模式。为使水蒸气从过冷到过热，需控制不同加热器/蒸发器中储热介质的流量，使得蒸发器能稳定地产生过热蒸汽。

放热过程完毕。

6.8　储热系统检修设施

（1）清洗　储热容器内的换热管路宜定期清洗，应设置管路清洗系统及对储热容器中的管路在设计时考虑倾斜角度，有利于清洗排放。

（2）搬运　应设置储热换热器检修场地及起吊设施，并应设有检修工具、备品备件。

（3）临时排放点　对于采用液体储热的大型储热容器，应设有检修时储热流体的临时排放处。对于采用易燃液体作为储热的设施，在容器检修时务必注意焊接等高温引起的火灾等。

（4）材料更换　对于固体储热，例如混凝土储热或陶瓷储热，嵌入储热材料内的传热管路要考虑到腐蚀等过程的金属管路的更换。

厂址选择、电力负荷与发电流程

7.1 厂址选择

太阳能热发电作为太阳能发电的一种技术形式，相比较光伏发电而言，具有输出电力平稳的特性。此外，大规模的太阳能热发电站具有供应基础负荷电力市场的潜力，因此太阳能热发电技术将在我国未来的能源战略中占据重要位置。太阳能热发电电站位置的合理选择对发电成本有直接影响，因而选址非常重要。太阳能热发电电站的选址需要考虑太阳法向直射辐射资源、土地和地形、当地水资源情况以及交通和电网覆盖等因素。其中，太阳法向直射辐射是太阳能热发电电站位置选择中最基本也是最重要的依据。数据的精确性和可靠性将直接影响到太阳能热发电的发电成本。此外，地震、气象、地形、水源、交通运输、出线、供热管线、地质、水文、环境保护和综合利用等因素也是选址的要素。本节提出太阳辐照作为第一参考要素的前提下，对目前国内适合建设太阳能热发电电站的地区进行了筛选。

7.1.1 选址原则

太阳能发电站的厂址选择应结合国家和当地太阳能利用规划、土地规划、热力和电力系统规划及地区建设规划进行，并综合热力和电力负荷、太阳能资源规划。

7.1.2 宏观选址

在宏观选址方面，可通过地理信息系统将流沙、沼泽、森林、盐盆、坡度大于1‰等不适宜地区扣除，并考虑和电网的距离，得到适宜建设太阳能热发电站的地图。

7.1.3 生态保护

在用地受到控制地区，如城乡周围，电站聚光场的布置还应考虑植物的生长以及鸟类的迁徙路径。

清洗定日镜的用水应循环使用或与地面植物生长的喷灌或滴灌方式相结合。不得使用含有化学洗涤剂的清洗液。

7.1.4 储热容器放置

带有高温高压的储热容器的布置位置应当考虑传热距离最短，其次还要考虑其对厂区安全性的影响。由于储热是高温过程，长距离传输热损失大，储热容器一般应尽可能放置在主机附近。

7.1.5　太阳能资源与选址

选择厂址时，年累积太阳法向直射辐照度的范围见表 7-1。

表 7-1　年累积太阳法向直射辐照度与选址[49]

不推荐	$DNI < 1600 kW \cdot h/(m^2 \cdot a)$
推荐	$DNI = 1600 \sim 2000 kW \cdot h/(m^2 \cdot a)$
好	$DNI > 2000 kW \cdot h/(m^2 \cdot a)$

① 选择厂址时，聚光场设计在任何时间都应避免对周围地面和空中环境产生光污染。

② 选择厂址时，确定供水的水源，设计用取水量、耗水量和水源应符合下列要求：不可回收的水量包括冷水塔蒸发损失、冷水塔排污，生活、消防等用水外排和清洗镜面用水。太阳能热发电站的冷却方式通常有水冷和空冷两种技术形式。根据美国能源部数据（2007），采用水冷技术时，除了碟式-斯特林发电系统以外 $[0.0757 m^3/(MW \cdot h)]$，其它技术形式的用水量一般在 $2.27 \sim 3.02 m^3/(MW \cdot h)$ 之间，其中塔式电站用水约为 $2.27 m^3/(MW \cdot h)$，槽式电站用水约为 $3.02 m^3/(MW \cdot h)$。采用空冷技术时，太阳能热发电站的用水量会大幅降低，约为 $0.299 m^3/(MW \cdot h)$，但同时也将导致投资成本的上升以及发电量的减少，投资成本的上升比例约 $7\% \sim 9\%$，输出发电量约减少 5%。

③ 供水水源必须可靠。在确定水源的给水能力时，应掌握当地农业、工业和居民生活用水情况，以及水利规划和气候对水源变化的影响。应该考虑到水在西北地区冬季的结冻问题，应当注意水的化学成分对吸热器金属的腐蚀性。

④ 当采用地下水水源时，应充分利用现有的地下水勘探资料；在现有资料不足的情况下，应进行水文地质勘探，并按水文地质勘探有关规范的要求，提供水文地质勘探评价报告。

7.1.6　厂址用地选择

应符合下列要求：

① 太阳能热发电项目建设用地，在符合土地利用总体规划的前提下，优先使用荒山、荒滩、荒漠等难以利用以及不适宜农业、生态、工业开发的土地，尽量不占或少占耕地。鼓励太阳能热发电企业利用屋顶或具有压覆矿产备采区的土地建设太阳能光伏发电项目。合理协调太阳能热发电项目建设与自然环境、生态保护、军事设施、矿产资源开发以及其它产业项目建设用地的关系。节约用地，不占或少占良田，尽可能利用荒地、劣地。塔式电站还可利用山坡地。在吸热塔的南向和北向有高山或高坡将可能有助于降低系统造价。

② 发电站的用地范围，应按规划容量确定，并按分期建设和施工的需要，提供分期征地或租地图。太阳能热发电项目建设用地由太阳能集热场用地、发电生产区用地、生活区用地和永久性道路用地四部分组成。

③ 太阳能热发电用地性质，由于太阳能热发电站占地面积大，用地性质是政府审批的重要内容。太阳能热发电的用地性质目前还没有政府文件规定，尤其是集热场的占地性质和占地面积计算方法。参考太阳能光伏发电项目用地计算原则，有些地方法规提出"以划拨方式供地的太阳能光伏发电项目，其电池板列阵之间的土地维持原地类不变，不转用为建设用

地"[50]。

7.1.7　站址标高确定

应符合下列要求：

① 站址标高应高于重现期100年一遇的洪水位，当低于此洪水位时，厂区应有可靠的防洪设施，并应在初期工程中一次建成，在聚光场中设置排洪措施时要注意地表的保护，由于聚光场面积大，西北地区地表生态脆弱，地表被大面积破坏后修复代价较大；

② 主站房周围的室外地平设计标高应高于100年一遇的洪水位以上0.5m，聚光场面积大，在南方建立的电站聚光场地平标高应满足以上要求，在西北干旱地区设置防水排洪沟即可；

③ 对位于滨江或河、湖岸边的发电站，其防洪堤的堤顶标高应高于100年一遇的洪水位以上0.5m，如果太阳能热发电站与海水淡化系统联合运行，电站靠近海边，那么需考虑太阳能聚光场的地基设计稳定性，如遇有地基晃动或下陷，整个聚光场将被破坏；

④ 对位于滨海的发电站，其防洪堤的堤顶标高应按50年一遇的高水位或潮位加重现期50年累积频率1%的浪爬高和0.5m的安全超高确定；

⑤ 在以内涝为主的地区建设的发电站，其治涝围堤堤顶标高应按历史最高内涝水位加0.5m的安全超高确定，当设有治涝设施时，可按设计内涝水位加0.5m的安全超高确定，围堤应在初期工程中一次建成，聚光场占地面积较大，应考虑围堤的经济性，可考虑对每个基础周围加堤防护；

⑥ 企业自备发电站的防洪标准应与所在企业的防洪标准相协调；

⑦ 选择厂址时，必须掌握厂址的工程地质资料和区域地质情况。当地质条件合适时，建筑物和构筑物宜采用天然地基，考虑到稳定性要求，聚光器地基要求为钢筋混凝土。

7.1.8　发电站厂址的地震烈度

应按国家地震局颁布的中国地震烈度区划图确定。考虑到聚光器地震后位移和微小变形将导致聚光器无法使用，因此太阳能热发电站不应建立在地震活跃带上。

7.1.9　厂址位置确定

应符合下列要求[51]。

① 发电站的厂址应符合表7-1所推荐的年累积太阳法向直射辐照度的范围内选取。

② 发电站的厂址不应设在危岩、滑坡、岩溶发育、泥石流地段、地震断裂带以及地震时发生滑坡、山崩和地陷地段，也应避开流沙、沼泽、森林、盐盆等不适宜地区。

③ 发电站的厂址应避让重点保护的文化遗址或风景区，不宜设在居民集中的居住区内，不宜设在有开采价值的矿藏上，避开军事用途地区，并应避开拆迁大量建筑物的地区，有高吸热塔的定日聚光场还应避免与航空器的航道相互干扰。

④ 山区发电站的厂址可以选在坡地或丘陵地上，不应破坏自然地势。且需要够平坦、够大的地面以便安装收集器、反射镜等。这类工厂需要足够广阔的地面以安置所有的设备，该地面要很平坦，斜坡较少，容许的斜坡技术标准是不大于3%，这样阳光斜射的损失就可减少，地面平整的工作量也能降低。在北半球，希望是朝南倾斜的，这样与入射角有关的损失能减少。地势应当尽量高，以便提高DNI，选低纬度以尽量减少来自于入射角的损失。纬度>42°不推荐。

⑤ 发电站的厂址应设于风速较低的区域，这样可以降低聚光器的成本。

⑥ 发电站的厂址避免选在雹暴以及沙尘暴频发地区。雹暴可能通过撞击而损坏反射镜；沙尘暴的沙尘覆盖镜面，将使光线很难聚焦于收集管，这将增加清扫镜面的频率，维护成本将随之增大。

⑦ 选择厂址时，应规划施工安装场地，包括聚光器、储热设施、聚光场防雷等。

⑧ 电站建筑除发电设备用之外，还应有一大跨度高屋面的组装车间。建筑的尺寸应根据聚光器的尺寸确定，建筑门的尺寸应能满足运输聚光器车辆的交通要求。

⑨ 选择站址时，根据气象和地形等因素，发电站排放的废水、废油和废弃储热材料对周围环境的影响应符合现行的国家环境保护标准的有关规定。

7.1.10 发电站居住区位置的选择

应符合下列要求：

① 发电站居住区的位置应按有利生产、方便生活确定，并应符合国家现行卫生标准的有关规定；

② 居住区宜设于厂区常年最小频率风向的上风侧；

③ 企业自备发电站的居住区应与所在企业的居住区统一规划；

④ 规划居住区时，应避免邻近工业企业散发有害物产生的影响。

7.2 电力负荷与发电流程

7.2.1 电力负荷资料

建设单位应向设计单位提供建厂地区近期及远期的逐年电力负荷资料。

① 电力负荷资料应包括下列内容：

a. 现有及新增主要电力用户的生产规模、主要产品及产量、耗电量、用电负荷组成及其性质、最大用电负荷及其利用小时数、一级用电负荷比重等详细情况；

b. 拟供电地区工业生产发展逐年用电负荷；

c. 拟供电地区农业生产、农田水利建设发展逐年用电负荷；

d. 拟供电地区市政生活发展逐年用电负荷。

② 电力负荷资料应详细说明负荷的分布情况。

③ 对电力负荷资料应进行复查，对用电负荷较大的用户应分析核实。

7.2.2 电力负荷规划

根据建厂地区内电源发展规划和电力负荷资料，做出近期及远期的地区电力平衡，必要时做出电量平衡。

7.2.3 电力输出时段选择

太阳能热发电的总体流程设计需要遵循的技术经济原则：对于调峰电站，聚光场的布置应满足峰值电力负荷的要求，这种要求可能是季节性的；对于基础负荷电站，聚光场的布置应满足年均效率最高的要求。太阳能热电站汽轮机参数的范围应依据聚光比和传热介质的种类而定，储热的容量和工作温度根据汽轮机要求而定。对于化石燃料与太阳能热发电的混合燃料电站，化石燃料占总能源的比例依据国家的法律法规确定。

厂区规划

8.1 基本规定

8.1.1 发电站的厂区规划原则

应根据地理经纬度、海拔、太阳能辐射资源、风速、风向、生产工艺、运输、防火、防爆、环境保护、卫生、施工和生活等方面的要求，结合厂区地形、地质、水文、地震和气象等自然条件，按照规划容量，以近期为主，对厂区的建筑物、构筑物、聚光器、吸热塔、管线及运输线路等进行统筹安排，合理布置，工艺流程顺畅，检修维护方便，有利施工，便于扩建。

企业自备发电站的厂区规划应与企业的总体布置相协调。

8.1.2 发电站的厂区规划设计要求

① 发电站的厂区规划应按规划容量设计。塔式电站吸热塔的设计高度要充分考虑今后太阳能电站的扩建，对槽式电站可考虑聚光器长度的扩展和总面积的扩展。注意高温传热流体与发电设施的距离，尽量缩短该段距离。发电站分期建设时，总体规划应正确处理近期与远期的关系，近期集中布置，远期预留发展。对于太阳能与化石燃料一起工作的混合燃料电站，化石燃料的管路和堆放应与太阳能聚光和储热单元的位置分开。

② 扩建发电站的厂区规划应结合老厂的生产系统和布置特点进行统筹安排、改造。电站聚光场的施工应注意土壤和植被的保护，注意聚光场扩建时的发电蒸汽系统母管的预留。

③ 厂区建筑物、构筑物的平面布置和空间组合应紧凑合理，颜色应与聚光器的颜色协调，并且高度不对聚光场形成挡光。

④ 太阳能聚光场的布置应留有清洗车辆的道路，应留有相应的污水处理管道。还应留有检修车辆的停放位置和检修时起重设备的位置以及物品临时存放位置。

⑤ 做好厂前区的规划，注意建筑不要对聚光器产生光线阴影。辅助厂房和附属建筑物宜采用联合建筑和多层建筑，居住区应采用多层建筑。

⑥ 企业自备发电站的建筑形式和布置应与所在企业和建筑风格相协调；区域发电站应

与所在城镇的建筑风格相协调。

8.1.3　厂区规划注意事项

厂区规划应以主厂房为中心进行布置，聚光器及储热系统应距离主厂房尽量近。

在地形复杂地段，可结合地形特征选择合适的建筑物、构筑物平面布局，建筑物、构筑物的主要长轴宜沿自然等高线布置。

根据地震烈度需要设防的发电站，建筑场地宜布置在有利地段，建筑物体形宜简洁规整。聚光器的防地震措施在设计时应加以考虑，尤其是聚光器基础的设计要考虑地震变形等。

电站的集热器传热介质的进口和出口位置距离主发电系统或储热系统不要太远。对于熔融盐电站，盐的化学性能和毒性应被充分考虑，储盐罐要求足够的防护，盐的管路应该有防止泄漏的预警措施，熔融盐应距离生活和办公区尽量远。

8.1.4　厂区绿化的布置

应符合下列要求。

① 根据规划容量、生产特点，结合总平面布置、环境保护、美化厂容的要求和当地自然条件等规划实施。

② 绿化主要地段应规划在进厂主干道的两侧、厂区主要出入口、主厂房、主要辅助建筑及储煤场的周围。

③ 屋外配电装置地带的绿化应满足电气设备安全距离的要求。

④ 绿化系数宜为 10%～15%，其中聚光场的绿化系数不宜小于 60%，在塔式定日镜和槽式集热器底部应尽量栽种低矮植物或农作物。

⑤ 企业自备发电站厂区的绿化应符合企业绿化规划的要求。

8.1.5　厂区主要建筑物的方位

宜结合日照、自然通风和天然采光等因素确定。定日聚光场的方位主要取决于全年的聚光场效率和地面植物栽种的要求。

8.1.6　吸热塔耐温防火

塔式吸热器开口周边的建筑支撑结构应有防护措施，需能耐受 200℃，该部分过温的防护设备应由高温保温材料、温度传感器和定日聚光场控制器等组成。在该部分超过设定的安全温度时，快速将定日镜归零位，以防止聚光光斑烧毁吸热塔。

8.2　主要建筑物和聚光场的布置

8.2.1　主厂房位置的确定

主厂房中布置有汽轮机、制水和化学水系统、控制室，应符合下列要求：

① 满足工艺流程，道路通畅，与外部管线连接短捷，与太阳能聚光场距离近，与储热容器距离近；

② 采用直流供水时，主厂房宜靠近取水口；

③ 汽机房的朝向应使高压输电线出线顺畅；夏季炎热地区宜使汽机房面向聚光场风道。

8.2.2　塔式电站吸热塔布置

应符合下列要求。

① 太阳能塔式电站中吸热塔与第一排定日镜的距离不小于冬至日在正北向的阴影长度。吸热塔的宽度不宜过大，最好采用中间镂空的结构或钢结构塔，使得塔阴影对聚光场的影响最小，而且可以使得第一排镜子与塔距离近。

② 吸热塔距离储热容器和蒸发器距离不宜太远，以尽量降低热流体传输的热损。汽轮机等系统可置于吸热塔内，缩短高温流体传输距离，控制传输热损。

③ 储有高压、易爆和有毒介质储热容器与吸热塔之间必须有抗爆隔离措施。

④ 冷却塔和（或）喷水池宜靠近汽机房布置，并应满足最小防护间距要求。

⑤ 冷却塔和（或）喷水池不宜布置在屋外配电装置及聚光场的冬季盛行风向上风侧，否则聚光器表面易结冰。

8.2.3　聚光场内道路布置

聚光场内道路应考虑大型维修车辆转弯半径和聚光器的起吊高度，道路的载荷设计应考虑起吊的重量。

发电站的扩建设计宜设施工专用的出入口。对于运入厂内的大型聚光器，厂区的道路等级应考虑大型车辆及被载重物的荷载。

8.2.4　厂区围墙

在聚光场外部设置围墙应考虑到沙尘在聚光场中沉降的因素。设置围墙后风速降低，沙尘易于在围墙下风向的聚光场中发生沉降。一般由于聚光场面积较大，围墙可优先考虑采用栏杆形式。在沙漠戈壁上建立的聚光场，其维护结构要防止大型野生动物进入，以保护内部控制器和线缆的安全。屋外配电装置、油库、油罐区等有燃烧、爆炸危险的地区周围，应按照防火防爆要求设置固体围墙。

8.3　交通运输

（1）厂区道路的布置要求

① 应满足生产和消防的要求，并应与竖向布置和管线布置相协调，与聚光场中的道路协调。

② 主厂房的周围应设环形道路。

③ 为考虑维修和清洗聚光器，宜在聚光场内设置环形道路。对于槽式电站，聚光场道路与集热流体管路的设计应考虑不发生相互干涉。如果对于传热管路在槽式一段与地平等高布置的情况，应设计尽端式道路，相邻槽式聚光器的间距设计要考虑车辆的转弯半径，应设回车道或面积不小于 12m×12m 的回车场。

④ 发电站的主要进厂公路应与通向城镇的现有公路相连接，宜短捷，并应避免与铁路线交叉。当其平交时，应设置道口及其它安全设施。

⑤ 厂区与厂外供排水建筑、水源地、码头以及居住区之间应有道路连接。

（2）发电主机所在厂区内的道路设计要求

① 宜采用混凝土路面或沥青路面。

② 进厂主干道的行车部分宽度宜为 6～7m。

③ 采用汽车运油或天然气的混合燃料发电站其出入口道路的行车部分宽度宜为 7m。

④ 其它主要道路的宽度根据车流和使用情况确定，单行车道可取 3.5～4m，道路的设计应该考虑大型储热容器的运输。

⑤ 人行道的宽度不宜小于 1m。

（3）聚光场内的道路　主要考虑检修和清洗，无需设计沥青或混凝土等硬化路面，用沙土或碎石铺路即可。

8.4　竖向布置

（1）包括聚光场在内的全厂竖向布置的形式和设计标高　应根据生产工艺、聚光器工作时的遮挡和阴影、交通运输、管线布置和基础埋深等要求，结合厂区地形、工程地质、水文和气象等具体条件确定。

（2）发电站区排水组织的设计　应按规划容量场地面积全面统一安排，并应防止厂外道路汇集的雨水流入厂内。小型太阳能热发电站（＜500kW）聚光场排水设计可与发电站区的统一考虑。

企业自备发电站的场地排水应与企业的场地排水设计相协调。

对于大型太阳能热发电站，由于聚光场占地面积大，野外小型动物多，聚光场内的排水设计不宜布置场内排水沟。聚光场本身的基础设计和聚光器电缆设计本身应考虑防洪防涝功能。

（3）发电站区场地排水方式

① 发电站区场地的排水宜采用城市型道路路面排水槽和明沟或暗管相结合的排水方式。有条件时应采用自流排水。

② 对阶梯式布置的塔式热发电站，每个台阶应有排水措施。

③ 当室外沟道高于设计地平标高时，应有过水措施。

④ 大型电站聚光场的排水应尽量考虑利用地势和坡度排水。对于塔式电站的定日聚光场，排水可采用地下自然渗水的方式。对于槽式和 FRESNEL 式电站的聚光场，由于地平已经经过处理，也可考虑在处理地平时布置排水沟。考虑野外的风沙，尽量不采用明沟方式。

（4）发电站内的排水明沟　宜做护面处理。其纵向坡度不宜小于 0.3%，起点深度不应小于 0.2m。梯形断面的沟底宽度不应小于 0.3m，矩形断面的沟底宽度不应小于 0.4m。城市型道路路面排水槽至排水明沟的引水沟的沟底宽度不应小于 0.3m。

（5）聚光场地的平整坡度　宜按 0.5%～2%设计；困难地段最小平整坡度不应小于 0.3%；对于槽式电站，局部地段的最大平整坡度宜按土质确定，但不宜大于 1%。对于塔式电站，不宜大于 2%。

设计地面排水坡度时，应防止地面水流入电缆沟、管沟和建筑物内。

（6）地形布置　当厂区自然地形、地质条件造成场地平整土石方工程量较大时，宜采用阶梯式布置。

根据生产工艺流程、交通运输、建筑物和构筑物及管线布置的要求，发电站区场地阶梯不宜超过 3 个，相邻两阶梯场地的高差不宜大于 5m。

对太阳能塔式定日聚光场或碟式大型电站，由于占地面积大，且地势可能不平整，可分部分设计排水设施。排水沟应有防止鼠害的措施。

（7）建筑物和构筑物的室内底层标高　应高出室外地平 0.15～0.30m。对软土地基，应

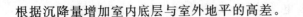
根据沉降量增加室内底层与室外地平的高差。

8.5 管线布置

8.5.1 厂区地下管线的布置

应符合下列要求。

① 便于施工和检修。清洗反射镜面的水管路布置应侧重冬季防冻措施，由于冬季室外温度低，在冬季也可考虑非水清洁方式。

② 当管道发生事故时，尤其是传热流体例如导热油和熔融盐，不得损害建筑物和构筑物的基础，污水和有毒物质不得渗入生活给水管道和电缆沟内。

③ 在聚光场内的管线应考虑大型车辆的运行荷重以及聚光器检修时需要的位置及荷重。尽量不要布置在聚光场内的车道和维修荷重点。

④ 管线埋深应避免管道内液体冻结，尤其对聚光场内的管路。如果是水，埋深应在当地永冻层以下。如果是油或熔融盐，应考虑伴热措施。对于油管路，应使用蒸汽伴热，一般不得使用电伴热。

⑤ 主要管线应避免穿越扩建用地。

8.5.2 架空管线的布置

不应妨碍电站交通及建筑物和聚光器的自然采光和自然通风，并做到整齐美观。

8.5.3 管线与周边环境的协调

应与道路、建筑物及聚光器等构筑物轴线平行布置。管线应布置在道路路面范围以外，且应考虑在全年不对聚光器产生遮阳。主要干管宜靠近建筑物和支管较多的一侧。管线之间或管线与铁路和道路之间宜减少交叉，必要时宜采用直角交叉。

在困难条件下，地下管线可布置在道路路面范围以内。

在满足安全生产和方便检修条件时，管线宜采用同沟或同架布置。架空管线宜与地下管线重叠布置，部分次要管线可直埋敷设。

管线至建筑物和构筑物、铁路、道路及其它管线的水平距离应根据工程地质、构架基础形式、检查井结构、管线埋深、管道直径和管内介质的性质等因素确定。

主厂房布置

9.1　主厂房方位

发电站主厂房的布置应符合热、电生产工艺流程，做到设备布局紧凑、合理，管线连接短捷、整齐，厂房布置简洁、明快。

9.2　主厂房与储热器

应位于电站储热器上风侧，避免事故时的气体毒性和火灾危害。主厂房的高度在一年中不应对聚光场有遮挡。

9.3　太阳能储热系统布置

由于体积较大，且考虑到储热容量扩展，不宜布置在主厂房内。

水处理设备及系统

10.1 吸热器和蒸发器补给水处理

吸热器和蒸发器补给水处理系统，应根据原水水质、给水或炉水的质量标准、补给水率、排污率、设备和药品的供应条件以及废液排放等因素，进行综合技术经济比较后确定，并应符合下列要求：

① 吸热器和蒸发器补给水的处理方式应与吸热器和蒸发器内装置和过热蒸汽减温方式相适应；

②吸热器和蒸发器的汽包为胀接连管时，所选择的化学水处理系统应能维持炉水的相对碱度小于 20%。当达不到要求时，应向炉水中加入缓蚀剂。

10.2 水处理设备的计算

(1) 水处理设备的出力　应按发电站全部正常水汽损失与机组启动或事故增加的水汽损失、加上清洗聚光器用水之和确定。

(2) 离子交换器台数的选择　可按下列原则确定：每种型式的离子交换器不宜少于 2 台。正常再生次数，每台每昼夜宜按 1~2 次；当采用程序控制时，可按 2~3 次。

当有一套（台）设备检修时，其余设备的出力应满足全厂正常补给水量的要求。

10.3 给水、炉水校正处理及热力系统水汽取样

(1) 吸热器和蒸发器应有炉水磷酸盐处理设施　每台吸热器和蒸发器应设置 1 台加药泵，并宜设 1 台备用泵。当吸热器和蒸发器的几台加药泵布置在一起时，可设 1 台公共备用泵。

磷酸盐溶液的配制应采用除盐（软化）水或凝结水。

(2) 吸热器和蒸发器给水宜采用氨化处理　加药泵宜设 1 台备用泵。当几台机组合用 1 台加药泵时，加药泵的出口管道上应装设稳压室，每根加药管上应装设流量计。

氨溶液的配制应采用除盐（软化）水或凝结水。

（3）给水、炉水校正处理设施的布置　宜在主厂房内。

（4）热力系统水汽取样器的设置　其系统、布置及选材的设计宜符合下列要求：

① 水汽样品的温度宜低于 30℃，但最高不得超过 40℃；

② 吸热器的水汽取样冷却器宜布置于主厂房运转层，并应便于运行人员取样及通行；

③ 取样管不宜过长。

10.4　防腐

凡接触腐蚀性介质或对出水质量有影响的设备、管道、阀门等，均应采用耐腐蚀的材料制造，或在其接触介质的表面上涂敷合适的防腐层。

电力系统

11.1 发电站与电力网的连接

发电站附近有地区电力网时,发电站应接入地区电力网。发电站接入地区电力网的电压等级,应根据发电站的单机容量、建设规模及地区电力网的具体情况,在接入系统设计中经技术经济比较后确定。

11.2 系统保护

系统继电保护和安全自动装置的设计应符合现行的国家标准《电力装置的继电保护和自动装置设计规范》的有关规定。

11.3 系统通信

① 连接电网的发电站的系统通信设计应根据电力系统通信设计或相应的发电机接入系统设计确定。

② 发电站与调度所之间应有 1 条可靠的调度通道。

③ 系统通信方式宜选用电力线载波或其它可靠的通信方式。

④ 通信交流电源应采用自动切换的双回路电源;通信直流电源宜采用整流器同蓄电池组浮充方式供电。蓄电池的容量应按 1h 放电选取,也可采用两组直供式整流器供电。当采用直供式整流器供电或通信装置需用交流供电时,应设置可靠的事故备用电源。

⑤ 发电站的系统通信装置可与厂内通信装置合用 1 个机房。机房面积应按通信装置的远景规划的数量确定。

电气设备及系统

12.1 高压配电装置

高压配电装置的设计应符合现行的国家标准《3~110kV 高压配电装置设计规范》的有关规定。

12.2 电气主控制室

（1）发电站应设置单独的主控制室。主控制室的面积应按规划容量设计，并应在第一期工程中一次建成。主控制室中最好可以直接观察到整个聚光场，这样要求主控制室的高度应大于聚光器最高点 2.5m。

（2）初期工程屏台的布置应结合远景规划确定屏间距离和通道宽度，并应满足分期扩建和运行维护、调试方便的要求。

12.3 直流系统

在计算蓄电池容量时，与电力系统连接的发电站，交流厂用电事故停电时间应按 1h 计算，直流润滑油泵的计算时间宜按 0.5h 计算，聚光器的用电按照 5min 计算，吸热器的循环泵按照 0.5h 计算。

12.4 电气测量仪表

发电站的电气测量仪表设计应符合现行的国家标准《电力装置的电测量仪表装置设计规范》（GB/T 50063）的有关规定。

12.5 继电保护和安全自动装置

发电站的继电保护和安全自动装置的设计应符合现行的国家标准《电力装置的继电保护和自动装置设计规范》（GB/T 50062）的有关规定。

12.6 照明系统

（1）发电站的照明宜有正常照明和事故照明分开的供电网络，其电压宜为 220V。

正常照明的电源应由动力和照明网络共用的中性点直接接地的低压厂用变压器供电，事故照明应由蓄电池组供电。

主厂房的出入口、通道、楼梯间以及远离主厂房的重要工作场所要求的事故照明可采用应急灯。

聚光场由于面积较大，一般不设置夜间照明，需要时可采用移动光源。

（2）下列场所宜采用 36V 及以下的低压照明：

① 供一般检修用的携带式作业灯电压应为 36V；

② 供吸热器、储热器、金属容器检修用的携带式作业灯电压应为 12V；

③ 聚光场的检修携带式作业灯电压应为 36V；

④ 对发电站的吸热塔和其它高耸建筑物或构筑物上装设障碍照明的要求，应执行所在地区航空或交通部门的有关规定。

12.7 电缆选择与敷设

发电站的电缆选择与敷设的设计应符合现行的国家标准、规范的有关规定。

聚光场电缆布置应侧重考虑鼠害和积水，同时考虑清洗和维修车辆的穿行，以及聚光器维修时的起重设备。由于聚光场占地面积较大，考虑到经济性，对大型电站宜采用铠装电缆直埋的方式。

12.8 过电压保护和接地

发电模块和聚光场的过电压保护和接地应符合现行的国家标准《工业与民用电力装置的过电压保护设计规范》（GBJ 64）［《交流电气装置的过电压保护和绝缘配合设计规范》（GB/T 50064）正在修订中］和《交流电气装置的接地设计规范》（GB/T 50065）的有关规定。

12.9 爆炸火灾危险环境的电力装置

发电站爆炸火灾危险环境的电力装置的设计应符合现行的国家标准《爆炸和火灾危险环境电力装置设计规范》（GB 50058）等有关规定。

13

热工自动化

13.1 基本规定

（1）热工自动化的设计应包括气象仪表、太阳能辐照表、气象台、热工检测、热工报警、热工保护、热工控制以及热工自动化试验室等方面的内容。气象台中的风速仪应在聚光场的四周分别布置一台，以捕捉最大风速，给聚光器的安全性提供保障。

（2）太阳辐照表应该包括法向直射辐射表、水平面总辐射表、散射辐射表等。辐射表的镜头应注意经常清洁。

（3）发电站分期建设时，对控制方式、设备选型及热工自动化等有关设施应全面规划、合理安排。太阳辐照表和环境温度计全场设置一台即可。

（4）发电站的热工自动化设计应采用成熟的控制技术和可靠性高、性能良好的设备，尤其是太阳法向直射辐照表。新产品、新技术应经试用考验和鉴定合格后方可在工程中采用。

13.2 控制方式

（1）吸热器、储热器、汽机、除氧给水系统应采用就地控制，并应分别设置控制室。

（2）在吸热器、储热器、主机控制室内对机组进行监视控制时，应满足下列基本要求：

① 在就地运行人员配合下，实现机组的启停，注意使用储热系统启动设备的就地控制方式；

② 实现正常运行工况的监视和控制；

③ 实现异常工况的报警和紧急事故处理。

13.3 热工检测

（1）热工检测的设计应满足机组安全、经济运行的要求，并能准确地测量，显示工艺系统各设备的热工技术参数。

（2）指示仪表的设置反映吸热器和聚光器在各种工况下安全、经济运行的主要参数和需要经常监视的一般参数，应设指示仪表。

13.4 自动调节

（1）吸热器或储热系统的汽包和液位应设给水自动调节。

（2）采用喷水混合式减温器的吸热器应设过热蒸汽温度自动调节。

（3）并列运行的蒸汽发生器（吸热器或储热器）装设输出流量自动调节时，应设主蒸汽母管压力自动调节阀。

（4）蒸汽发生装置的自动调节可采用微机控制器，条件许可时，也可与微机监视系统合并。

（5）吸热器的减压减温器应设压力、温度自动调节。

（6）需要保持一定液位运行的容器，如储热油罐、汽包等宜设液位自动调节。

13.5 热工保护

（1）热工保护的设计应稳妥可靠，保护用的接点信号宜取自专用的无源一次仪表。

（2）水工质吸热器应设置下列保护项目：

① 吸热器蒸汽超压保护；

② 吸热器温度超限保护，包括吸热器各个受热面的温度，也包括吸热塔支撑结构各点的温度。

13.6 联锁

（1）工艺系统的联锁条件，应根据主辅设备的要求和工艺系统设计的要求确定。

（2）聚光系统、热力系统、辅助工艺系统中的重要辅机的自动投入、联锁装置，应符合下列要求：

① 备用辅机，例如给水泵或循环泵应设自动投入装置；

② 太阳能吸热器的快速减压减温器应设自动投入装置；

③ 聚光系统各辅机之间应设完善的自动联锁装置。

13.7 电源和气源

（1）热工仪表和控制应设安全可靠的交、直流电源。微机监控装置和聚光器以及吸热器主泵应设不停电电源，尤其对吸热器和聚光器的电源。

（2）对于塔式电站定日镜的配电应有两路供电，以防止聚光器停电停机。对于槽式电站聚光器可采用单路供电，定日镜的电力也可能依靠就地的光伏电池提供，这样将大大节省场地电缆。

（3）对于使用气力驱动的吸热器阀门，应在吸热器周边设置压缩空气泵，泵应有一台备用。

13.8 控制室

（1）控制室布置的位置及面积应符合下列要求：

① 控制室应位于被控设备的适中位置,可以位于聚光场的中部,该位置便于到达聚光场中的事故位置;

② 便于导管、电缆进入控制室内。

(2) 控制室的环境设施应符合下列要求:

① 控制室面向主设备和聚光场的一方,应设大面积玻璃窗,可以观察到聚光器的运行情况;

② 控制室内应有良好的防眩光设施,避免定日镜及聚光器的杂散光干扰工作;

③ 考虑到安全性,塔式电站的控制室不宜设置在吸热塔附近。

(3) 控制室内不应有任何工艺管道通过。控制室下面的电缆夹层和电缆主通道不应有高温汽、水管道和热风道及油管道穿行通过。

13.9 电缆、导管和就地设备布置

(1) 敷设在高温地区的电线及补偿导线应选用耐温型。在聚光场的电缆应考虑到野外鼠害等问题。

(2) 在聚光场开挖电缆沟时,应考虑排水问题。由于聚光场地势不平整,因此排水井的设置和排水设备的设置应充分考虑地形的特点。电缆最好考虑采用直埋管方式。

埋管时应考虑维修测量通道的路基硬度,考虑到防雷和聚光光路上的高温,塔式电站定日聚光场中最好不走架空电缆。

(3) 与各种管道平行或交叉敷设时,其最小间距应符合现行国家有关规范的规定。

13.10 采暖的基本规定

日平均温度稳定低于或等于+5℃的日数累年平均大于或等于90d的地区,规定为集中采暖地区。

位于集中采暖地区的生产厂房、辅助及附属建筑物,当室内经常有人停留、工作或对室内温度有一定要求时,应设置集中采暖,可采用储热罐中的热量作为采暖的热源。

需要采暖的设备还包括储热器和换热器,采暖的热水可以考虑与槽式导热油管路防冻结合起来。

13.11 太阳能吸热塔

(1) 对于塔式电站,吸热塔高度应考虑到光效率和高度。高的吸热塔由于塔的摆动会使得吸热器的截距效率下降。

(2) 吸热塔内部可不考虑采暖。热媒温度应符合现行国家标准《建筑设计防火规范》(GB 50016) 的规定。

(3) 吸热塔内的电梯应符合国家标准,包括电梯的防火和人员逃生等。如果是钢塔,应考虑风速较大时人员的快速逃生方式。

(4) 吸热塔内的人行电梯与载货电梯应不是同一台。

(5) 吸热塔的载荷设计既考虑吸热器等的静荷载,也考虑安装时的动荷载和重量。

13.12 厂区采暖热网及加热站

(1) 当厂区采暖热媒为热水时,应设置采暖热网加热器,可用储热作为厂区采暖的热

源。为防止连续阴天，在主要建筑中可设置电采暖作为辅助采暖的手段。

（2）厂区采暖与储热容器连接热网的循环水泵不应少于 2 台，其中 1 台备用。各水泵应有相同的特性。

水泵的流量应根据采暖热网设计的热负荷和设计的供、回水温度确定。水泵的扬程应包括采暖用户室内系统的阻力、室外管网的阻力、热网加热站内设备及管道的阻力。

水泵的流量应有 10％富余量，水泵的扬程应有 20％的富余量。

（3）采暖热网系统的补给水可采用除过氧的软化水、吸热器、储热器、蒸发器的连续排污水或蒸汽采暖系统的凝结水。

（4）地沟内敷设的采暖供热管道的阀门及需要经常维修的附件处应设检查井。

14

建筑和结构

14.1 基本规定

（1）发电站的建筑和结构的设计必须贯彻“安全、适用、经济、美观”的方针。厂区建筑宜与周围环境相协调，建筑可与吸热塔结合为一体，建筑的位置、高度和形状等应当不影响聚光场一年中的采光。

（2）建筑应考虑采用太阳能吸热塔夏季通风降温的可能性，应考虑采用高温储热为建筑冬季供暖的可能性。

（3）建筑设计应留有扩建的可能性，还要考虑到多种能源互补电站的用地要求。

（4）电气和化学建筑的设计应符合下列要求：

① 电气设施尤其是聚光场的室外电缆和网络线应有防止蛇、鼠类等小动物危害的措施；

② 酸性蓄电池室、调酸室、酸碱计量间、加药间及药品库的围护结构、楼、地面及酸碱性排水沟等的设计应符合现行的国家标准《工业建筑防腐蚀设计规范》的有关规定。

（5）主厂房、汽轮发电机、储热器、聚光器基座应设沉降观测点。

（6）建筑物、构筑物必要时应进行防爆、振动的验算。

吸热塔及其楼面的设计应符合现行的国家标准《钢筋混凝土筒仓设计规范》（GB 50077）的规定，并能承受吸热器可能发生的爆炸力。

（7）建筑物、构筑物设防烈度应按国家有关规定确定。地震烈度 6 度及以上地区建筑物、构筑物的抗震设防要求应符合现行的国家标准《建筑抗震设计规范》（GB 50011）的有关规定。塔式电站的吸热塔和定日镜地基应采用地震烈度加 2 度的要求设防。

14.2 防火

（1）发电站各建筑物的防火设计应符合现行的国家标准《建筑设计防火规范》（GB 50016）等有关规定。

（2）发电站的汽机房、除氧间与导热油储罐、熔融盐储罐、储煤仓、柴油罐和辅助吸热器房之间应设纵向防火墙。运转层以上的隔墙应采用耐火极限不低于 0.9h 的非燃烧体材料构筑，运转层以下的隔墙的耐火极限不应低于 4h。

（3）塔式太阳能热发电站的吸热塔距离吸热口外延四周应设置不少于宽度 2m 的耐火或耐烧蚀材料及水冷防护措施，该部分的设计应考虑结构材料受热后膨胀引起的结构变形。不允许将可燃材料用于吸热塔吸热口及其四周的任何部分。

（4）使用和储存易燃、易爆液体的厂房内的地下管沟不应与相邻厂房的管沟相通，下水道需设水封或隔油设施。

14.3　室内环境

建筑物的布置和窗户设置应有利于组织室内穿堂风和看清聚光场，还应避免聚光场在不同太阳角度下的眩光。

15

辅助及附属设施

（1）发电站的设计应根据机组容量、型式、台数、设备检修特点、地区协作和交通运输等条件，设置必要的金工修配设施。注意大件和精密件的加工及铸件，聚光器的组装可通过在现场搭建临时的施工建筑解决。

（2）太阳能吸热部分保温的结构设计应符合下列要求：

① 用于塔式电站的腔体吸热器保温层外应有良好的保护层，保护层应能防水、阻燃，且其机械强度满足施工运行要求；

② 采用硬质保温材料时，直管段和弯头处应留伸缩缝；垂直管道长度超过 3m 时，应设间距为 3~6m 的保温重量的支撑圈；

③ 阀门和法兰等检修需拆的部件宜采用活动式保温结构；

④ 如管路有与聚集太阳辐射接触的可能，则应在管路和吸热器外加装强反光装置。

（3）塔式太阳能热发电上下吸热塔的管道保护层外表面应注意防止聚光器的辐射。对于腔体式吸热器的支架，采光口附件的钢构表面应由强反光材料和耐火材料组合构成。

（4）太阳能集热器用导热油储罐置于室外，汽轮机的储油箱宜置于汽轮机房外。寒冷地区的储油箱应有防冻和防火措施。

16

太阳能热发电站的环境保护

16.1 基本规定

（1）发电站的环境保护设计必须贯彻执行国家和省、自治区、直辖市地方政府颁布的环境保护的法令、法规、政策、标准和规定。

（2）发电站的环境保护设计必须执行治理污染与资源综合利用的方针，尤其是聚光场建设过程对地表的破坏。

（3）储热材料泄漏可能对土壤的污染应充分考虑，应对防范和善后处理措施应妥善。

16.2 环境保护设计要求

（1）发电站的设计，在可行性研究阶段应提出环境影响报告书，并编制环境保护专篇；在初步设计阶段，应编制环境保护专篇，提出防治污染的工程措施。

（2）发电站可行性研究阶段环境保护专篇除火电设计规范要求外，还应包括下列内容：

① 聚光场土地开挖后的恢复措施；

② 聚光场清洗废水处理工艺流程图、水平衡图、聚光场绿化规划图。

16.3 污染防治

（1）太阳能热发电站，尤其是与常规燃料吸热器组成的混合电站排放的大气污染物，应符合国家现行的《燃煤电站大气污染物排放标准》《吸热器大气污染物排放标准》和环境质量要求。并应符合省、自治区、直辖市等地方政府颁发的有关排放标准的规定。

（2）太阳能热发电站的辅助锅炉必须装设除尘器，其除尘效率应满足国家及地方有关排放标准和大气环境质量要求。

（3）发电站应作节约用水设计，生产和镜面清洗系统排出的废水，按水质、水量合理回收重复使用。

（4）向空排放的吸热器安全阀排汽管和点火排汽管应装设消声器。

16.4 环境保护设施

发电站环境保护设施的设计内容应包括下列各项：反射镜面清洗系统废水的排放处理或采用节水清洗措施；储热材料、传热流体的排放和更换过程中的泄漏和环保问题。

参考文献

太阳能热发电站设计
TAIYANGNENG REFADIANZHAN SHEJI

[1] 中华人民共和国国家质量监督检验检疫总局. GB 50049—1994 小型火力发电厂设计规范. 北京：中国标准出版社，1994.

[2] Pietro Tarquini. A new approach to concentrating solar plant（CSP）by ENEA. Casaccia，Italia：ENEA，2011.

[3] 王志峰等."十一五"863 重点项目"太阳能热发电技术及系统示范"课题"太阳能塔式热发电系统总体设计技术及系统集成"（课题编号 2006AA050101）自验收报告. 北京：中国科学院电工研究所，2011.

[4] 中华人民共和国国家发展和改革委员会. 可再生能源中长期发展规划. 发改能源 [2007] 2174 号.

[5] 余强. 太阳能塔式电站聚光-吸热系统的建模与动态仿真. 北京：中国科学院，2012.

[6] John A. Duffie，Willaim A Beckman. Solar Engineering of Thermal Processes，2nd ed. New York：A Wiley-Intersciences Publication，1991.

[7] 赵超. 西藏拉萨太阳能发电系统设计及优化. 信息通信，2011，（5）：47-50.

[8] 青海省水利水电勘测设计研究院. 格尔木太阳能光伏发电总体规划（2010～2030）送审稿. 西宁：青海省水利水电勘测设计研究院，2010.

[9] 乔娟. 西北干旱区大气边界层时空变化特征及形成机理研究. 北京：中国气象科学研究院，2009.

[10] 古丽吉米丽·艾尼，迪丽努尔·阿吉，古丽巴哈尔·吾布力. 全球气候变化对东疆地区的影响分析——以吐鲁番盆地为例. 井冈山大学学报（自然科学版），2011，32（3）：70-75.

[11] 吴俊铭，童碧庆，杨静. 论贵州喀斯特地区气候与生态环境治理的关系. 贵州气象，2003，27（5）：25-28.

[12] 唐少霞，赵志忠，毕华等. 海南岛气候资源特征及其开发利用. 海南师范大学学报（自然科学版），2008，21（3）：343-346.

[13] 吴坤悌，王胜，陈明. 台湾岛与海南岛气候条件对比及其对农业种植的影响. 热带作物学报，2006，27（3）：105-110.

[14] 哈尔滨市人民政府地方志办公室门户网站 [2011-10-08]. http://dqw.harbin.gov.cn.

[15] 李晓文，李维亮，周秀骥. 中国近 30 年太阳辐射状况研究. 应用气象学报，1998，9（1）：24-31.

[16] 胡丽琴，刘长盛. 云层与气溶胶对大气吸收太阳辐射的影响. 高原气象，2001，20（3）：264-270.

[17] 刘广仁，王跃思，胡非，张文，胡玉琼. 320m 气象塔太阳辐射梯度观测. 太阳能学报，2003，24（3）：295-301.

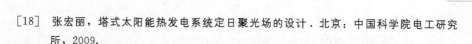

［18］　张宏丽，塔式太阳能热发电系统定日聚光场的设计．北京：中国科学院电工研究
　　　　所，2009．

［19］　卢振武，魏秀东，中国科学院电工研究所八达岭太阳能热发电实验电站定日聚光
　　　　场优化设计软件（V1.0）用户手册．北京：中国科学院电工研究所，2011．

［20］　王志峰等．中国科学院电工研究所八达岭太阳能热发电实验电站研究报告．北
　　　　京：中国科学院电工研究所，2012．

［21］　Wang Zhifeng，An Analysis on Thermal Performance of Solar Parabolic Dish Con-
　　　　centrator．Deajeon：Korean Institute of Energy Research，2001．

［22］　Burkholder F，Kutscher C．Heat Loss Testing of Schott's 2008 PTR70 Parabolic
　　　　Trough Receiver．Technical Report NREL /TP-550-45633．Golden：NREL，2009．

［23］　ASHRAE．ANSI /ASHRAE Standard 93—2010 Methods of Testing to Determine
　　　　the Thermal Performance of Solar Collectors．Atlanta，Georgia，USA：American
　　　　Society of Heating，Refrigerating and Air-Conditioning Engineers，Inc，2010．

［24］　CEN．EN 12975-2：2006 Thermal solar systems and components-Solar collectors-
　　　　Part 2：Test methods．Brussels，Belgium：European committee for standarization
　　　　management centre，2006．

［25］　Lippke F．Simulation of the Part-Load Behavior of a 30 MWe SEGS Plant SAND95-
　　　　1293．Albuquerque，New Mexico，USA：Sandia National Laboratories，1995．

［26］　Dudley V E，Kolb G J，Sloan M，et al．Test Results of SEGS LS-2 Solar Collector
　　　　SAND94-1884．Albuquerque，New Mexico，USA：Sandia National Laboratories，1994．

［27］　Hosoya N，Peterka J A，Gee R C，et al．Wind Tunnel Tests of Parabolic Trough
　　　　Solar Collectors NREL /SR-550-32282．Golden，Colorado，USA：National Renew-
　　　　able Energy Laboratory，2008．

［28］　ISO 9806-1 Test methods for solar collectors-Part 1：Thermal performance of
　　　　glazed liquid heating collectors including pressure drop．Geneva，Switzerland：Inter-
　　　　national Organlzatlon for Standardlzatlon，1994．

［29］　Fischer S，Lüpfert E，Müller-Steinhagen H．Efficiency testing of parabolic trough collec-
　　　　tors using the quasi-dynamic test procedure according to the European Standard EN 12975；
　　　　proceedings of the SolarPACES 2006 Conference．Seville，Spain：SolarPACES，2006．

［30］　徐立．抛物面槽式太阳能集热器热性能动态测试研究［学位论文］．北京：中国
　　　　科学院大学，2013．

［31］　姚志豪．太阳能塔式热发电站系统建模与控制逻辑研究．北京：中国科学院，2009．

［32］　王志峰等．太阳能热发电产业报告（2011～2012）．北京：太阳能光热产业技术
　　　　创新战略联盟，兴业证券公司，2012．

［33］　郭明焕．太阳定日镜的误差分析和聚光性能评价方法研究．北京：中国科学
　　　　院，2011．

［34］　Pierre Garcia，Alain Ferriere，Jean-Jacques Bezian．Codes for solar flux calculation
　　　　dedicated to central receiver system applications：A comparative review．Solar Ener-
　　　　gy，2008，82（3）：189-197．

［35］　J Ignacio Ortega，J Ignacio Burgaleta，Félix M Téllez．Central Receiver System
　　　　(CRS) Solar Power Plant Using Molten Salt as Heat Transfer Fluid［EB /OL］
　　　　［2013-12-01］．http：//www. sener. es /EPORTAL ＿ DOCS /GENERAL /FILE-
　　　　cwa0fcc36424ab41b7bf04 /SOLARTRES. pdf．

[36] Dudley V，Kolb G J，Mahoney A R，et al. Test Results：SEGS LS-2，Solar Collector. SAND94-1884，1994.

[37] 宫博. 延庆槽式聚光器的现场实测报告（第一部分：近地面风场特性和反射面的风荷载）. 北京：中国科学院电工研究所皇明太阳能集团联合实验室，2011.

[38] ASCE Minimum Design Loads for Buildings and Other Structures. ASCE7-98，1999.

[39] 李健. 抛物面槽式吸热管的真空可靠性研究［学位论文］. 北京：中国科学院大学，2012.

[40] Shipilevsky B M，Glebovsky V G. Competition of Bulk and Surface Processes in the Kinetics of Hydrogen and Nitrogen Release from Metals into Vacuum［J］. Vacuum，1990，41 (1-3)：126-129.

[41] Pick M A，Sonnenberg K. A Model for Atomic-Hydrogen Metal Interactions-Application to Recycling，Recombination and Permeation. J Nucl Mater，1985，131 (2-3)：208-220.

[42] Moraw M，Prasol H. An interpretation of outgassing characteristics of metals. Vacuum，1996，47 (12)：1431-1436.

[43] Davenport J. W，Estrup P J. Hydrogen in metals. New York：Elsevier，1981.

[44] Davenport J W，Dienes G J，Johnson R A. Surface effects on the kinetics of hydrogen absorption by metals. Phys Rev B，1982，25 (4)：2165-2174.

[45] Zajec B，Nemanic V. Hydrogen bulk states in stainless-steel related to hydrogen release kinetics and associated redistribution phenomena. Vacuum，2001，61 (2-4)：447-452.

[46] Moens L，Blake D M. Mechanism of hydrogen formation in solar parabolic trough receivers. J Sol Energy Eng Trans-ASME，2010，132 (3) .

[47] Arnold C J Evaluation of organic coolants for the transportation of LMFBR spent fuel rods. SAND-77-1486 United StatesFri Feb 08 08：41：03 EST 2008Dep. NTIS，PC A03 MF A01. SNL；INS-78-017378；ERA-03-057310；EDB-78-124893 (English)，1978.

[48] 菅泳仿. 混凝土蓄热系统传热机理研究. 北京：中国科学院，2011.

[49] Capacity Development Technical Assistance. People's Republic of China：Concentrating Solar Thermal Power Development. TA NO. 7402-P. R. C. Beijing：Asian Development Bank，2011.

[50] 宁夏回族自治区人民政府. 宁夏回族自治区风电和太阳能光伏发电项目建设用地管理办法. 宁政发［2011］103 号.

[51] 黄湘. 规模化太阳能热发电系统的环境适应性（2010CB227106-2）2010 年度中期课题进展报告. 北京：中国科学院电工研究所，2010.